生物

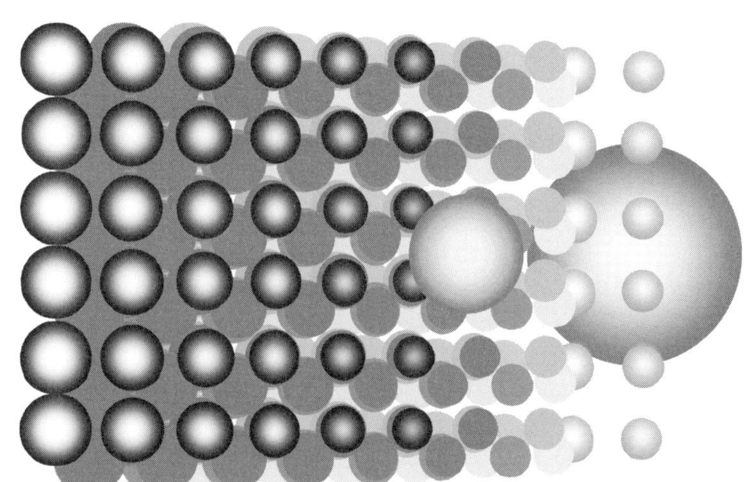

代々木ライブラリー

はじめに

この問題集は，大学入学共通テスト（以下，「共通テスト」と略）対策用として，これまでに実施された共通テスト本試験，追試験，2022年に公表された令和7年度共通テスト試作問題などを分析し，これらの出題傾向に基づいて作成したものです。作成には，これまで多くの共通テスト系模試やテキストなどを作成してきた代々木ゼミナール教材研究センターのスタッフが当たり，良問を精選して編集しました。

共通テストは，「高等学校の段階における基礎的な学習の達成の程度を判定し，大学教育を受けるために必要な能力について把握する」ことを目的に実施されています。出題に当たっては，高等学校において「主体的・対話的で深い学び」を通して育成することとされている「深い理解を伴った知識の質を問う問題や，知識・技術を活用し思考力，判断力，表現力等を発揮して解くことが求められる問題を重視する。その際，言語能力，情報活用能力，問題発見・解決能力等を，教科等横断的に育成することとされていることについても留意する」と公表されています（大学入試センター「大学入学共通テスト問題作成方針」による）。

また，「知識・技術や思考力・判断力・表現力等を適切に評価できるよう，出題科目の特性に応じた学習の過程を重視し，問題の構成や場面設定等を工夫する。例えば，社会や日常の中から課題を発見し解決方法を構想する場面，資料やデータ等を基に考察する場面などを問題作成に効果的に取り入れる」とされています。

過去のセンター試験・共通テストの傾向に加えて，思考力・判断力・表現力を重視した出題，社会生活や日常生活に関する問題発見型の出題，さらに複数の資料やデータを関連づける出題が今後も増加すると予想されます。そのような問題に適切に対処するには，同傾向の問題に幅広く触れ，時間配分をも意識して，実践的な演習を積むことが不可欠です。

本問題集の徹底的な学習，攻略によって，皆さんが見事志望校に合格されることを心より願っています。

代々木ゼミナール教材研究センター

特色と利用法

1. 共通テスト対策の決定版

① 代々木ゼミナール教材研究センターのスタッフが良問を厳選

これまで実施された代々木ゼミナールの共通テスト向け模擬試験やテスト，テキストなどから，本番で出題が予想され，実戦力養成に役立つ良問を厳選して収録しています。また一部の科目では新課程入試に対応するよう新規作成問題を収録しています。

② 詳しい解答・解説付き

2. 共通テストと同一形式

出題形式，難易度，時間，体裁など，本番に準じたものになっています（一部，模試実施時の形式のものがあります）。実戦練習を積み重ねることによって，マークミスなどの不注意な誤りを防ぎ，持てる力を 100％発揮するためのコツが習得できます。

3. 詳しい解答・解説により実力アップ

各回ともにポイントを踏まえた詳しい解説がついています。弱点分野の補強，知識･考え方の整理･確認など，本番突破のための実戦的な学力を養成できます。

4. 効果的な利用法

本書を最も効果的に活用するために，以下の 3 点を必ず励行してください。

① 制限時間を厳守し，本番に臨むつもりで真剣に取り組むこと

② 自己採点をして，学力のチェックを行うこと

③ 解答・解説をじっくり読んで，弱点補強，知識や考え方の整理に努めること

5. 共通テスト本試験問題と解答・解説を収録

2024年1月に実施された「共通テスト本試験」の問題と解答･解説を収録しています。これらも参考にして，出題傾向と対策のマスターに役立ててください。

CONTENTS

《別冊》 解答・解説

大学入学 共通テスト“出題傾向と対策”

(1) 出題傾向

共通テストの生物は，本試験・追試験ともに大問数6題，解答数25～29個で構成されている。出題範囲は「生物基礎」を含む「生物」の全範囲であり，全体としては大きな分野の偏りなく出題される。大問ごとに出題分野が決まっている「生物基礎」とは異なり，身近な自然や事象に含まれる生物学的に重要なテーマについて，多様な視点から解析させていく分野横断的な問題である。

単純な知識問題はあまりみられず，基本的な知識と理解を基に課題を解決していく問題や，実験・観察や資料解析を通じて読解力や考察力・解析力など総合的な理解度を試す内容が多くみられ，この傾向は今後も変わらないと思われる。リード文や設問文および選択肢の文章が長く，複数の資料を同時に比較し解析する問題が出題されているため，必要な情報を素早く読み取り抽出する力も要求される。

(2) 対　策〈学習法〉

共通テストは大学教育の基礎力となる知識や技能，および，思考力，判断力，表現力を問う問題である。すなわち，与えられた文章の読解や初見の資料の解析を行い，そこから得られた情報を，基本的な知識や理解と結びつけて考察していく，思考力が試される問題で構成されている。したがって，知識を暗記しているだけでは必ずしも高得点に結びつかず，また，その場の読解や考察だけで正答できるような設問も多くはない。

対策としてまず重要なことは，様々な生命現象について「教科書」を基に習熟することである。このとき生物用語を個別に丸暗記するのではなく，その用語の周辺事項を含めて科学的な考え方を理解することを大切にしよう。各大問は生物基礎の範囲を含めて分野横断的に出題され，苦手分野があると複数の大問で失点しかねないため，偏りのない学習を心がけたい。その上で，過去問などを用いた問題演習を通して総合的な思考力を養っていくとよいだろう。共通テストの生物は難易度が年度によって異なるため，自己採点結果に対して過度に一喜一憂することなく取り組んでもらいたい。あらゆる傾向を考慮して作成された「実戦問題集」で演習を繰り返せば，無駄なく確実に知識の理解や定着が可能になるだけでなく，高得点に結びつく柔軟な考察力や解析力も養うことができよう。加えて，探究活動的な問題に対応するためにも，教科書で参考や発展として扱われている内容にも目を通しておくとともに，日頃から私たちヒトに関する話題など，身近な生物現象に対する意識を高め，疑問をもち，理解を深めておくとよい。

●出題分野表

分　野	単元・テーマ・内容	2023 本試験	2023 追試験	2024 本試験	2024 追試験
生命現象と物質	生体物質と細胞				○
	生命現象とタンパク質		○	○	
	呼吸	○		○	
	光合成		○		○
	窒素同化	○			
	遺伝情報とその発現				○
	遺伝子の発現調節	○	○	○	○
	バイオテクノロジー				
生殖と発生	減数分裂と受精		○	○	
	遺伝子と染色体	○	○		○
	動物の配偶子形成と受精		○		
	動物の初期発生の過程				
	動物の細胞の分化と形態形成	○		○	
	植物の配偶子形成と受精，胚発生		○		
	植物の器官の分化		○		
生物の環境応答	刺激の受容と反応	○	○	○	
	動物の行動				○
	植物の環境応答	○	○	○	○
生態と環境	個体群	○		○	
	生物群集	○			○
	生態系の物質生産	○		○	○
	生態系と生物多様性				○
生物の進化と系統	生命の起源と生物の変遷		○		○
	進化の仕組み	○	○	○	○
	生物の系統			○	

※「分野」「単元・テーマ・内容」は旧課程に準じています。

第　1　回

時間　60分　　　　　　　　100点　満点

1 ── 解答にあたっては，実際に試験を受けるつもりで，時間を厳守し真剣に取りくむこと。

2 ── 巻末にマークシートをつけてあるので，切り離しのうえ練習用として利用すること。

3 ── 解答終了後には，自己採点により学力チェックを行い，別冊の解答・解説をじっくり読んで，弱点補強，知識や考え方の整理などに努めること。

生　　　　物

（解答番号 [1] ～ [29]）

第1問　次の文章を読み，後の問い(**問1～3**)に答えよ。(配点　13)

昆虫とは，頭部・胸部・腹部の３つの体節からなり，胸部に三対六本の脚を持つ節足動物の総称である。昆虫は多くの節足動物に共通する，ケラチンなどのタンパク質や(a)キチンからなる外骨格を持つ。地球上に生息する約190万種の学名がつけられた生物のうち，半分以上の種を昆虫が占めている。

様々な昆虫のなかには，ヒトとの関わりが非常に深い種も存在する。ミツバチは，古くからヒトが利用してきた昆虫の１つである。ヒトはミツバチを飼育し，巣から蜂蜜や蜜蝋を採取してきた。ミツバチが餌を集める際には，餌場を見つけた個体が特徴的な(b)８の字ダンスによって，巣にいるほかの個体に餌場のある方角と距離を伝えることが知られている。

問1　下線部(a)に関連して，キチンは糖が重合してできた多糖であり，生物の体内には，キチンのほかにも糖や糖からなる物質が数多く存在する。構成要素に糖を含む物質として最も適当なものを，次の①～④のうちから一つ選べ。[1]

① cAMP

② ルビスコ(リブロースビスリン酸カルボキシラーゼ／オキシゲナーゼ)

③ グルタミン酸

④ ロドプシン

問 2　下線部(b)に関連して，12 時に図 1 の X に餌場があるとき，ミツバチは図 2 のようなダンスを行うことが分かっている。このミツバチが 14 時に図 3 のようなダンスを行ったとき，餌場の位置は図 1 の a ～ e のどこにあると考えられるか。また，餌場が Y にあり，巣箱に戻った直後のミツバチが図 4 のようなダンスを行ったとき，時刻は何時であると考えられるか。最も適当なものを，後の①～⓪のうちからそれぞれ一つずつ選べ。ただし，太陽は 1 時間当たり 15° 移動し，正午に南中するものとする。

図 3 の場合における餌場の位置　**2**

図 4 の場合における時刻　**3** 時

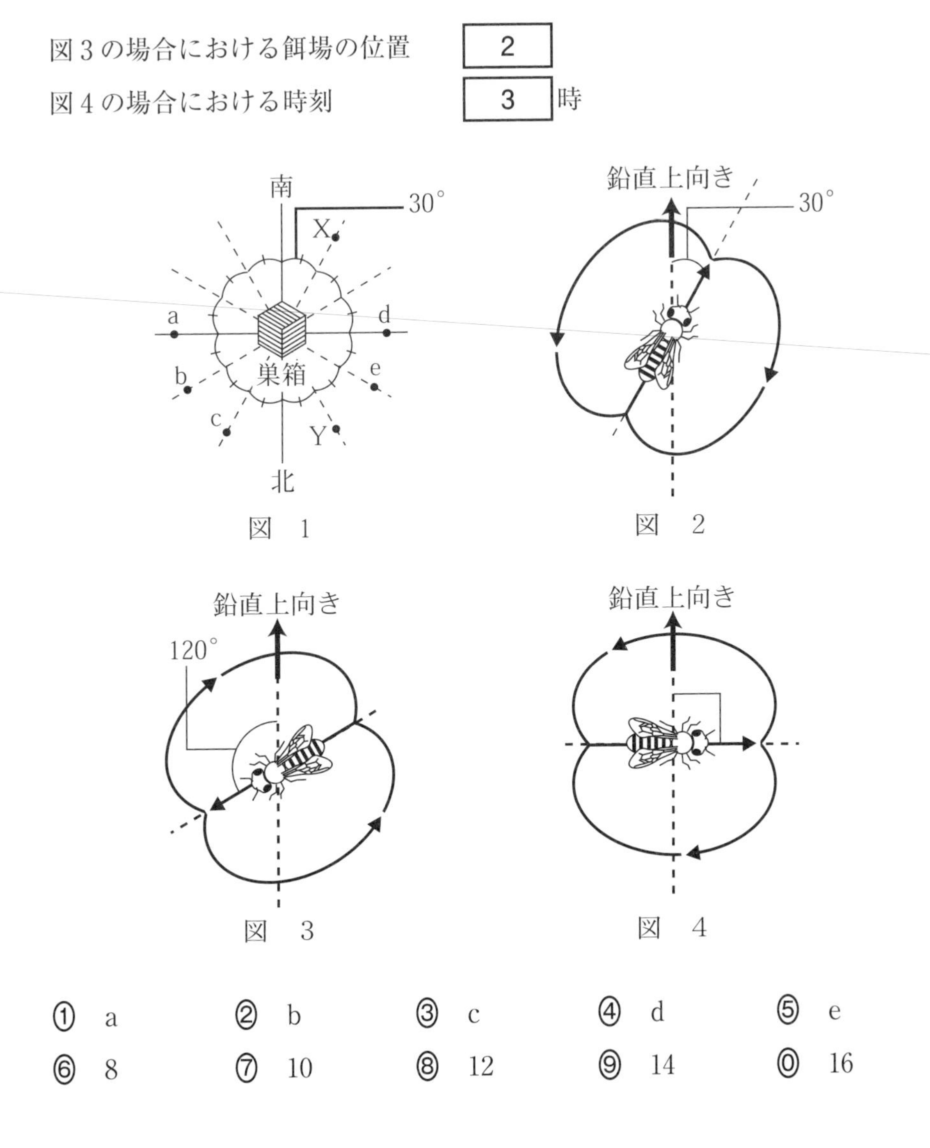

図　1

図　2

図　3

図　4

① a　② b　③ c　④ d　⑤ e

⑥ 8　⑦ 10　⑧ 12　⑨ 14　⓪ 16

ミツバチとは対照的に，ヒトの活動に害を及ぼす昆虫も数多く存在する。ガのなかまであるアワヨトウは，イネやムギをはじめとする様々な農作物を食害する害虫として知られている。アワヨトウは，生息する密度により異なる形態や行動を示すようになる。これを相変異という。また，ある病原菌Nはアワヨトウの幼虫に感染し，死亡させる。アワヨトウの相変異と病原菌Nの感染に関して，**実験1～3**を行った。

実験1　孵化(ふか)したばかりのアワヨトウを容器当たり1頭ずつ，または20頭ずつ飼育し，ある段階まで成長させた。幼虫の体色は緑色を基本色とし，程度の差がある黒化が見られる，多型を示した。これらの幼虫の体色をほとんど黒化が見られない緑色から体色黒化の程度によって，I型からV型の5段階に分け，その分布をグラフに表すと，図5のようになった。

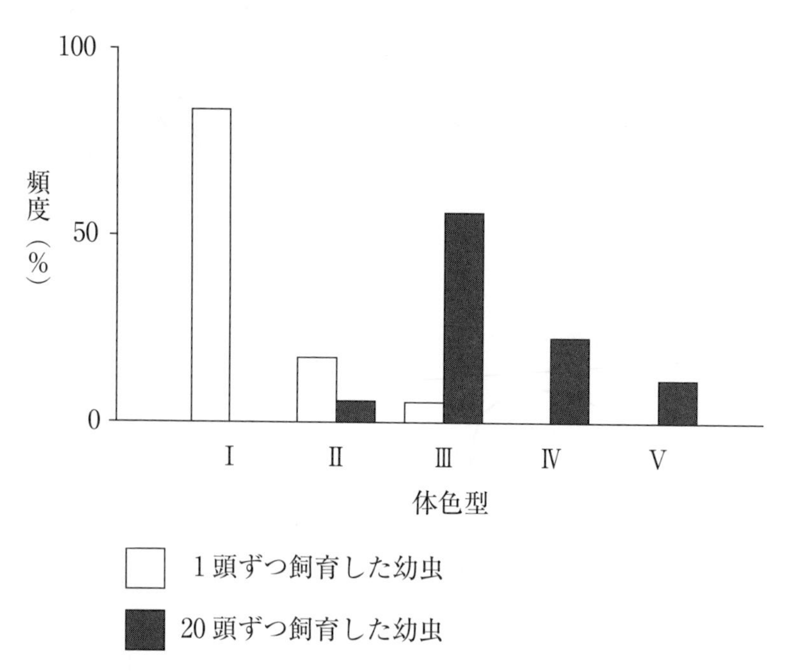

注：I型は緑色であり，黒化の程度が小さいものから順にII型，III型，IV型とした。V型は最も黒化が顕著な個体を示す。

図　5

実験２　**実験１**と同じ条件で飼育したアワヨトウの幼虫それぞれに対して，病原菌Ｎの胞子が含まれる懸濁液を表皮に塗布した後，１頭ずつ飼育して経過を観察した。その結果，それぞれの条件で飼育した幼虫における，塗布してからの日数と死亡率(全個体に対する死亡数の割合)との関係について，図６のような傾向が見られた。

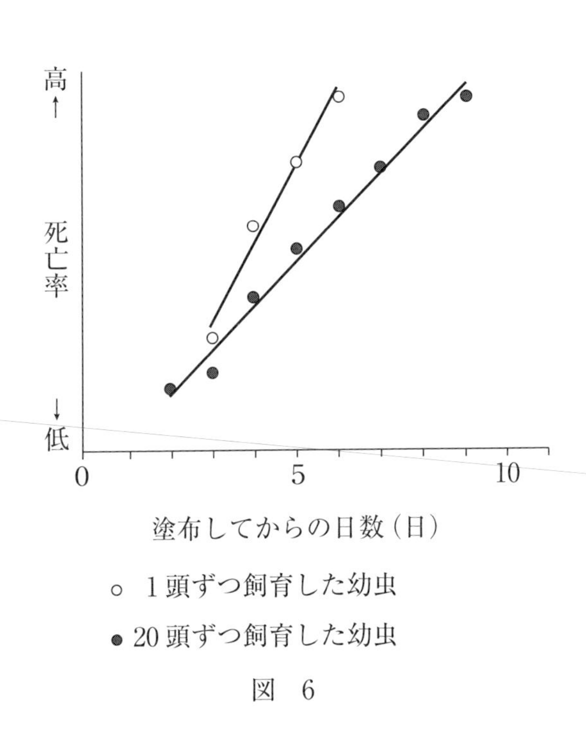

図　6

実験３　**実験１**と同じ条件で飼育したアワヨトウの幼虫それぞれに対して，病原菌Ｎの胞子が含まれる懸濁液を体内に注射した後，１頭ずつ飼育して経過を観察した。その結果，どちらの条件で飼育した幼虫においても，接種してから２日目には死亡する個体が現れ始め，４日目までにはほとんどの個体が死亡した。なお，どちらの飼育条件の幼虫においても，対照実験として生理食塩水を体内に注射した場合，死亡した個体は現れなかった。

問３　次の記述ⓐ～ⓒのうち，**実験１～３**の結果から導かれる推論として適当な記述はどれか。それを過不足なく含むものを，後の①～⑦のうちから一つ選べ。 **4**

ⓐ　体色が緑色のアワヨトウの幼虫ほど，病原菌Ｎに対する抵抗性が高い。

ⓑ　高い個体群密度で育ったアワヨトウの幼虫ほど，病原菌Ｎに対する抵抗性が高い。

ⓒ　アワヨトウの幼虫における病原菌Ｎに対する抵抗性の違いは，体内における防御機能の変化に起因すると考えられる。

①　ⓐ　　②　ⓑ　　③　ⓒ　　④　ⓐ，ⓑ
⑤　ⓐ，ⓒ　　⑥　ⓑ，ⓒ　　⑦　ⓐ，ⓑ，ⓒ

第2問 次の文章(A, B)を読み，後の問い(**問1～4**)に答えよ。(配点 18)

A 植物は，様々な環境要因に応じて気孔の開閉を調節する。例えば，植物の体内の水が不足すると，水分の体外への流出を防ぐために気孔を閉じ蒸散量を減らす。この現象に関わっているのは，(a)アブシシン酸と呼ばれる植物ホルモンである。また(b)光の強弱も，気孔の開閉に関わる環境要因の１つである。この仕組みには青色光を受容する光受容体が関わっている。

問1 下線部(a)について，アブシシン酸の働きに関する記述として最も適当なものを，次の①～⑤のうちから一つ選べ。 **5**

① 種子が成熟する際，貯蔵物質の蓄積と吸水を誘導し，種子が乾燥耐性を獲得できるようにする。

② 古くなった葉においてクロロフィル等のタンパク質の分解を抑制し，葉の老化を阻害する。

③ 低温や塩などの環境ストレスを受けた植物において，ストレス抵抗性に関わる様々な遺伝子の発現を誘導する。

④ 傷害を受けた植物においてタンパク質消化を阻害するタンパク質の合成を誘導し，捕食者による食害を防ぐ。

⑤ 細胞接着を弱めて果肉を柔らかくする酵素の遺伝子の発現を直接促進し，果実の成熟を促す。

問 2　下線部(b)に関連して，光は気孔の開閉の調節だけではなく，光合成においても重要な役割を果たす。光の条件を含めた環境条件と光合成の関係を調べるため，C_3 植物を用いた**実験 1** を行った。この実験において，植物が置かれた条件の順番として最も適当なものを，後の①～⑥のうちから一つ選べ。なお，図 1 の破線の時点で条件を変えたものとする。 6

実験 1　ある C_3 植物を CO_2 のない暗所にしばらく静置してから，表 1 の条件 A ～ C に，ある順番で移動させ，CO_2 吸収速度を測定した。その結果，植物の CO_2 吸収速度は図 1 のグラフのような推移を示した。

表　1

条　件	CO_2	明　暗
条件 A	あ　り	明　所
条件 B	あ　り	暗　所
条件 C	な　し	明　所

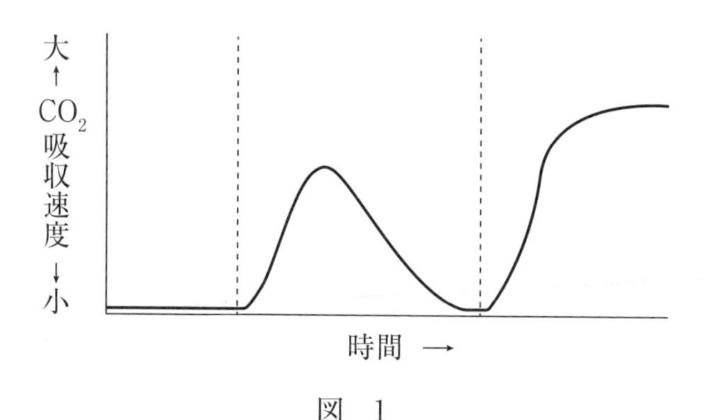

図　1

① 条件 A → 条件 B → 条件 C
② 条件 A → 条件 C → 条件 B
③ 条件 B → 条件 A → 条件 C
④ 条件 B → 条件 C → 条件 A
⑤ 条件 C → 条件 A → 条件 B
⑥ 条件 C → 条件 B → 条件 A

B　気孔とは一般的に，2つの孔辺細胞に挟まれた隙間のことを示す。孔辺細胞は，細胞壁の厚さが気孔に面する側と反対側で異なるという特徴を持つ。これにより，(c)吸水して膨圧が増すと，気孔に面する側の細胞壁が伸びにくいので，細胞が気孔と反対側に押し曲げられる形で細胞間の隙間が開き，気孔が開口する。

気孔は，分裂組織である気孔幹細胞から分化して形成される。気孔幹細胞は3つの転写調節因子による制御を順に受け，最終的に孔辺細胞へと分化する。気孔幹細胞になる前の細胞は，タンパク質Sによる調節を受けることで非対称分裂を行い，娘細胞のうち片方が気孔幹細胞になる。気孔幹細胞はタンパク質Sによって分裂を促進され，再び非対称分裂を行う。その後，タンパク質Tの発現量がタンパク質Sの発現量を上回ると，タンパク質Tによる調節を受けることで気孔幹細胞は分裂を停止して孔辺母細胞に分化する。さらにタンパク質Uによる調節を受けることで孔辺母細胞は孔辺細胞に分化して気孔が形成される。(d)タンパク質Sとタンパク質Tの発現の仕方の違いによって，比較的近縁な植物種間でも異なる気孔の分化の仕方が見られることがある。

問 3　下線部(c)について，孔辺細胞が吸水して膨圧が上昇する仕組みに関する次の文章中の ア ～ エ に入る語句の組合せとして最も適当なものを，後の①～⑧のうちから一つ選べ。 7

孔辺細胞の ア が青色光を受容すると，いくつかの反応を経て， イ を活性化する。活性化された イ はATPを分解したエネルギーを用いて細胞外へ ウ を輸送する。これによって細胞膜内外の電位差は大きくなる。すると電位依存性K^+チャネルが開き，K^+が細胞内 エ することで浸透圧が高まり，吸水して膨圧が上昇する。

	ア	イ	ウ	エ
①	クリプトクロム	アクアポリン	H_2O	に流入
②	クリプトクロム	アクアポリン	H_2O	から流出
③	クリプトクロム	プロトンポンプ	H^+	に流入
④	クリプトクロム	プロトンポンプ	H^+	から流出
⑤	フォトトロピン	アクアポリン	H_2O	に流入
⑥	フォトトロピン	アクアポリン	H_2O	から流出
⑦	フォトトロピン	プロトンポンプ	H^+	に流入
⑧	フォトトロピン	プロトンポンプ	H^+	から流出

問４　下線部(d)について，植物Ｐと植物Ｑは，それぞれ異なる気孔の形成の仕方をする。孔辺細胞が形成される過程において，植物Ｐは気孔幹細胞が何度も非対称分裂を繰り返すのに対し，植物Ｑは気孔幹細胞が非対称分裂を行わずそのまま孔辺母細胞に分化する。植物Ｐと植物Ｑの気孔幹細胞およびそれから分化した細胞において，タンパク質Ｓとタンパク質Ｔはそれぞれどのように発現すると考えられるか。最も適当なものを，次の①～⑥のうちからそれぞれ一つずつ選べ。なお，図中の実線がタンパク質Ｓを，破線がタンパク質Ｔを示したものである。

植物Ｐ　[8]
植物Ｑ　[9]

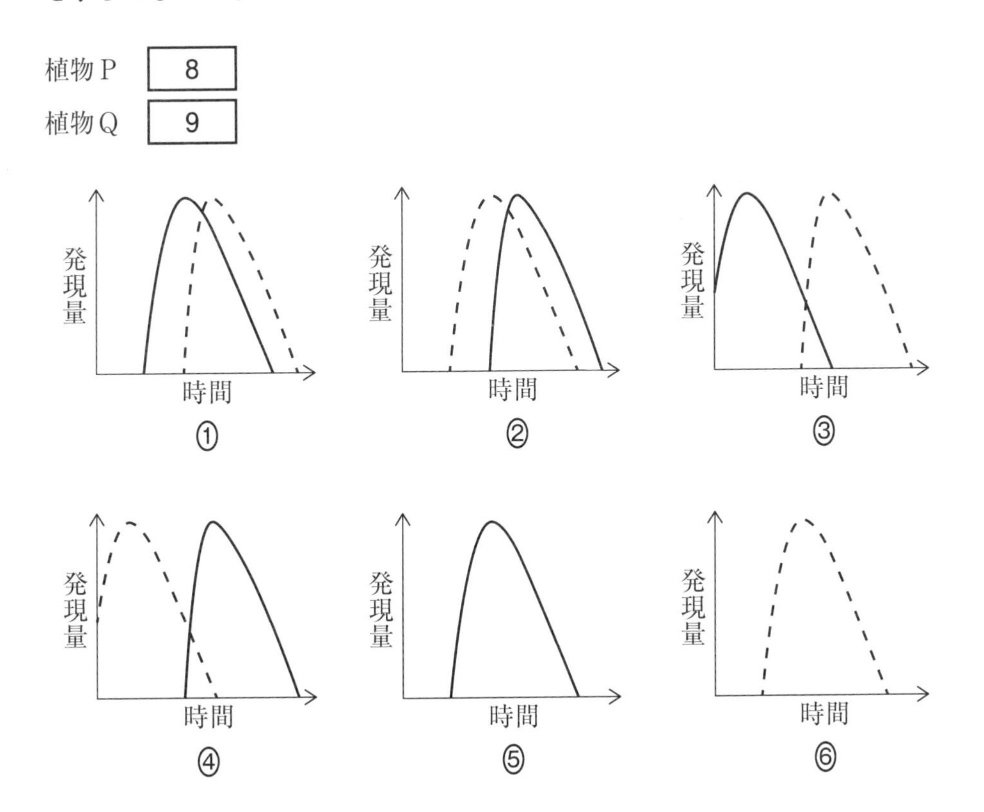

第3問　次の文章を読み，後の問い(問1～4)に答えよ。(配点　18)

生物を構成する細胞には，細胞内で様々な機能を持ち細胞の生命活動を行っている(a)細胞小器官と，細胞の構造を支持している細胞骨格が含まれている。これらの細胞小器官と細胞骨格が相互作用することで，(b)細胞内の物質輸送や情報伝達を行っている。

葉緑体などの色素体と呼ばれる細胞小器官も細胞骨格と相互作用し，(c)ストロミュールと呼ばれる中空な突起状の構造をつくることが知られている。ストロミュールには様々な機能があると考えられており，物質の輸送に加えて(d)植物の防御にも関連している。

問1　下線部(a)について，細胞小器官についての記述として最も適当なものを，次の①～⑤のうちから一つ選べ。 10

① 細胞膜などの細胞内で形成される膜を生体膜といい，リン脂質と糖鎖のみからなる流動モザイクモデルと呼ばれる構造をつくっている。

② 全ての生物は遺伝情報としてRNAを持っている。

③ リボソームは一重の膜で囲まれた構造で，タンパク質の合成を行っている。合成されたタンパク質はゴルジ体で修飾され，細胞外へ分泌される。

④ 小胞体は一重の膜からなる構造体で，表面のリボソームの有無によって粗面小胞体と滑面小胞体の2種類に分けられる。

⑤ リソソームは分解酵素を多く含み，細胞内に取り込んだ物質を分解したり，消化酵素の分泌を行う。

問2　下線部(b)に関連して，細胞における物質輸送や情報伝達についての記述として**誤っているもの**を，次の①～⑤のうちから一つ選べ。 11

① チャネルでは物質の濃度勾配にしたがう受動輸送が行われるため，細胞内外の物質の濃度に差がないときにはチャネルは閉じている。

② 物質を濃度勾配に逆らって輸送するポンプは，エネルギーを使って細胞内外の物質の濃度差を形成している。

③ 分泌小胞は細胞膜と融合して内部の物質を細胞外へ分泌することで，物質の輸送だけでなく細胞間の情報伝達にも関わっている。

④ 細胞小器官が細胞骨格上のモータータンパク質に結合して輸送される様子は，一部の植物の細胞で原形質流動(細胞質流動)として観察できる。

⑤ ダイニンとキネシンは同じ細胞骨格に結合するタンパク質であり，それぞれ逆方向へ物質を輸送している。

問 3　下線部(c)に関連して，色素体と細胞骨格の相互作用を調べるため，**実験 1**・**実験 2** を行った。**実験 1**・**実験 2** の結果から導かれる考察として最も適当なものを，後の①～⑥のうちから一つ選べ。 12

実験 1　ある植物の細胞について，対照実験，アクチンフィラメント合成阻害剤処理，微小管合成阻害剤処理の 3 つの処理を行い，それぞれの処理前と処理後に形成されているストロミュールの長さを測定したところ，表 1 の結果が得られた。

表　1

	処理前の平均 (μm)	処理後の平均 (μm)	変化量の平均 (%)
対照実験	13.8	11.6	90.6
アクチンフィラメント合成阻害剤	13.3	9.3	71.2
微小管合成阻害剤	12.9	9.5	75.3

注：$\frac{\text{処理後の長さ}}{\text{処理前の長さ}} \times 100$ を変化量(%)とした。

実験 2　**実験 1** と同じ植物の細胞について，対照実験，アクチンフィラメント合成阻害剤処理，微小管合成阻害剤処理の 3 つの処理を行い，原形質流動による色素体の移動量を測定した。処理を行わなかったもの(無処理)との移動量の比を計算すると，図 1 の結果が得られた。

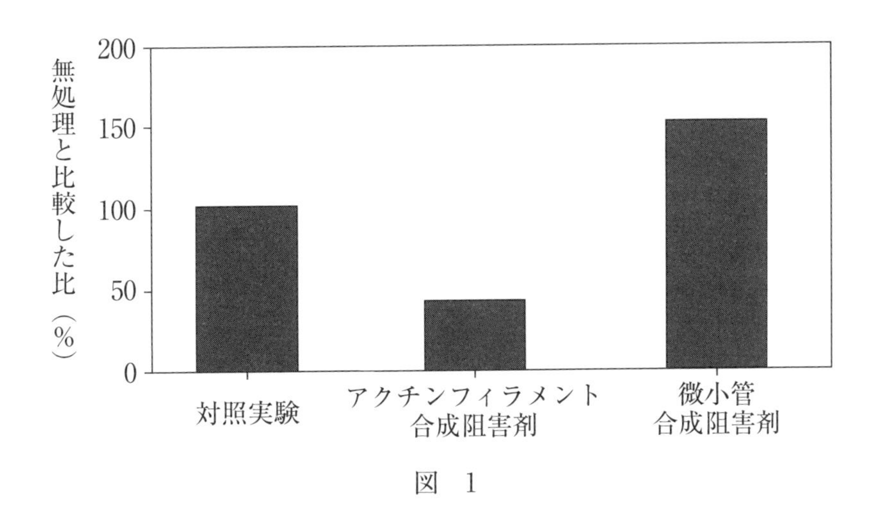

図　1

① 対照実験でも，細胞骨格の合成阻害剤処理と同様にストロミュールの長さが減少しているので，細胞骨格の合成阻害はストロミュールの形成に影響しない。

② アクチンフィラメント合成阻害剤で処理することでストロミュールの長さが減少しているので，ストロミュールの形成にはミオシンが関わっている。

③ アクチンフィラメント合成阻害剤で処理することで色素体の移動量が低下しているので，色素体の移動量とストロミュールの長さは比例の関係にある。

④ 微小管合成阻害剤で処理することで色素体の移動量が増加しているので，微小管は原形質流動による色素体の移動には関わっていない。

⑤ アクチンフィラメント合成阻害剤で処理した場合と微小管合成阻害剤で処理した場合のどちらもストロミュールの長さが減少していることから，アクチンフィラメントと微小管は同じ仕組みでストロミュールをつくっている。

⑥ アクチンフィラメント合成阻害剤で処理した場合と微小管合成阻害剤で処理した場合で色素体の移動量の変化の仕方が異なるので，アクチンフィラメントと微小管は異なる仕組みで色素体の移動に関わっている。

問 4　下線部(d)に関連して，植物はウイルスに感染するとウイルスが周囲の細胞に広がる前に感染細胞が細胞死することでウイルスを閉じ込める防御応答が起こることが知られている。ストロミュールによる植物の防御応答を調べるため，**実験 3 ～ 5** を行った。これらの結果から導かれる考察として適当なものを，後の①～⑥のうちから二つ選べ。ただし，解答の順序は問わない。

| 13 | ・ | 14 |

実験 3　植物の防御応答に影響しないポリペプチド(タグ)の遺伝子を導入したアグロバクテリウムと，タグとウイルス由来のタンパク質Ｐの融合遺伝子(タグ－Ｐ)を導入したアグロバクテリウムを作製し，植物に接種した後で形成されたストロミュールの数を測定すると，図２の結果が得られた。

実験 4　タグの遺伝子を導入したアグロバクテリウムと，タグ－Ｐの遺伝子を導入したアグロバクテリウムを植物に接種し，葉緑体で合成される防御因子の量の変化を測定すると，図３の結果が得られた。また，防御因子が増加したときに防御応答を開始したとみなすことができる。

実験 5　タグ－Ｐの遺伝子を導入したアグロバクテリウムを植物に接種し，ストロミュールの分布と防御因子の移動を調べると，防御因子は核に向かって伸長したストロミュールを通り，核へと移行していた。

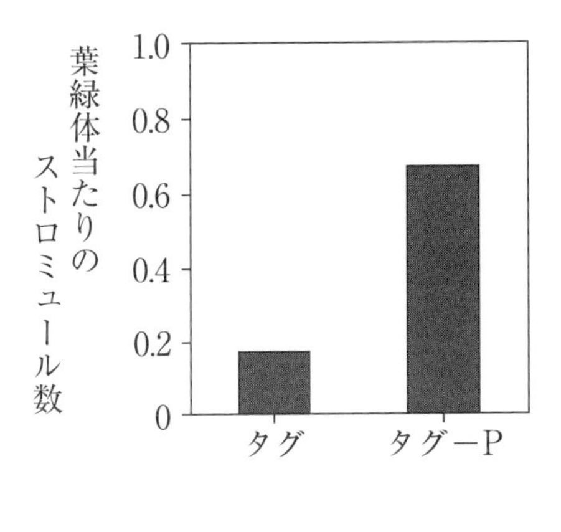

図　2

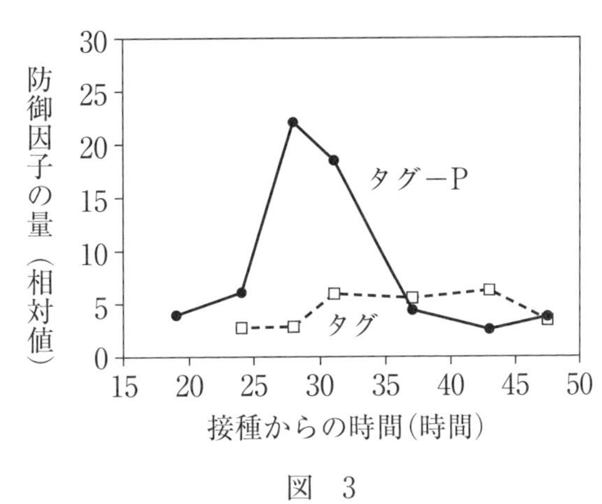

図　3

① アグロバクテリウムを接種したことでストロミュールが形成されていることから，ストロミュールはアグロバクテリウムに感染したことに対する防御応答だと考えられる。

② タグ－Pを導入したアグロバクテリウムを接種すると25～30時間後に防御因子が増えるので，感染後約1日で防御応答が始まると考えられる。

③ タグを導入したアグロバクテリウムを接種すると約40時間後にタグ－Pを導入したアグロバクテリウムを接種したものよりも防御因子が多くなるので，タグに対する防御応答は遅いと考えられる。

④ 葉緑体で合成された防御因子は核へ移行しているので，翻訳の調節を通して防御応答を起こしていると考えられる。

⑤ 葉緑体で合成された防御因子は核へ移行しているので，防御因子がDNAを破壊することで細胞死が生じていると考えられる。

⑥ 葉緑体で合成された防御因子が核へ移行することから，ストロミュールの形成を阻害すると防御応答が生じにくくなると考えられる。

第4問 次の文章を読み，後の問い(問1～5)に答えよ。(配点 17)

多くの多細胞生物では，減数分裂によって生じた配偶子が接合することで新しい個体がつくられる。植物においても(a)<u>胚珠内の卵細胞と精細胞が受精して胚が形成される</u>。やがて発芽すると，(b)<u>葉や茎などの器官を形成</u>しながら成長する。

植物の器官形成は胚が成長する段階からすでに進行しているが，この器官形成にはある(c)<u>物質Aが重要な役割を果たしている</u>。この物質Aは胚のある器官で合成され，細胞内を通ってほかの器官に輸送されることが分かっている。植物の胚発生における物質Aの役割を調べるため，**実験1・実験2**を行った。

実験1 アブラナの発生初期の胚を試験管内で作製し，物質Aやそのほかの様々な薬品(物質B～E)で処理を行ったところ，表1の結果が得られた。

表 1

処理した物質	植物への作用	処理の結果
物質A	正常な発生に必要	約60%がほぼ正常に発生した
物質B	物質Aの細胞外への排出を阻害	全て異常な子葉が形成された(ほかの器官は正常)
物質C	物質Aの細胞内への流入を阻害	全て異常な子葉が形成された(ほかの器官は正常)
物質D	物質Aの受容体を阻害	胚が発生しない
物質E	なし	約80%がほぼ正常に発生した

実験２　シロイヌナズナの胚で物質Ａの輸送方向を調べると図１のようであった。また，正常な胚(野生型)と物質Ａを細胞内に取り込めない胚(変異体)で形態を比較すると図２のようになった。なお，図２の図は図１の図を左側から観察したものである。

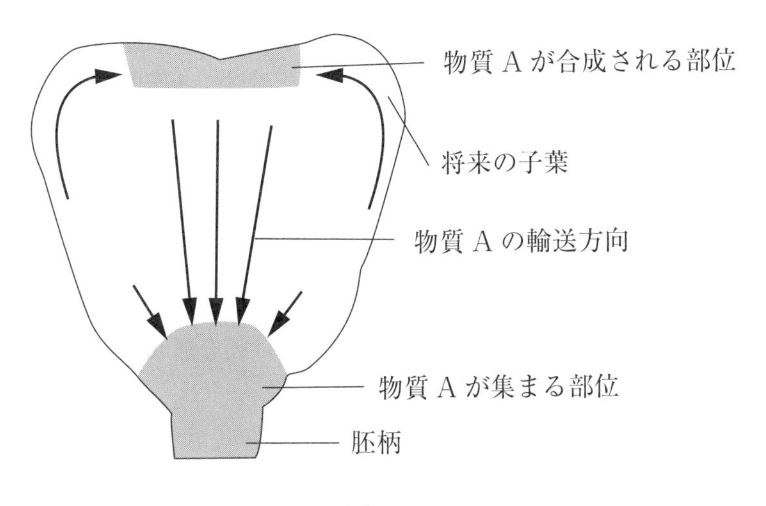

図　１

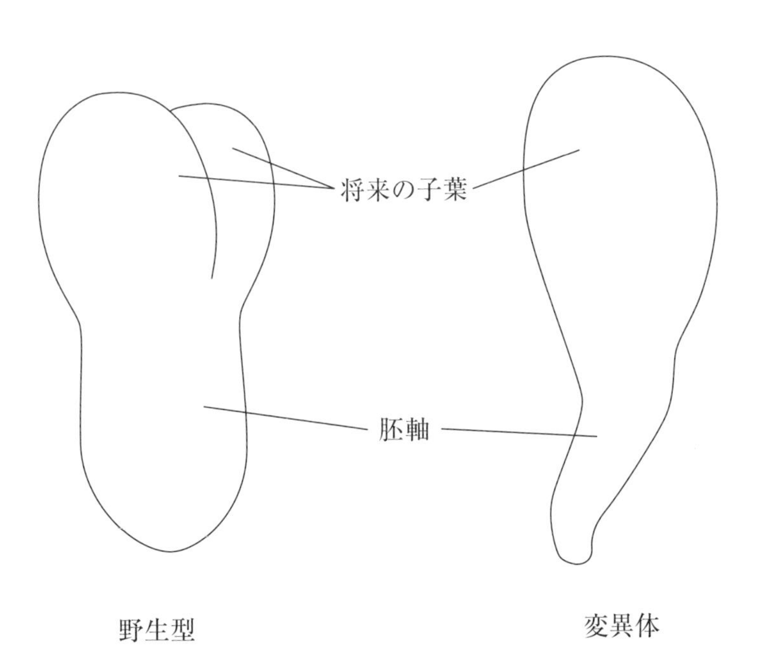

図　２

問 1　下線部(a)に関連して，被子植物の配偶子形成や胚発生についての記述として最も適当なものを，次の①～⑤のうちから一つ選べ。 **15**

① 花粉母細胞は動物の精母細胞と同じく4つの花粉を形成するが，胚のう母細胞は卵母細胞と異なり，4つの胚のう細胞をつくる。

② 同一の花粉母細胞から形成される花粉は，基本的に全て同じ対立遺伝子を持っている。

③ 胚のう細胞は核分裂を繰り返したのちに細胞が分かれ，8つの細胞が集まった胚のうをつくる。

④ 受精の際に重複受精を行うが，有胚乳種子では胚乳が退化し，消失する。

⑤ 受精卵が分裂して生じた細胞の一部は胚を形成せず，種子内で胚を支える構造になる。

問 2　下線部(b)について，植物の器官形成に関する記述として最も適当なものを，次の①～⑤のうちから一つ選べ。 **16**

① 植物の器官は根や葉の縁にある分裂組織が分裂することで形成される。

② 植物の地上部は茎頂分裂組織が分裂することで成長するが，葉や花は茎頂分裂組織からは形成されず，茎の中間から新しく分化する。

③ 双子葉植物の地下部は主根，側根，根毛のそれぞれで根端分裂組織が分裂することで成長する。

④ 花の形成ではABCモデルにおけるA, B, Cの各遺伝子に異常がなくても，これらの遺伝子の遺伝子発現を阻害すると正常な花が形成できなくなる。

⑤ 花の形成におけるABCモデルのA，B，C遺伝子はホメオティック遺伝子と呼ばれ，いずれかの遺伝子が発現しなくなると花の分化が生じなくなる。

問 3 下線部(c)に関連して，物質 A は植物の遺伝子の発現調節に関わっている。物質 A が遺伝子の発現調節に与える影響に関する次の文章中の［ア］～［ウ］に入る語句の組合せとして最も適当なものを，後の①～⑧のうちから一つ選べ。［17］

真核生物である植物では，［ア］は単独で DNA に結合できないため，［イ］と複合体を形成し，遺伝子の転写が行われる。［イ］は転写を促進または抑制する物質との相互作用を持ち，これによって遺伝子の発現調節が行われている。物質 A は標的細胞に輸送されると，核内の受容体に結合する。物質 A が結合した受容体は DNA に結合した［ウ］の分解を促進する。［ウ］が分解されると転写が促進され，［ア］によって遺伝子が転写される。

	ア	イ	ウ
①	RNA ポリメラーゼ	転写調節領域	リプレッサー
②	RNA ポリメラーゼ	転写調節領域	オペレーター
③	RNA ポリメラーゼ	基本転写因子	リプレッサー
④	RNA ポリメラーゼ	基本転写因子	オペレーター
⑤	DNA ポリメラーゼ	転写調節領域	リプレッサー
⑥	DNA ポリメラーゼ	転写調節領域	オペレーター
⑦	DNA ポリメラーゼ	基本転写因子	リプレッサー
⑧	DNA ポリメラーゼ	基本転写因子	オペレーター

問 4　**実験 1・実験 2** の結果から導かれる考察として最も適当なものを，次の①～⑤のうちから一つ選べ。 18

① アブラナでは，物質 A で処理をしても正常に発生しているため，物質 A が高濃度であっても発生には影響しない。

② アブラナでは，物質 B での処理と物質 C での処理で結果が似ているので，細胞内の物質 A の濃度が高くても低くても子葉の形成に異常が生じる。

③ アブラナでは，物質 D で処理をすると胚発生が進まないため，物質 A は減数分裂を行うために必要である。

④ シロイヌナズナでは，物質 A の輸送が器官形成に重要であり，物質 A の輸送は胚における体軸の方向と関連している。

⑤ 物質 A は子葉の器官形成に影響しているが，ほかの器官には影響しない。

問 5　ある植物では物質 A の輸送に遺伝子 X，Y，Z の 3 つの遺伝子が関わっており，これらの遺伝子が全て劣性(潜性)であるときに胚発生に異常が生じる。また，遺伝子 Z はほかの遺伝子から独立しているが，遺伝子 X と Y は連鎖しており，その組換え価は 25% である。いま，遺伝子型 XXYYZZ の個体と $xxyy$zz の個体を交配して得た F_1 に，遺伝子型 $xxyy$zz の個体を交配して多数の F_2 を得た。このうち，胚発生に異常が生じる個体の割合として最も適当なものを，次の①～④のうちから一つ選べ。ただし，交配に用いる遺伝子型 $xxyy$zz の個体は，胚発生時に物質 A 処理により正常発生させるものとする。 19

① $\frac{1}{16}$　　② $\frac{1}{8}$　　③ $\frac{3}{16}$　　④ $\frac{1}{4}$

第5問 次の文章を読み，後の問い(問1～5)に答えよ。(配点 21)

ヒトは，(a)光，音，などの様々な刺激を受容器の感覚細胞で感知し，その興奮は感覚ニューロンを通じて中枢神経系へ伝えられる。外界の情報を得ると，効果器を介して体の位置や向きを変えたり，(b)体内環境を変化させたりするなど特定の反応を引き起こす。

代表的な効果器である骨格筋は筋繊維が束になって構成されており，筋繊維の細胞質には筋原繊維の束が存在する。筋原繊維は単位構造である(c)サルコメアが繰り返された構造を持つ。筋収縮が起こる際には，サルコメアを構成するミオシンフィラメントのミオシン頭部がアクチンフィラメントに結合し，アクチンフィラメントを両側からたぐりよせて内側へ引き込む。よって，筋の張力はアクチンフィラメントに結合しているミオシン頭部の数に比例する。

問1 下線部(a)について，次の記述ⓐ～ⓒのうち，適当なものはどれか。それを過不足なく含むものを，後の①～⑦のうちから一つ選べ。 20

ⓐ 受容器は刺激の種類ごとに決まった感覚細胞を持ち，眼の網膜では光，耳のコルチ器では音，というようにそれぞれの受容器は特定の刺激だけに反応し，ほかの刺激には反応しない。

ⓑ 興奮するのに必要な刺激の強さは感覚ニューロンごとに異なっており，刺激の強さは興奮する感覚ニューロンの数と興奮の頻度の情報として中枢に伝えられる。

ⓒ 多くの感覚の中枢がある大脳新皮質には，随意運動の中枢があるほか，記憶形成や学習に関わる海馬，欲求や感情など基本的な生命活動に関わる扁桃体などがある。

① ⓐ　② ⓑ　③ ⓒ　④ ⓐ，ⓑ
⑤ ⓐ，ⓒ　⑥ ⓑ，ⓒ　⑦ ⓐ，ⓑ，ⓒ

問 2　下線部(b)に関連して，ヒトは寒いときには放熱量を抑えて熱産生量を増やし，暑いときには放熱量を増やして熱産生量を抑えることにより，気温が変化しても体温を一定の範囲に保っている。寒いときの体内環境の調節に関する次の文章中の［ア］～［ウ］に入る語句の組合せとして最も適当なものを，後の①～⑧のうちから一つ選べ。［21］

寒いときには交感神経を通じて立毛筋や体表の血管を収縮させることにより放熱量を抑える。また，甲状腺から分泌される［ア］や，副腎から分泌される糖質コルチコイド，アドレナリンなどのホルモンの働きによって肝臓などでの代謝を促進させたり，運動神経を通じて骨格筋にふるえを起こすことによって熱産生量を増やす。

ホルモンが標的器官の細胞に受容されると，その情報は核内に伝えられ特定の遺伝子の発現が調節される。例えば，アドレナリンは［イ］の受容体と結合し，セカンドメッセンジャーを介して情報を核内に伝え，糖質コルチコイドは［ウ］の受容体と結合して複合体を形成し核内に入る。

	ア	イ	ウ
①	チロキシン	細胞膜上	細胞内
②	チロキシン	細胞内	細胞膜上
③	インスリン	細胞膜上	細胞内
④	インスリン	細胞内	細胞膜上
⑤	バソプレシン	細胞膜上	細胞内
⑥	バソプレシン	細胞内	細胞膜上
⑦	成長ホルモン	細胞膜上	細胞内
⑧	成長ホルモン	細胞内	細胞膜上

問3 下線部(c)に関連して，カエルの骨格筋繊維1本を分離し，サルコメアを様々な長さで固定して生じた張力の大きさを調べた。図1はサルコメアの長さと張力(相対値)の関係を示したものである。サルコメアの長さが2.0～2.4 μmで張力は最大値を示したが，2.0 μm以下ではサルコメアの両側のアクチンフィラメントどうしが重なったため張力は減少した。サルコメアの長さが1.6 μmのときにミオシンフィラメントとZ膜が衝突するため，1.6 μm未満になると張力は急激に減少した。サルコメアの長さが図1のⅠの時点でのサルコメアの模式図として最も適当なものと，図1のⅡの時点でのサルコメアの長さ(μm)として最も適当な数値を，後の①～⓪のうちからそれぞれ一つずつ選べ。

Ⅰのときのサルコメアの模式図 **22**

Ⅱのときのサルコメアの長さ **23** μm

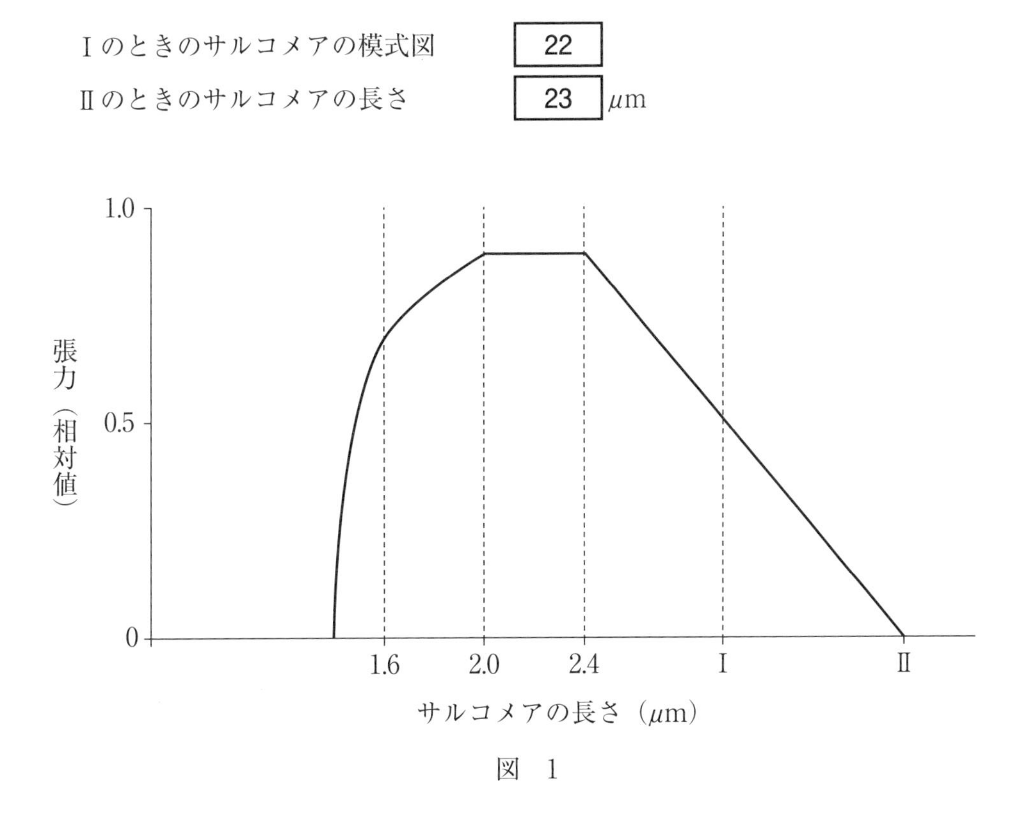

図 1

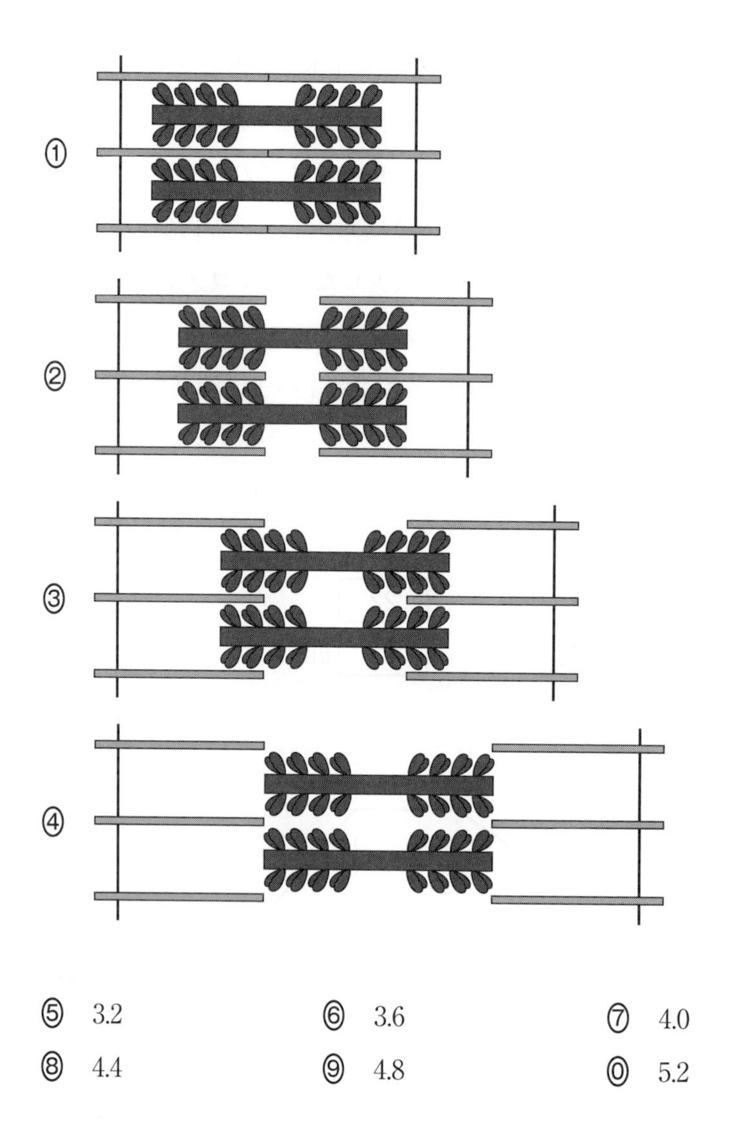

⑤ 3.2　　⑥ 3.6　　⑦ 4.0
⑧ 4.4　　⑨ 4.8　　⓪ 5.2

筋収縮時におけるミオシンフィラメントのミオシン頭部とアクチンフィラメントの相互作用には，筋小胞体から放出されるCa^{2+}がトロポニン複合体に結合することが必要である。トロポニン複合体はトロポニンA，トロポニンBなどからなる。これらの働きについて調べるため，**実験1**を行った。

実験1　細胞膜を除いた骨格筋繊維を複数用意した。トロポニンAのみを除去したもの，トロポニンAとトロポニンBを両方除去したもの，およびトロポニンAとトロポニンBの除去は行わなかったもの(以下，無処理)とで，Ca^{2+}非存在下とCa^{2+}存在下において発生する張力を比較したところ，図2の結果が得られた。

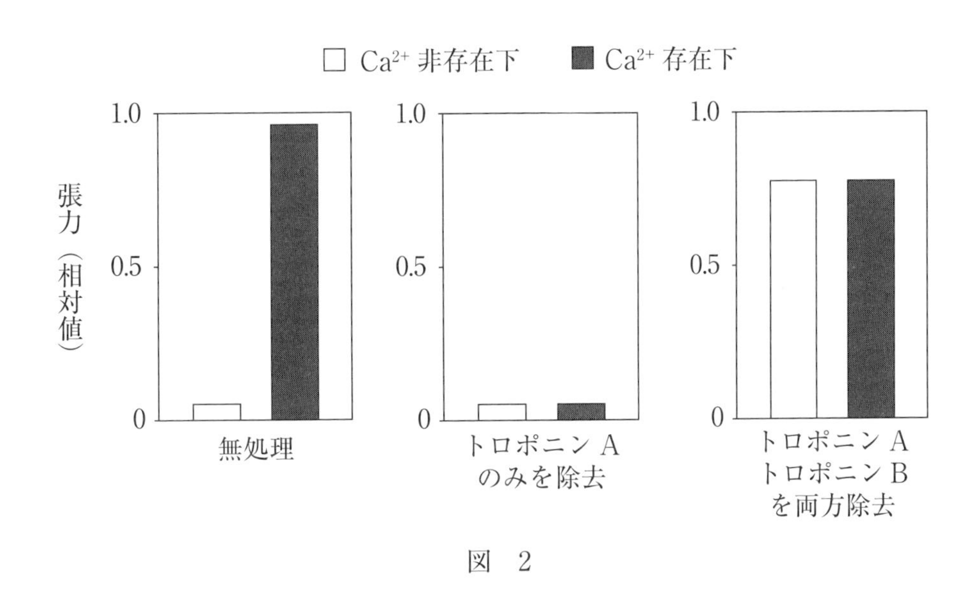

図　2

問 4　**実験 1** の結果から導かれるトロポニン A の働きに関する考察として最も適当なものを，次の①～⑥のうちから一つ選べ。 24

① Ca^{2+}の存在の有無に関わらず，ミオシンフィラメントの頭部とアクチンフィラメントの相互作用を促進する。

② Ca^{2+}の存在の有無に関わらず，ミオシンフィラメントの頭部とアクチンフィラメントの相互作用を阻害する。

③ Ca^{2+}が存在するときに，もう一方のトロポニンの働きを促進する。

④ Ca^{2+}が存在するときに，もう一方のトロポニンの働きを抑制する。

⑤ Ca^{2+}が存在しないときに，もう一方のトロポニンの働きを促進する。

⑥ Ca^{2+}が存在しないときに，もう一方のトロポニンの働きを抑制する。

問 5　**問 4** の考察に基づき，**実験 1** と同様の実験をトロポニン B のみを除去して行った場合，どのような結果が得られると考えられるか。最も適当なものを，次の①～④のうちから一つ選べ。 25

① 無処理のものと同様の結果になる。

② トロポニン A のみを除去したものと同様の結果になる。

③ トロポニン A とトロポニン B を両方除去したものと同様の結果になる。

④ **実験 1** のどの結果とも異なり，Ca^{2+}非存在下の張力がCa^{2+}存在下の張力より大きくなる。

第6問 次の文章を読み，後の問い(**問1～4**)に答えよ。(配点　13)

関東の高校に通うアキラさんとツバサさんは，学校の裏山について話をした。

アキラ：学校の裏山にはリスが生息しているらしいよ。
ツバサ：そうなんだ。裏山にはリスが餌にできそうなアラカシやクヌギなどのドングリがたくさんあるから，餌には困らないだろうね。
アキラ：様々な種類の植物が生息しているから，餌となる昆虫も豊富そうだよね。今度，裏山に見に行こうよ。
ツバサ：そうだね。そういえば，先輩が住宅地にある森林公園でリスを見たとおっしゃっていたよ。
アキラ：裏山のリスと何か関係があるのかな。調べてみようよ。

アキラさんとツバサさんが調べたところ，学校周辺の住宅地は約40年前に一斉に開発されたものであり，学校の裏山と住宅地内の森林公園は，開発以前は一続きの山であったことが分かった。また，住宅地内には約40年前に分断されてできた森林公園がいくつかあることも知った。さらに，学校周辺に生息するリスに関して2年前に行われた**調査1**・**調査2**の資料を見つけた。

調査1　学校の裏山に2km × 2kmの調査区を設け，生息する50個体のリスから体毛を採取し，毛根からDNAを抽出した。(a)ミトコンドリアに含まれるDNAの領域Dの塩基配列を比較したところ，(b)塩基配列が1塩基単位で異なる部分が数か所見つかった。これらの比較に基づき，リスのDNA型をa～eに区別し，表1にまとめた。また，遺伝的多様性を表す多様度指数を次の式の通り計算した。ただし，p_a，p_b…などは各DNA型を持つ個体数を表している。

$$多様度指数 = 1 - \frac{{p_a}^2 + {p_b}^2 + {p_c}^2 + {p_d}^2 + {p_e}^2}{総個体数^2}$$

調査2　住宅地にある森林公園を，学校の裏山から近い順に公園Ⅰ，公園Ⅱ，公園Ⅲ，公園Ⅳ，とした。学校の裏山の調査区および住宅地内の公園Ⅰ～Ⅳに生息するリスのDNA型を調べ，それぞれの面積および多様度指数とともに表1にまとめた。

表　1

	面積(m^2)	各DNA型の個体数(匹)					多様度指数
		a	b	c	d	e	
裏山の調査区	4.0×10^6	10	11	9	11	9	0.80
公園Ⅰ	8.4×10^4	2	2	2	2	0	0.75
公園Ⅱ	1.9×10^5	1	5	0	3	1	0.64
公園Ⅲ	1.2×10^5	3	4	0	3	0	0.66
公園Ⅳ	7.5×10^4	5	2	0	1	0	0.53

問1　下線部(a)について，次の記述ⓐ～ⓓのうち，核に含まれるDNA(核DNA)ではなくミトコンドリアに含まれるDNA(ミトコンドリアDNA)を用いた理由として適当なものはどれか。その組合せとして最も適当なものを，後の①～⑥のうちから一つ選べ。 26

ⓐ　1つの細胞に含まれる核DNAは通常1つであるのに対し，ミトコンドリアDNAは千個以上含まれており，大量に抽出することができるため。

ⓑ　核DNAが鎖状であるのに対し，ミトコンドリアDNAは環状であり，PCR法の1サイクルで増幅できるDNAが核DNAの2倍であるため。

ⓒ　ミトコンドリアDNAの塩基置換の起こる速度は核DNAよりも速く，同種の個体間や近縁種間などのDNAの違いを効率よく測ることができるため。

ⓓ　核DNAは真核生物のみに含まれるのに対し，ミトコンドリアDNAは全ての生物に含まれており，あらゆる生物との関係を調べることができるため。

①　ⓐ，ⓑ　　②　ⓐ，ⓒ　　③　ⓐ，ⓓ
④　ⓑ，ⓒ　　⑤　ⓑ，ⓓ　　⑥　ⓒ，ⓓ

問2 下線部(b)に関連して，ある遺伝子のDNAに塩基置換が起きた場合，その置換によって発現するタンパク質のアミノ酸が変化しない同義置換と，アミノ酸が変化する非同義置換がある。同義置換と非同義置換に関する次の文章中の［ア］・［イ］に入る語句の組合せとして最も適当なものを，後の①～⑥のうちから一つ選べ。［27］

遺伝子の塩基置換のうち，同義置換が起きやすいのは，コドンの［ア］番目に相当する塩基が置換した場合である。また，生命活動に必須な酵素の遺伝子の塩基配列を異なる生物間で比較した場合，一般的に同義置換よりも非同義置換の方が数が［イ］。

	ア	イ
①	1	多　い
②	1	少ない
③	2	多　い
④	2	少ない
⑤	3	多　い
⑥	3	少ない

問３　**調査１・調査２**の結果から導かれる推論として最も適当なものを，次の①～⑤のうちから一つ選べ。 28

①　面積が大きい公園であるほど多様度指数は大きい。

②　学校の裏山に近い公園であるほど多様度指数は大きい。

③　総個体数が多い公園であるほど多様度指数は大きい。

④　DNA 型の種類の数が同じ公園では，各 DNA 型の個体数の差が少ない方が多様度指数は大きい。

⑤　総個体数が同じ公園では，DNA 型の種類の数が多い方が多様度指数は大きい。

問４　リスの多様性を守るために効果的だと考えられる対策として最も適当なものを，次の①～④のうちから一つ選べ。 29

①　野生動物用の地下道などを建設し，リスが近くの公園どうしを安全に行き来できるようにする。

②　それぞれの森林公園に，リスの餌となる種類の木の実や昆虫を大量に運び入れ，餌が不足することのないようにする。

③　DNA 型 a の個体は公園Ⅰ，DNA 型 b の個体は公園Ⅱ，などのように，DNA 型ごとに生息地を分ける。

④　DNA 型 c と DNA 型 e の個体は開発による生息地の分断に適応できない個体なので駆除する。

第　2　回

時間　60分　　　　100点　満点

1 ── 解答にあたっては，実際に試験を受けるつもりで，時間を厳守し真剣に取りくむこと。

2 ── 巻末にマークシートをつけてあるので，切り離しのうえ練習用として利用すること。

3 ── 解答終了後には，自己採点により学力チェックを行い，別冊の解答・解説をじっくり読んで，弱点補強，知識や考え方の整理などに努めること。

生　　　　物

（解答番号 [1] ～ [28]）

第1問　次の文章を読み，後の問い（問1～4）に答えよ。（配点　17）

科学技術の発達により，人間の暮らしは豊かで便利になったが，様々な環境問題が生じている。例えば，産業革命以降，化石資源の使用が大きく増加したことによる(a)大気中の二酸化炭素濃度の上昇は，気候変動との関連が指摘されている。また，化石資源は燃料となるだけではなく，工業製品としても利用されている。(b)プラスチックは化石資源から合成される物質の一つであり，広く利用されているが，特に海洋生態系においてプラスチック汚染が問題視されている。

気候変動や人間活動により，生態系において(c)生物多様性が損なわれることも問題の一つである。生物多様性を損なわないためには，生息環境や希少な動植物の保護だけではなく，本来その環境に存在しない外来種の移入を防ぐことや，移入した外来種の影響を減らすことも必要である。

問1　下線部(a)に関連して，日本人一人当たりの二酸化炭素排出量を1年間で9tとし，森林1ha当たりの有機化合物蓄積量を1年間で4.8tとした場合，一人の日本人が1年間に排出する二酸化炭素を有機化合物として蓄積するために必要な森林の面積として最も適当な数値を，次の①～⑦のうちから一つ選べ。ただし，森林に蓄積する有機化合物は全て$C_6H_{12}O_6$であるものとし，原子量は$H = 1$，$C = 12$，$O = 16$とする。[1] ha

①　0.1　　②　0.2　　③　0.8　　④　1.3
⑤　4.8　　⑥　7.8　　⑦　12

問 2 下線部(b)に関連して，石油資源に依存せずに合成できるプラスチックの材料として，乳酸を原料としたポリ乳酸という物質が開発されている。ポリ乳酸を合成するためには，トウモロコシのデンプンなどから乳酸を多量に得る必要がある。ポリ乳酸の生成に関する次の文章中の［ア］〜［ウ］に入る語句の組合せとして最も適当なものを，後の①〜⑧のうちから一つ選べ。［2］

デンプンはアミラーゼなどの酵素によってグルコースに分解される。このグルコースを，遺伝子操作を行った酵母に与えることで乳酸を生成させる。この酵母は，［ア］から［イ］を抜き取る酵素の遺伝子をノックアウトしてアルコール発酵を行うことができないようにしており，ウシから得た［ア］から乳酸を生成する酵素の遺伝子を導入しているため，酸素濃度の［ウ］環境で培養すると，多量の乳酸を得ることができる。

	ア	イ	ウ
①	クエン酸	水　素	高　い
②	クエン酸	水　素	低　い
③	クエン酸	二酸化炭素	高　い
④	クエン酸	二酸化炭素	低　い
⑤	ピルビン酸	水　素	高　い
⑥	ピルビン酸	水　素	低　い
⑦	ピルビン酸	二酸化炭素	高　い
⑧	ピルビン酸	二酸化炭素	低　い

問 3　下線部(c)についての記述として最も適当なものを，次の①～⑤のうちから一つ選べ。 3

① 地球には様々な生態系が存在し，生態系によって生息する生物種が異なるため，生態系多様性が高く各生態系に存在する種の優占度に偏りがないと，地球全体としての種多様性も高くなると考えられる。

② ある地域の生物種の遺伝的多様性が高いと，遺伝子プール中に存在する有害遺伝子の数も多いため，絶滅しやすいと考えられる。

③ ある個体の遺伝的多様性は，その個体が環境の変化に対応して生存することによって高くなる。

④ 中規模の攪乱(かくらん)が適度に起こる場合には，強い攪乱や弱い攪乱が起こる場合に比べ，種多様性は低くなる。

⑤ 相互作用している二つの生物種に対し，食物連鎖でより上位に位置する捕食者が存在すると，2種がどちらも捕食されるため，必ず種多様性が低くなる。

外来種の移入や人為的な処理による生態系への影響を調べるため，ため池において，水草，水生昆虫Ｃ，水生昆虫Ｄ，アメリカザリガニ，魚類Ａ，魚類Ｂを用いて**実験１～３**を行った。

実験１　複数のため池において，アメリカザリガニ，魚類Ａ，魚類Ｂの消化管の内容物を調べ，何を摂食しているのかを調べたところ，表１の結果が得られた。なお，これらの動物の食性は，環境の変化が起こっても変わらないことが確認されているものとする。

表　1

	消化管の内容物（重量％）						
	水　草	水生昆虫Ｃ	水生昆虫Ｄ	アメリカザリガニ	魚類Ａ	魚類Ｂ	その他
アメリカザリガニ	40	0	20	0	0	0	40
魚類Ａ	0	0	0	25	0	5	70
魚類Ｂ	10	10	10	0	0	0	70

実験２　四つの人工池Ｐ～Ｓを作製し，人工池Ｐと人工池Ｑには水草を植え，人工池Ｒと人工池Ｓにはプラスチック製の人工水草を植えた。人工水草は，水草と同じ形状を持つが，動物に摂食されたり破壊されたりすることはなく，水生昆虫の隠れ場所となる。これらの人工池に，ため池からアメリカザリガニ以外の動物を移入した。十分な日数が経過し，それぞれの人工池で動物の個体数が安定した状態となった頃に，人工池Ｐと人工池Ｒにアメリカザリガニを移入した。アメリカザリガニの移入から１ヶ月後，人工池Ｐと人工池Ｑ，人工池Ｒと人工池Ｓにおいて，水草の総重量，水生昆虫Ｃ，水生昆虫Ｄの個体数を移入前と比較して，アメリカザリガニ移入による影響を確かめたところ，表２の結果が得られた。

表 2

	水 草	水生昆虫 C	水生昆虫 D
水草を植えた池	減 少	減 少	減 少
人工水草を植えた池	−	増 加	変化なし

注：−は存在していないことを示す。

実験 3 ほぼ同じ大きさで，生息する生物種と各種の生物量もほぼ等しい二つのため池をため池 T とため池 U とし，ため池 T の水を抜いた。この作業を池干しという。2 週間の池干しによって，魚類 A と魚類 B は全て除去されたが，それ以外の生物は多くが生存していた。ため池 T に再び水を満たし，2 年後に二つのため池の生物量を調査したところ，表 3 のような結果になった。

表 3

	水 草	水生昆虫 C	水生昆虫 D	アメリカ ザリガニ	魚類 A	魚類 B
ため池 T	0	0	20	12	0	0
ため池 U	80	10	85	0.1	1	5

問4　**実験1～3**から導かれる推論として適当なものを，次の①～⑥のうちから二つ選べ。ただし，解答の順序は問わない。 4 ・ 5

① 水生昆虫Cとアメリカザリガニの関係は被食者－捕食者相互関係である。

② 魚類Aと水生昆虫Cの関係は被食者－捕食者相互関係である。

③ **実験2**の人工池Pと人工池Qを比較することで，水草に対するアメリカザリガニ移入の影響を知ることができる。

④ **実験2**の人工池Rと人工池Sを比較することで，隠れ場所の有無がアメリカザリガニの生存に与える影響を知ることができる。

⑤ 池干しはアメリカザリガニの駆除に有効であると考えられる。

⑥ 池干しは生物多様性を低下させる可能性がある。

第2問　次の文章（A，B）を読み，後の問い（問1～6）に答えよ。（配点　20）

A　細胞膜を含む生体膜は(a)脂質二重層で構成されており，脂溶性の物質は容易に透過させるが，水溶性の物質は透過させにくい性質を示す。細胞膜上には，(b)水分子やイオン，糖などの水溶性の成分を透過させるためのタンパク質が存在している。ヒトの消化管内で消化された食物中の成分は，小腸において吸収される。何らかの要因で，小腸における各種成分の吸収速度が低下すると，(c)吸収しきれなかった成分が大腸へと流入することになる。

問1　下線部(a)についての記述として最も適当なものを，次の①～④のうちから一つ選べ。［6］

① 分子内の親水部を細胞の外側，疎水部を細胞の内側に向けたリン脂質分子が，同じ向きで二層に重なっている。

② 分子内の疎水部を細胞の外側，親水部を細胞の内側に向けたリン脂質分子が，同じ向きで二層に重なっている。

③ 分子内の親水部を膜の外側，疎水部を膜の内側に向けたリン脂質分子が，互いに向き合うようにして二層に重なっている。

④ 分子内の疎水部を膜の外側，親水部を膜の内側に向けたリン脂質分子が，互いに向き合うようにして二層に重なっている。

問 2　下線部(b)に関連して，これらの膜タンパク質のうち，チャネルについての記述として**誤っているもの**を，次の①～④のうちから一つ選べ。 7

① 水分子を透過させるチャネルはアクアポリンと呼ばれ，多細胞生物における各細胞での発現量は細胞種ごとに異なっている。

② イオンを透過させるチャネルはイオンチャネルと呼ばれ，常にイオンを透過させるものと，特定の化学物質や電位変化の刺激によって開閉するものがある。

③ イオンチャネルのうちカルシウムチャネルは，ヒトのニューロンの軸索末端の細胞膜上などに発現している。

④ イオンチャネルは，ATP を分解して得られるエネルギーを用いてイオンを輸送する。

問3　下線部(c)に関連して，ヒトにおいて，乳成分の一つであるラクトースを消化吸収できないことで下痢や腹痛などがみられる乳糖不耐症という症状がある。乳糖不耐症に関する次の文章中の［ア］～［ウ］に入る語句の組合せとして最も適当なものを，後の①～⑧のうちから一つ選べ。［8］

消化吸収されなかったラクトースは小腸から大腸へと移行するため，大腸内容物の浸透圧は，ラクトースがなかった場合と比較して［ア］なる。大腸上皮細胞の細胞膜は［イ］に近い性質を持つため，浸透圧差によって大腸内容物から大腸上皮細胞への水の吸収が［ウ］されることになる。この影響で下痢や腹痛の症状が現れる。

	ア	イ	ウ
①	高　く	全透性	促　進
②	高　く	全透性	抑　制
③	高　く	半透性	促　進
④	高　く	半透性	抑　制
⑤	低　く	全透性	促　進
⑥	低　く	全透性	抑　制
⑦	低　く	半透性	促　進
⑧	低　く	半透性	抑　制

B　ヒトの小腸や腎臓の細胞には，何種類かのグルコース輸送体が発現している。輸送体Aは，(d)濃度勾配に従ってグルコースを高濃度側から低濃度側へと移動させる。一方，輸送体Bは(e)Na^+の濃度勾配に従った移動を利用し，グルコースを低濃度側から高濃度側へと輸送する。小腸上皮細胞では，これらの膜タンパク質が(f)適切な部位の細胞膜上に発現することで，円滑なグルコースの吸収が可能となっている。

問4　下線部(d)に関連して，このような輸送体によるグルコース輸送速度は，細胞外のグルコース濃度によって変化するが，これは酵素の反応速度が基質濃度によって変化するのと同じ仕組みである。細胞外のグルコース濃度と輸送体Aによる輸送速度の関係を，阻害剤αが存在する場合と存在しない場合について測定すると，図1の結果が得られた。阻害剤αが輸送体Aの働きを阻害する仕組みに関する記述として最も適当なものを，後の①～④のうちから一つ選べ。 9

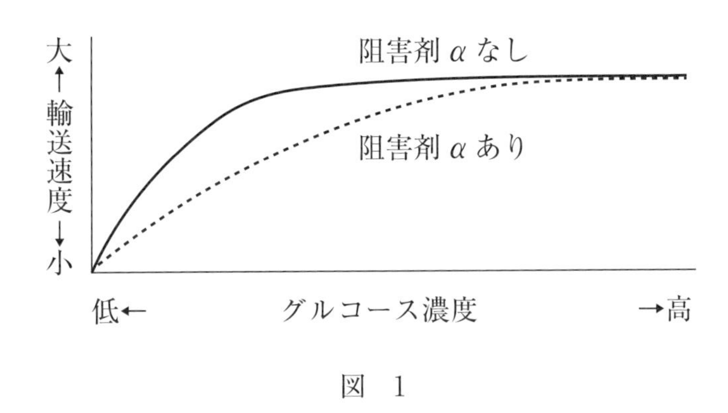

図　1

① 輸送体Aのグルコースと結合する部位に，不可逆的に結合する。

② 輸送体Aのグルコースと結合する部位に，可逆的に結合する。

③ 輸送体Aのグルコースと結合する部位とは別の部位に，不可逆的に結合する。

④ 輸送体Aのグルコースと結合する部位とは別の部位に，可逆的に結合する。

問 5　下線部(e)に関連して，このような輸送は，Na^+-K^+ ATP アーゼによって形成される細胞内外の Na^+濃度の差を利用して行われる。小腸上皮細胞に存在する Na^+-K^+ ATP アーゼは，ヒトにおけるニューロンや赤血球などの細胞膜上に存在するのと同じものである。Na^+-K^+ ATP アーゼに関する記述として**誤っているもの**を，次の①～④のうちから一つ選べ。 10

① 細胞膜を貫通するタンパク質であり，細胞外の部分に ATP 分解酵素としての活性がある。

② ATP のエネルギーによって構造が変化し，一連の構造変化で 3 個の Na^+と 2 個の K^+を輸送する。

③ ナトリウムポンプとも呼ばれ，Na^+と K^+を選択的に輸送する。

④ このタンパク質の働きによって，Na^+濃度は細胞内よりも細胞外で高くなる。

問 6　下線部(f)に関連して，図 2 は輸送体 A，輸送体 B，Na^+-K^+ ATP アーゼを模式的に表したものである。小腸上皮細胞の細胞膜上で，これらの膜タンパク質が発現している部位と輸送の方向を表す模式図として最も適当なものを，後の①～⑧のうちから一つ選べ。 11

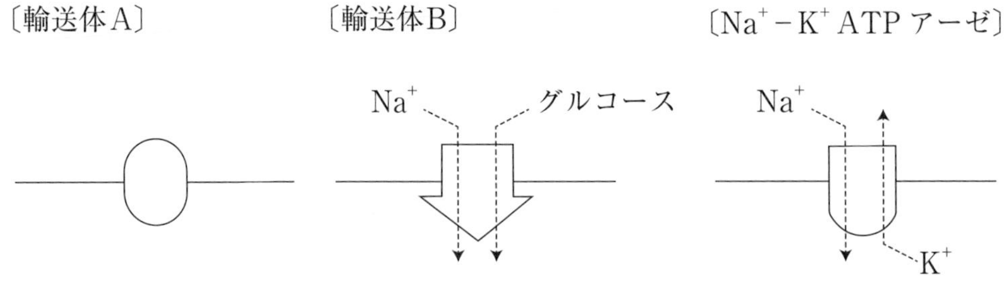

〔輸送体A〕　〔輸送体B〕　〔Na^+-K^+ ATP アーゼ〕

Na^+　グルコース　Na^+　K^+

図 2

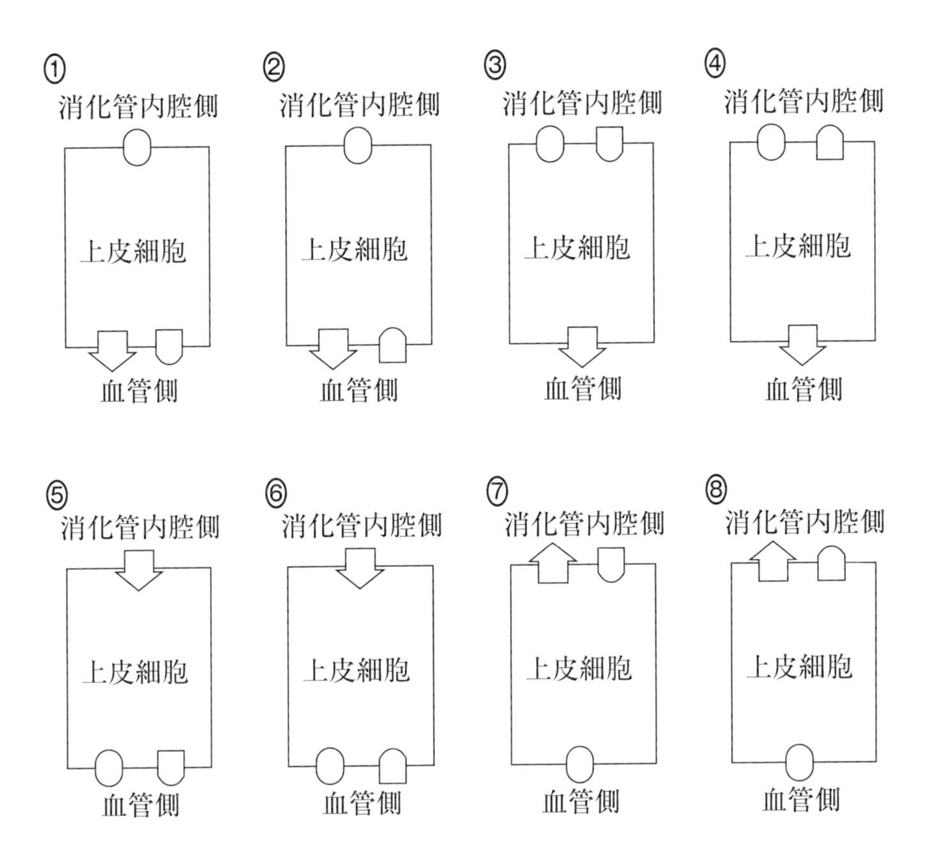
①
消化管内腔側
上皮細胞
血管側
②
消化管内腔側
上皮細胞
血管側
③
消化管内腔側
上皮細胞
血管側
④
消化管内腔側
上皮細胞
血管側
⑤
消化管内腔側
上皮細胞
血管側
⑥
消化管内腔側
上皮細胞
血管側
⑦
消化管内腔側
上皮細胞
血管側
⑧
消化管内腔側
上皮細胞
血管側

第３問　次の文章を読み，後の問い(問１～４)に答えよ。(配点　15)

生物のからだを構成する有機化合物のうち，窒素原子を含むものを有機窒素化合物という。大気中には気体の状態の窒素分子が多く存在しているが，(a)多くの生物は大気中の窒素を直接利用することはできない。そのため，(b)土壌中の細菌の働きによって生じた無機窒素化合物を利用することが多い。これらの細菌の作用は，汚水中のアンモニウムイオンを減少させるため，(c)下水処理場でも利用されている。図１はこの過程を化学反応式で示したものである。

反応 ①

$2NH_3 + 3O_2 \rightarrow 2HNO_2 + 2H_2O$ ＋ エネルギー

反応 ②

$2HNO_2 + O_2 \rightarrow 2HNO_3$ ＋ エネルギー

図　1

植物は根から水とともに硝酸イオンとアンモニウムイオンを取り込み，アミノ酸の合成に利用している。(d)図２は，植物体内で行われる反応をまとめたものである。

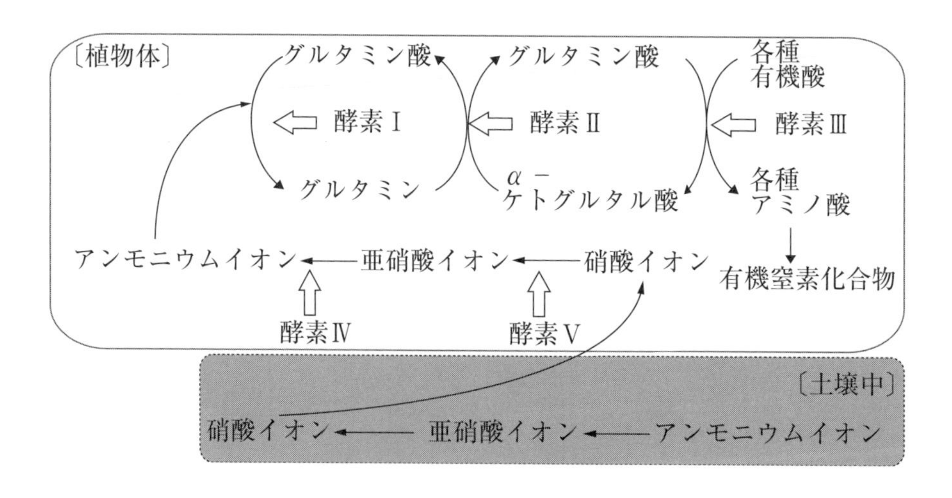

図　2

植物の水耕栽培では，その植物の生育に必要な成分を含んだ培養液を作製し，根から吸収させる必要がある。表1は水耕栽培に用いられる培養液の主な成分を示したものである。

表 1

成 分	化学式
硝酸カリウム	KNO_3
硝酸カルシウム	$Ca(NO_3)_2$
硝酸アンモニウム	NH_4NO_3
硝酸マグネシウム	$Mg(NO_3)_2$
硫酸アンモニウム	$(NH_4)_2SO_4$
塩化アンモニウム	NH_4Cl
硫酸カリウム	K_2SO_4
硫酸マグネシウム	$MgSO_4$
リン酸二水素カリウム	KH_2PO_4
リン酸二水素アンモニウム	$NH_4H_2PO_4$
塩化カリウム	KCl
塩化カルシウム	$CaCl_2$

問1　下線部(a)に関連して，大気中の窒素からアンモニウムイオンを合成することのできる根粒菌は，インゲンなどの植物と共生する。インゲンは，根に根粒と呼ばれる構造を形成し，根粒の細胞内部に根粒菌を取り込むが，土壌中に十分な硝酸イオンが存在する場合は，形成する根粒の個数を減らし，共生する根粒菌の個数を制御していることが知られている。このとき，図3のように，根粒の増加によって根からシグナル S1 が発せられて葉に運ばれ，それを受容した葉の細胞が発するシグナル S2 が根へと運ばれる。シグナル S2 を受容した根の細胞では，根粒の形成が抑制される。

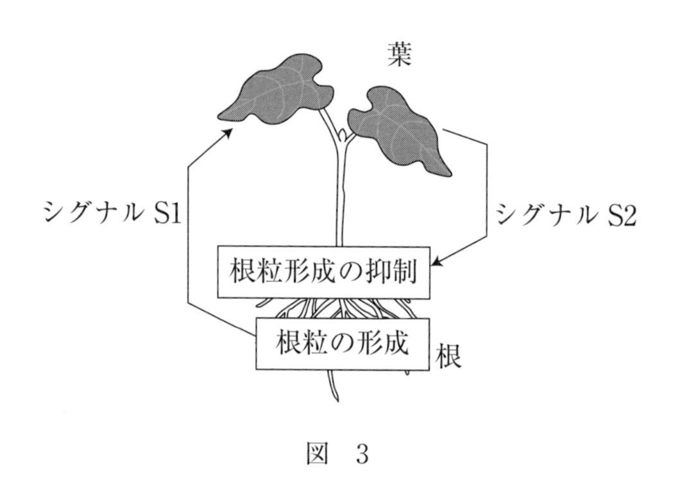

図　3

土壌中に硝酸イオンが十分に存在する状態であっても根粒を過剰に形成するインゲンの突然変異体として，変異体 M1 と変異体 M2 が得られた。変異体 M1 はシグナル S1 に対する受容体を持たず，変異体 M2 はシグナル S2 に対する受容体を持たないが，それ以外の異常はないものとする。これらの変異体と野生型の個体を用いて，地上部分を交換する実験を行い，根粒の形成を調べたところ，表2の結果が得られた。表2中の ア ～ ウ に入る語句の組合せとして最も適当なものを，後の①～⑧のうちから一つ選べ。 12

表 2

根	地上部分		
	野生型	変異体 M1	変異体 M2
野生型	正　常	過　剰	正　常
変異体 M1	ア	過　剰	ウ
変異体 M2	イ	過　剰	過　剰

注：野生型どうしの組合せの根粒の形成数を「正常」とし，統計的に同程度のものを「正常」，有意に多いものを「過剰」と示す。

	ア	イ	ウ
①	正　常	正　常	正　常
②	正　常	正　常	過　剰
③	正　常	過　剰	正　常
④	正　常	過　剰	過　剰
⑤	過　剰	正　常	正　常
⑥	過　剰	正　常	過　剰
⑦	過　剰	過　剰	正　常
⑧	過　剰	過　剰	過　剰

問２　下線部(b)について，次の文章中の［エ］〜［カ］に入る語句の組合せとして最も適当なものを，後の①〜⑥のうちから一つ選べ。［13］

土壌中では，生物の遺体や排出物などの分解により生じたアンモニウムイオン(NH_4^+)が［エ］と呼ばれる微生物の働きによって硝酸イオン(NO_3^-)に変えられる。［エ］は［オ］に含まれる細菌のなかまであり，図１の反応によって生じたエネルギーを用いて［カ］を行う。

	エ	オ	カ
①	化学合成細菌	硝化菌	炭酸同化
②	化学合成細菌	硝化菌	窒素同化
③	化学合成細菌	硝化菌	窒素固定
④	硝化菌	化学合成細菌	炭酸同化
⑤	硝化菌	化学合成細菌	窒素同化
⑥	硝化菌	化学合成細菌	窒素固定

問3 下線部(c)に関連して，多くの下水処理場の設備は，図4のように，異なる三つの処理槽(そう)が順に並んでいる。各処理槽には環境に応じた多数の微生物が存在しており，汚水中の多量の有機化合物を無機化合物へと分解しているとする。後のⓐ～ⓒのうち，図1の反応が盛んに行われている場所はどれか。それを過不足なく含むものを，後の①～⑦のうちから一つ選べ。 14

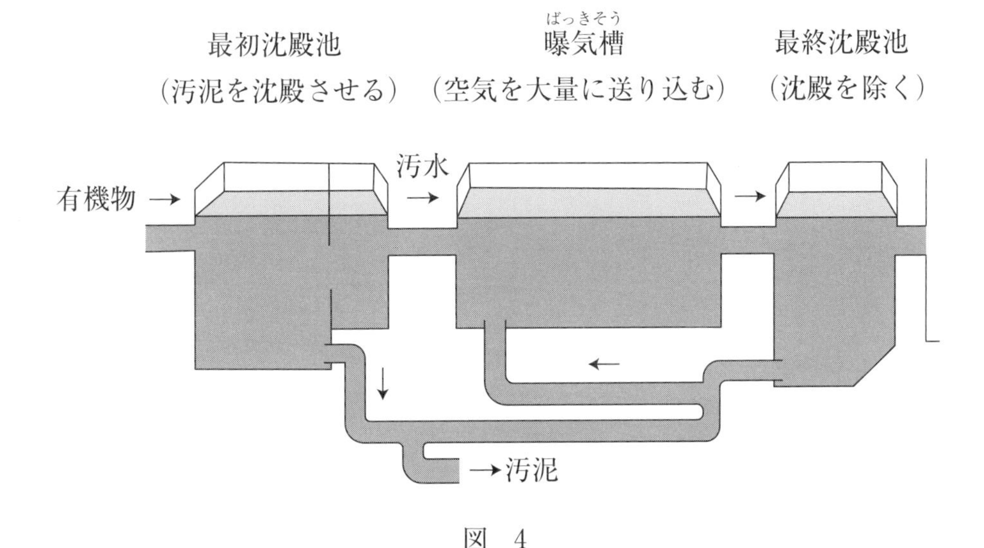

図 4

ⓐ 最初沈殿池の沈殿の内部　　ⓑ 曝気槽

ⓒ 最終沈殿池の沈殿の内部

① ⓐ　② ⓑ　③ ⓒ　④ ⓐ，ⓑ

⑤ ⓐ，ⓒ　⑥ ⓑ，ⓒ　⑦ ⓐ，ⓑ，ⓒ

問4　下線部(d)に関連して，図2中の酵素Ⅰ～Ⅴのいずれかを失った変異体の植物を，表1に示した成分を全て含む培養液で栽培したところ野生型と同様に生育した。しかし，表1中に下線で示した成分を除いた培養液で栽培したところ，生育することができなかった。また，枯死した変異体の細胞内には，亜硝酸イオンの蓄積がみられた。この変異体が失っていると考えられる酵素はどれか。それを過不足なく含むものを，次の①～⑦のうちから一つ選べ。 15

① 酵素Ⅰ　② 酵素Ⅱ　③ 酵素Ⅲ　④ 酵素Ⅳ
⑤ 酵素Ⅴ　⑥ 酵素Ⅰ，酵素Ⅱ，酵素Ⅲ　⑦ 酵素Ⅳ，酵素Ⅴ

第4問 次の文章を読み，後の問い(**問1～4**)に答えよ。(配点　15)

多くの多細胞生物は，生殖のために生殖細胞を形成する。有性生殖における生殖細胞のうち，融合して新しい個体を形成する細胞を配偶子といい，配偶子の融合により形成された細胞を接合子という。また，様々な物質を含む大きくて運動性のない配偶子である卵と，小さくて運動性がある配偶子である精子の融合を(a)受精といい，受精によって生じた接合子を受精卵という。

受精卵においては，発生初期に機能するmRNAやタンパク質が卵を介して雌親から受け継がれており，そのような物質を母性因子という。発生初期には，受精卵自身が合成した遺伝子産物ではなく母性因子の作用によって，胚軸の決定や，卵割により生じた細胞が将来どのような細胞になるかの大まかな決定が行われる。なお，(b)雄親由来の細胞質成分は，子にはほとんど受け継がれない。

ヒトの卵の形成過程では，始原生殖細胞から体細胞分裂を経て形成された多数の卵原細胞の一部が，栄養分を蓄積して一次卵母細胞となり，減数分裂に入る。減数分裂第一分裂が完了した後，減数分裂第二分裂の中期の段階で排卵が起こり，(c)精子の進入後に第二分裂が完了する。減数分裂の過程では，第一分裂前期に，相同染色体間で乗換えが起こる場合があり，(d)形成される娘細胞の遺伝的多様性を高めている。

問1　下線部(a)に関連して，ウニの受精過程の順番として最も適当なものを，次の①～⑤のうちから一つ選べ。 16

① 精子の細胞膜と卵の細胞膜が融合する → 表層反応が起こる → 先体反応が起こる → 卵黄膜が細胞膜から離れて受精膜になる

② 精子の細胞膜と卵の細胞膜が融合する → 先体反応が起こる → 表層反応が起こる → 卵黄膜が細胞膜から離れて受精膜になる

③ 表層反応が起こる → 精子の細胞膜と卵の細胞膜が融合する → 先体反応が起こる → 卵黄膜が細胞膜から離れて受精膜になる

④ 表層反応が起こる → 先体反応が起こる → 精子の細胞膜と卵の細胞膜が融合する → 卵黄膜が細胞膜から離れて受精膜になる

⑤ 先体反応が起こる → 精子の細胞膜と卵の細胞膜が融合する → 表層反応が起こる → 卵黄膜が細胞膜から離れて受精膜になる

問2　下線部(b)に関連して，両生類の初期発生の過程では，精子に由来する細胞小器官が精子星状体という構造を形成する。この現象に関する記述として最も適当なものを，次の①～⑥のうちから一つ選べ。 17

① 中心体から精子星状体が形成され，アクチンフィラメントが伸長する。

② 中心体から精子星状体が形成され，中間径フィラメントが伸長する。

③ 中心体から精子星状体が形成され，微小管が伸長する。

④ ミトコンドリアから精子星状体が形成され，アクチンフィラメントが伸長する。

⑤ ミトコンドリアから精子星状体が形成され，中間径フィラメントが伸長する。

⑥ ミトコンドリアから精子星状体が形成され，微小管が伸長する。

問 3　下線部(c)に関連して，マウスの受精卵に全ての細胞で働くプロモーターと緑色蛍光タンパク質をつくる遺伝子(以下，GFP 遺伝子)を連結して常染色体上の特定の位置に一つだけ導入した。このとき，この受精卵を成長させた個体では全身の細胞で蛍光が観察された。こうして得られたマウスを GFP マウスとする。GFP マウスの雄と野生型マウスの雌の配偶子を体外受精させ，培養液中で発生過程を観察したところ，初期胚では全ての胚の細胞で検出可能な量の蛍光は観察されなかった。この初期胚を雌親の子宮内に戻して発生させたところ，出生した個体は，全身の細胞で蛍光が観察された個体と，蛍光が観察されなかった個体が 1：1 の比であった。また，野生型マウスどうしの配偶子で体外受精を行い，受精卵に GFP 遺伝子由来の蛍光タンパク質を注入すると，初期胚では蛍光が観察されたが，出生後の個体では蛍光は観察されなかった。GFP マウスの雌と野生型マウスの雄の配偶子で体外受精を行った場合，初期胚と出生後の個体で観察される蛍光はどのようになると考えられるか。最も適当なものを，次の①～⑥のうちから一つ選べ。 18

① 初期胚では全ての胚の細胞で蛍光が観察される。出生後の個体では，全身の細胞で蛍光が観察される個体だけが得られる。

② 初期胚では全ての胚の細胞で蛍光が観察される。出生後の個体では，全身の細胞で蛍光が観察される個体と，蛍光が観察されない個体が 1：1 の比で得られる。

③ 初期胚では全ての胚の細胞で蛍光が観察される。出生後の個体では，蛍光が観察されない個体だけが得られる。

④ 初期胚では全ての胚の細胞で蛍光が観察されない。出生後の個体では，全身の細胞で蛍光が観察される個体だけが得られる。

⑤ 初期胚では全ての胚の細胞で蛍光が観察されない。出生後の個体では，全身の細胞で蛍光が観察される個体と，蛍光が観察されない個体が 1：1 の比で得られる。

⑥ 初期胚では全ての胚の細胞で蛍光が観察されない。出生後の個体では，蛍光が観察されない個体だけが得られる。

問 4　下線部(d)に関連して，娘細胞の遺伝的多様性が高くなる仕組みに関する次の文章中の［ア］～［ウ］に入る語句や数値の組合せとして最も適当なものを，後の①～⑧のうちから一つ選べ。［19］

染色体上の遺伝子の位置を遺伝子座という。3 組の対立遺伝子の各遺伝子座が，図 1 のように同じ染色体上に存在しているとする。遺伝子型 AaBbCc の 1 個の母細胞が減数分裂によって形成する 4 個の娘細胞の遺伝子構成は，乗換えが全く起こらないと仮定すると［ア］種類，AB 間でのみ 1 回の乗換えが起こった場合には［イ］種類となる。また，AB 間と BC 間の両方で同時に 1 回ずつ乗換えが起こった場合にも［イ］種類となるが，この場合には，［ウ］では組換えが起こらないことになる。

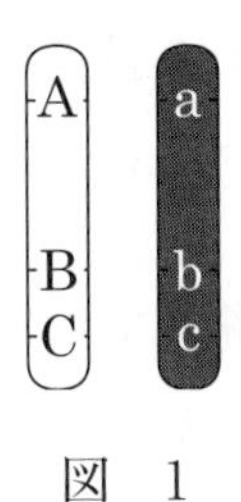

図　1

	ア	イ	ウ
①	2	4	BC 間
②	2	4	AC 間
③	2	8	BC 間
④	2	8	AC 間
⑤	4	4	BC 間
⑥	4	4	AC 間
⑦	4	8	BC 間
⑧	4	8	AC 間

第5問 次の文章を読み，後の問い(**問1～5**)に答えよ。(配点 19)

植物の種子の発芽には，水分，酸素，適温が必要とされる。また，一部の種子では，(a)種子に含まれる光受容体が働き，明暗によって発芽が制御される。発芽は，植物ホルモンの(b)アブシシン酸によって抑制され，ジベレリンによって促進される。イネ科の多くの植物の種子では，デンプンなどの栄養分が胚乳に貯蔵されており，種子内でジベレリンの合成が盛んになると，デンプンは分解され，生じた糖が胚に吸収されて利用される。イネの種子を用いて，**実験1・実験2**を行った。

実験1 複数の種子を半分に切り，胚を含む有胚断片と胚を含まない無胚断片に分け，図1のようにデンプンを含む寒天ⅰ～ⅲの上に，それぞれ切断面を下にして置いた。また，寒天ⅲにはジベレリンを添加した。1週間後，(c)それぞれの寒天に含まれるデンプンの量を調べた。また，有胚断片の各部位(胚，糊粉層(こふんそう)，胚乳)の細胞において，(d)アミラーゼ遺伝子の発現の有無を調べた。

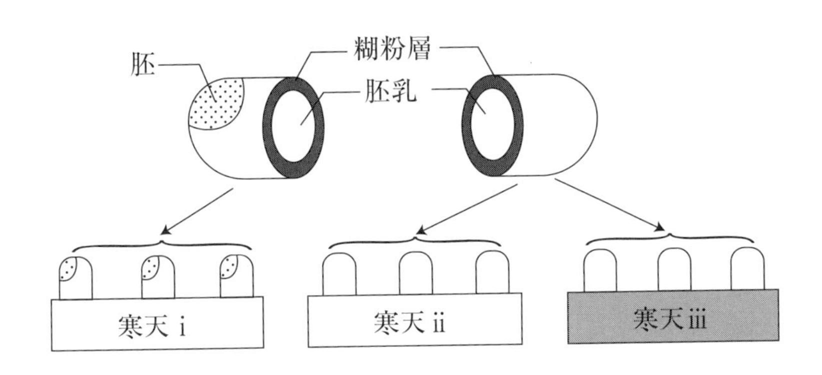

図 1

実験2 吸水させた種子にジベレリンを与えた後，アミラーゼ遺伝子が発現する細胞における，アミラーゼ遺伝子と(e)遺伝子Xの mRNA 量の変化を調べたところ，図2の結果が得られた。

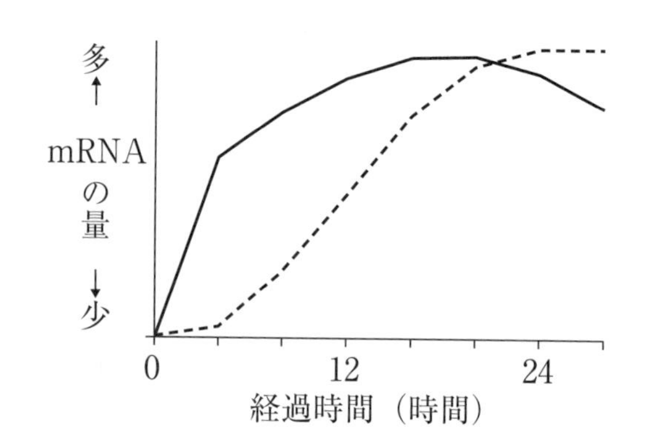

注：実線(———)は遺伝子Xの，破線(------)はアミラーゼ遺伝子の発現量を示す。

図　2

問 1　下線部(a)に関連して，レタスやタバコなどの光発芽種子では，発芽の際の光受容体としてフィトクロムが働いている。フィトクロムに関する次の文章中の［ア］～［ウ］に入る語句の組合せとして最も適当なものを，後の①～⑥のうちから一つ選べ。［20］

フィトクロムはタンパク質の1種であり，赤色光と遠赤色光を吸収する。［ア］光を吸収するとPr型に変化し，［イ］光を吸収するとPfr型に変化する。光発芽種子においては，Pfr型のフィトクロムがジベレリンの合成を促進する。フィトクロムは，植物が［ウ］という反応にも関わる。

	ア	イ	ウ
①	遠赤色	赤　色	光の強さに応じて葉緑体の配置を変える
②	遠赤色	赤　色	明るい場所で気孔を開く
③	遠赤色	赤　色	被陰時の茎の伸長成長を早める
④	赤　色	遠赤色	光の強さに応じて葉緑体の配置を変える
⑤	赤　色	遠赤色	明るい場所で気孔を開く
⑥	赤　色	遠赤色	被陰時の茎の伸長成長を早める

問 2　下線部(b)に関連して，ある被子植物ではアブシシン酸と結合するタンパク質として，3種類のタンパク質が発見されている。これらのタンパク質をコードする遺伝子を遺伝子 A ～ C とする。アブシシン酸によって発芽が抑制される際に，これらのタンパク質がアブシシン酸受容体として機能しているかどうかを調べるため，表1のようにこれらの遺伝子のうち二つまたは三つを破壊した変異体Ⅰ～Ⅳを作製した。その種子を，高濃度のアブシシン酸を含む培養土中に置き，発芽率を調べたところ，図3の結果が得られた。

表　1

株	遺伝子 A	遺伝子 B	遺伝子 C
野生型	○	○	○
変異体Ⅰ	×	×	○
変異体Ⅱ	×	○	×
変異体Ⅲ	○	×	×
変異体Ⅳ	×	×	×

注：○は野生型と同じ，×はその遺伝子を破壊したことを示す。

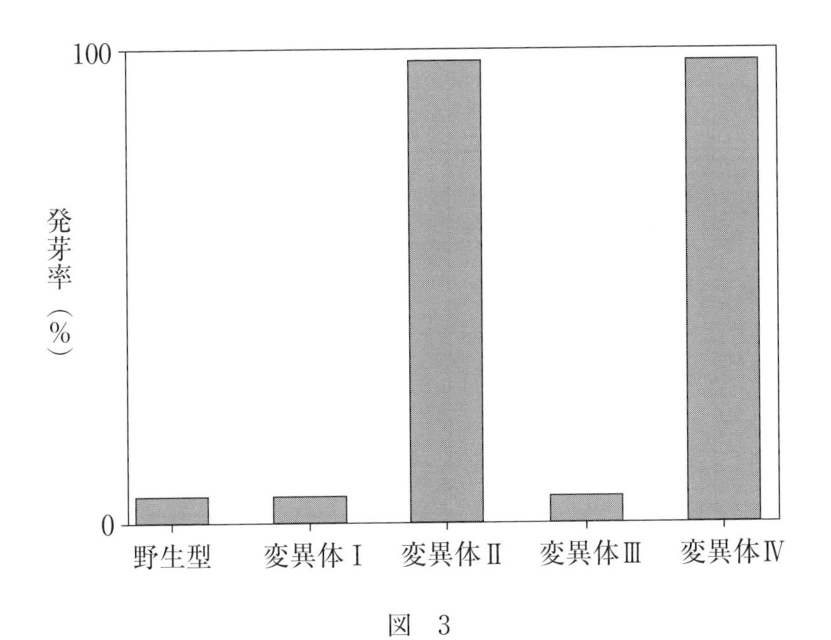

図　3

遺伝子Ａ～Ｃのうち，アブシシン酸が発芽を抑制する際，アブシシン酸受容体として機能しているタンパク質をコードしている可能性のあるものはどれか。それを過不足なく含むものを，次の①～⑦のうちから一つ選べ。 21

① 遺伝子Ａ　② 遺伝子Ｂ　③ 遺伝子Ｃ
④ 遺伝子Ａと遺伝子Ｂ　⑤ 遺伝子Ａと遺伝子Ｃ
⑥ 遺伝子Ｂと遺伝子Ｃ　⑦ 遺伝子Ａと遺伝子Ｂと遺伝子Ｃ

問3 下線部(c)に関連して，寒天に含まれるデンプンの量を調べるためにヨウ素液を滴下した。各寒天で，ヨウ素デンプン反応によって青紫色に変化する部分はどのようになるか。その組合せとして最も適当なものを，次の①～⑧のうちから一つ選べ。 22

	寒天 i	寒天 ii	寒天 iii
①	種子断片の周囲以外	全　体	種子断片の周囲以外
②	種子断片の周囲以外	全　体	全　体
③	種子断片の周囲以外	青紫色に変化する部分はない	種子断片の周囲以外
④	種子断片の周囲以外	青紫色に変化する部分はない	全　体
⑤	種子断片の周囲のみ	全　体	種子断片の周囲以外
⑥	種子断片の周囲のみ	全　体	全　体
⑦	種子断片の周囲のみ	青紫色に変化する部分はない	種子断片の周囲以外
⑧	種子断片の周囲のみ	青紫色に変化する部分はない	全　体

問4　下線部(d)について，アミラーゼ遺伝子の発現はどのようになっていると考えられるか。その組合せとして最も適当なものを，次の①～⑧のうちから一つ選べ。 23

	胚	糊粉層	胚　乳
①	発現あり	発現あり	発現あり
②	発現あり	発現あり	発現なし
③	発現あり	発現なし	発現あり
④	発現あり	発現なし	発現なし
⑤	発現なし	発現あり	発現あり
⑥	発現なし	発現あり	発現なし
⑦	発現なし	発現なし	発現あり
⑧	発現なし	発現なし	発現なし

問5　下線部(e)について，図2から判断した場合，遺伝子Xの機能の考察として最も適当なものを，次の①～④のうちから一つ選べ。 24

①　アミラーゼ遺伝子の発現を促進する調節タンパク質の分解を促進するタンパク質の遺伝子として働く。

②　アミラーゼ遺伝子の発現を抑制する調節タンパク質の分解を促進するタンパク質の遺伝子として働く。

③　アミラーゼを分解する酵素の遺伝子として働く。

④　アミラーゼを分解する酵素の作用を抑制するタンパク質の遺伝子として働く。

第6問　次の文章を読み，後の問い(問1～3)に答えよ。(配点　14)

高校3年生のタマキさんは，遠浅の海岸に，いとこのミシロさんと潮干狩りにやってきた。2人は様々な生物を観察し，それらについて話し合った。

タマキ：ほら，ミシロ，見てごらん。僕はたくさんのハマグリが採れたよ。

ミシロ：すごいね。あれ？ちょっと違う貝が混ざっているよ。

タマキ：よく気付いたね。(a)これはコタマガイだよ。ハマグリと同じマルスダレガイ科の二枚貝で，見た目はよく似ているから，小売店ではハマグリと混ざって売られていることもあるんだよ。

ミシロ：マルスダレガイ科って何？

タマキ：「科」っていうのは，生物を分類するときのグループ分けの一つのことだよ。「マルスダレガイのなかま」みたいな感じかな。

ミシロ：中学の理科で，軟体動物と習った記憶があるけど。

タマキ：それは「門」の段階のなかま分けだね。「科」よりも3段階くらい上の分類階層だよ。

ミシロ：より大まかな分類っていうことだね。

タマキ：その通りだよ。あ，そういえば。これを見てごらん。これはイイダコという動物だよ。さっき，貝殻の裏側に隠れているのを見つけたんだ。これも軟体動物の1種だね。

ミシロ：ハマグリもコタマガイもイイダコも同じ「門」の動物で，そのうちのハマグリとコタマガイは「科」まで同じということだね。

タマキ：その通りだよ。軟体動物といえば，(b)昔の海に生息していたアンモナイトも，軟体動物だね。

ミシロ：アンモナイトって，触手があることはイイダコに似ているけれど，貝殻を持つことはハマグリに似ているね。

タマキ：そうだね。軟体動物は，もともと貝殻を持っていたけれど，イカやタコに進化したグループでは，貝殻を失ったらしいよ。コウイカのなかまの体内に，貝殻のような構造があるのは，その名残らしいね。

ミシロ：(c)祖先から受け継いだものの名残があるんだね。

問 1　下線部(a)に関連して，ハマグリの学名は *Meretrix lusoria* であり，コタマガイの学名は *Macridiscus melanaegis* である。次の記述ⓐ～ⓒのうち，適当な記述はどれか。それを過不足なく含むものを，後の①～⑦のうちから一つ選べ。 25

ⓐ　学名のみから判断すると，ハマグリとコタマガイどうしで交配して生殖能力を持った子孫を残すことはできないと考えられる。

ⓑ　これらの学名をつけた人物は別人であることが分かる。

ⓒ　ハマグリの「*Meretrix*」に相当するものは，ヒトでは「*Homo*」である。

①　ⓐ　　②　ⓑ　　③　ⓒ　　④　ⓐ，ⓑ

⑤　ⓐ，ⓒ　　⑥　ⓑ，ⓒ　　⑦　ⓐ，ⓑ，ⓒ

問 2　下線部(b)に関連して，生命は地球の歴史のなかで種の誕生と絶滅を繰り返している。アンモナイトも絶滅しており，現生の生物ではない。種の誕生と絶滅に関する記述として最も適当なものを，次の①～⑥のうちから一つ選べ。 26

①　古生代のカンブリア紀には，現在みられるほとんどの動物の門が出現し，この生物の多様化のことをカンブリア紀の大爆発と呼ぶ。

②　古生代のカンブリア紀の動物の化石は中国やカナダで多く発見されており，これらの化石生物群をエディアカラ生物群と呼ぶ。

③　中生代には爬虫（はちゅう）類が出現し，このうち恐竜類はジュラ紀や白亜紀には繁栄したが，恐竜類は白亜紀末にはほとんど姿を消した。

④　中生代には被子植物が出現しデボン紀に繁栄したが，中生代の末の大量絶滅により衰退し，新生代では裸子植物が繁栄している。

⑤　新生代には鳥類が出現し，哺乳類とともに繁栄している。

⑥　新生代にはシダ植物が出現し，新生代の乾燥地や寒冷地の拡大に伴ってコケ植物が繁栄している。

問 3　下線部(c)に関連して，共通の祖先(以下，祖先種)から種分化によって生じたと考えられる 8 種の鳥類について，ミトコンドリア DNA の塩基配列をもとに作成した分子系統樹を図 1 に示した。また，表 1 はそれぞれの種の食性を示したものである。食性の変化が起こった回数が最小となるように考えた場合，図 1 中の※で示したこれらの鳥類の祖先種の食性として最も適当なものを，後の①～④のうちから一つ選び，食性の変化の回数として最も適当な数値を，後の⑤～⓪のうちから一つ選べ。

祖先種の食性　**27**

食性の変化の回数　**28** 回

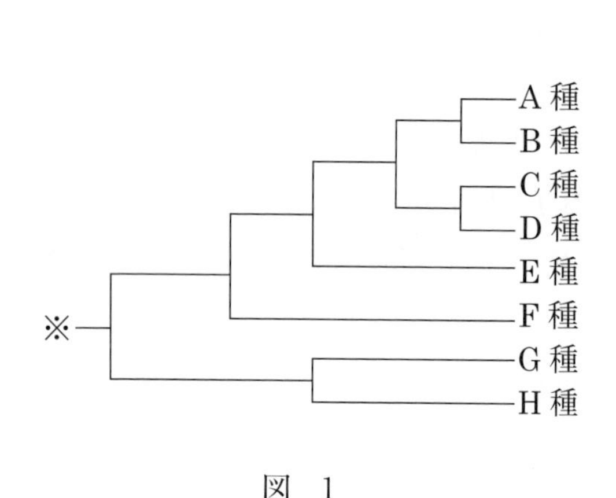

図　1

表　1

種	食　性
A　種	種子食
B　種	種子食
C　種	サボテン食
D　種	種子食
E　種	昆虫食
F　種	菜　食
G　種	昆虫食
H　種	昆虫食

①　種子食　　②　昆虫食　　③　サボテン食　　④　菜　食

⑤　1　　⑥　2　　⑦　3

⑧　4　　⑨　5　　⓪　6

第　3　回

時間　60分　　　　100点　満点

1 ══ 解答にあたっては，実際に試験を受けるつもりで，時間を厳守し真剣に取りくむこと。

2 ══ 巻末にマークシートをつけてあるので，切り離しのうえ練習用として利用すること。

3 ══ 解答終了後には，自己採点により学力チェックを行い，別冊の解答・解説をじっくり読んで，弱点補強，知識や考え方の整理などに努めること。

生　　　　物

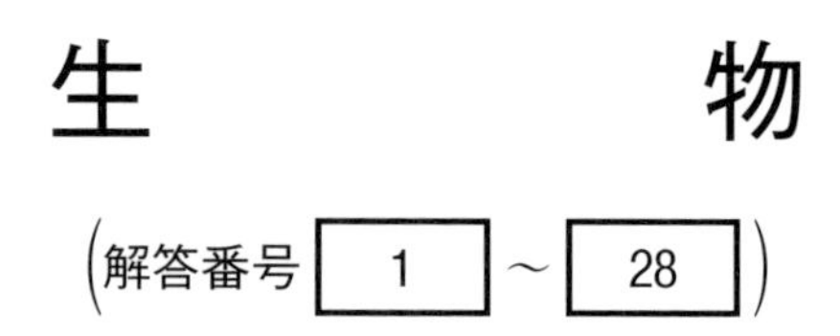

第1問　次の文章を読み，後の問い（問1～4）に答えよ。（配点　14）

菌類は(a)3ドメイン説では真核生物ドメインに含まれ，五界説では菌界に分類される。菌類は従属栄養生物で，呼吸や発酵によって有機物を分解してエネルギーを得ており，生態系では分解者として(b)物質の循環において重要な役割を果たすものが多い。

酵母は単細胞の菌類であり，生物学の研究材料として多くの実験や研究に用いられてきた。酵母の代謝について調べるため，**実験1**・**実験2**を行った。

実験1　グルコース溶液に酵母を加えて発酵液をつくり，その発酵液を徐々に加熱して二酸化炭素とエタノールの発生速度と発酵液の温度を調べたところ，図1の結果が得られた。なお，二酸化炭素とエタノールの発生速度は，単位時間当たりに生じた分子数を指す。

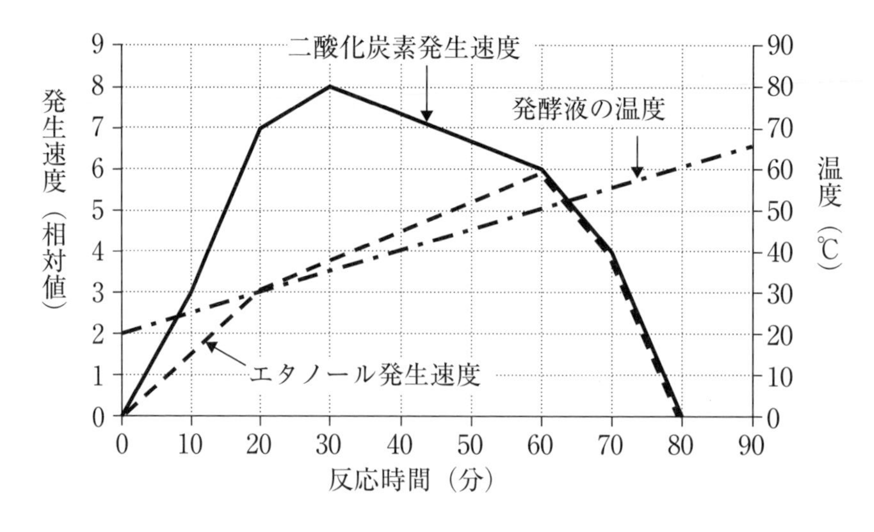

図　1

実験2 酵母には，図2のようにゲノムを1組だけ持つ一倍体と2組持つ二倍体の時期があり，どちらも無性生殖によって増殖する。野生型の酵母は，アスパラギン酸からアルギニノコハク酸を経て，アルギニンを合成することができる。一倍体の酵母から，アスパラギン酸を与えてもアルギニンを合成できない突然変異株α株，β株，γ株を得た。これらを異なる株どうしで接合させて得た二倍体($\alpha \times \beta$株，$\alpha \times \gamma$株，$\beta \times \gamma$株)にアスパラギン酸を与えたところ，$\alpha \times \beta$株と$\alpha \times \gamma$株ではアルギニンが合成されなかったが，$\beta \times \gamma$株ではアルギニンの合成がみられた。

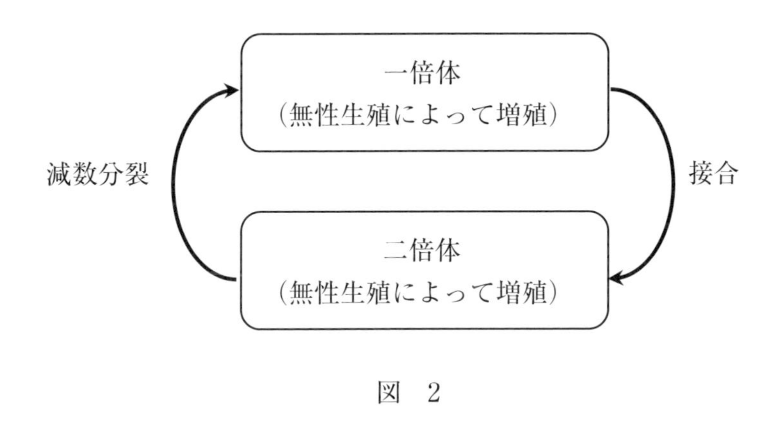

図 2

問1 下線部(a)に関連して，生物の分類に関する記述として最も適当なものを，次の①～④のうちから一つ選べ。 1

① 菌類と同じドメインには，ネンジュモなどのシアノバクテリアが含まれる。
② 菌類と同じドメインには，ワカメなどの褐藻類が含まれる。
③ ドメインは，リボソームを構成するタンパク質のアミノ酸配列に基づいて三つに分けられている。
④ 五界説を最初に提案したのは，18世紀のリンネである。

問２　下線部(b)に関連して，北半球にある森林Ｐと森林Ｑにおいて，大気中から森林への二酸化炭素の移動量と，森林の全ての生物が放出する二酸化炭素量の推定値を調べたところ，表１と表２の結果が得られた。これらの森林は一方が低緯度の熱帯多雨林であり，もう一方が中緯度の夏緑樹林である。表１と表２から導かれる考察として最も適当なものを，後の①～④のうちから一つ選べ。　2

表　1

森林Ｐ	1～2月	3～4月	5～6月	7～8月	9～10月	11～12月
大気中から森林への二酸化炭素の移動量(g/m^2)	30	−5	25	35	35	−10
全ての生物が放出する二酸化炭素量(g/m^2)	450	490	490	490	500	560

表　2

森林Ｑ	1～2月	3～4月	5～6月	7～8月	9～10月	11～12月
大気中から森林への二酸化炭素の移動量(g/m^2)	−30	−45	70	180	30	−30
全ての生物が放出する二酸化炭素量(g/m^2)	35	65	300	420	260	60

① 表1と表2の下段の数値から上段の数値を引いた値は，生産者の総生産量に対応している。

② 森林Ｐの生産者も森林Ｑの生産者も，年間の総生産量は０以上の値を維持している。

③ 森林Ｐよりも森林Ｑの方が大気中の二酸化炭素を減少させる能力は低い。

④ 森林Ｐよりも森林Ｑの方が植物の種類が多く，階層構造が発達している。

問３ 実験１の結果から導かれる考察として最も適当なものを，次の①～④のうちから一つ選べ。 3

① 50℃以上の温度条件では，アルコール発酵の反応は行われていない。

② 20℃から35℃までの範囲では，呼吸によるグルコース分解速度が，アルコール発酵によるグルコース分解速度を上回っている。

③ 25℃の温度条件では，呼吸によって合成されるATPの最大量は，アルコール発酵によって合成されるATPの量を上回っている。

④ 実験開始から終了までの間に，呼吸で分解されたグルコースの総量は，アルコール発酵で分解されたグルコースの総量を上回っている。

問4　実験2の結果から，アスパラギン酸からアルギニノコハク酸を合成するために必要となる酵素の遺伝子，アルギニノコハク酸からアルギニンを合成するために必要となる酵素の遺伝子があり，突然変異株α株，β株，γ株ではそれらの酵素の遺伝子のうち一つまたは両方の機能が失われているのではないかと考えられた。酵母がアルギニンを合成する反応経路が一つしかないとした場合，この仮説を説明した次の文章中の［ア］・［イ］に入る語句の組合せとして最も適当なものを，後の①～⑥のうちから一つ選べ。［4］

アスパラギン酸からアルギニノコハク酸を合成する酵素の遺伝子と，アルギニノコハク酸からアルギニンを合成する酵素の遺伝子について，両方とも機能を失っている変異体は［ア］であると考えられる。これらの酵素の遺伝子が連鎖しておらず独立の関係にあるとした場合，$\beta \times \gamma$株の減数分裂によって生じた一倍体の酵母は，［イ］%の確率で野生型の形質を示すようになると考えられる。

	ア	イ
①	α　株	25
②	α　株	50
③	α　株	75
④	β株とγ株	25
⑤	β株とγ株	50
⑥	β株とγ株	75

第2問　次の文章(A・B)を読み，後の問い(問1～6)に答えよ。(配点　21)

A　真核生物の細胞内には，様々な細胞小器官がみられる。それらの細胞小器官には，生体膜で構成されているものと，(a)生体膜を持たないものがあり，生体膜で構成されているものには，1枚の生体膜からなるものと，2枚の生体膜からなるものがある。小胞体は1枚の生体膜からなる細胞小器官で，核の周辺に存在する粗面小胞体と，細胞質中に広がった滑面小胞体がある。粗面小胞体は表面に多数のリボソームが付着しており，リボソームで合成された(b)タンパク質の輸送を担っている。小胞体によって輸送されるタンパク質の中には，小胞に包まれて細胞内を輸送され，ゴルジ体を経て(c)細胞膜上へと移動して働くものがある。滑面小胞体は脂質の合成や有害物質の解毒，いくつかの物質の輸送に関わっているほか，(d)ある種のイオンの貯蔵にも関わっている。

問1　下線部(a)に関連して，次の細胞小器官ⓐ～ⓒのうち，生体膜を持たない細胞小器官はどれか。それを過不足なく含むものを，後の①～⑦のうちから一つ選べ。 5

ⓐ　リボソーム　　ⓑ　ゴルジ体　　ⓒ　中心体

① ⓐ　② ⓑ　③ ⓒ　④ ⓐ，ⓑ
⑤ ⓐ，ⓒ　⑥ ⓑ，ⓒ　⑦ ⓐ，ⓑ，ⓒ

問２　下線部(b)に関連して，タンパク質分子には，そのタンパク質を細胞内のどこに輸送するかを決めるアミノ酸配列(以下，シグナル配列)があることが知られている。動物細胞において，カタラーゼはペルオキシソームと呼ばれる小胞内に輸送されて局在する。カタラーゼにおけるシグナル配列の位置を調べるために実験１を行った。この結果から導かれる後の考察文中の［ア］～［ウ］に入る語句の組合せとして最も適当なものを，後の①～⑥のうちから一つ選べ。［6］

実験１　図１のように，カタラーゼの遺伝子に緑色蛍光タンパク質をつくる遺伝子(以下，GFP 遺伝子)を挿入した遺伝子 X・Y・Z を作製しヒト培養細胞に導入してカタラーゼ-GFP を発現させた。なお，遺伝子 X・Y・Z のいずれにおいても，GFP 遺伝子の挿入によってカタラーゼ遺伝子のコドンの読み枠のずれは生じていないものとする。蛍光を検出することでカタラーゼ-GFP の局在を調べたところ，遺伝子 Y と遺伝子 Z を導入した細胞だけで，ペルオキシソームから蛍光が検出された。

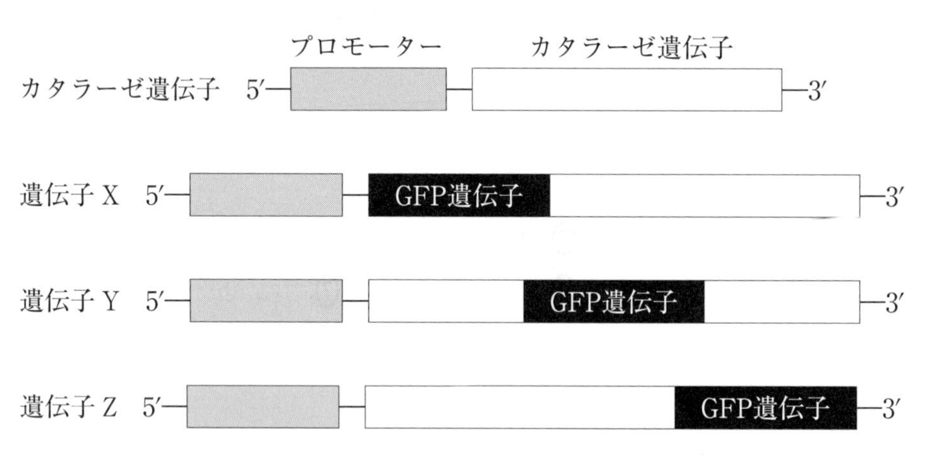

注：5′，3′ は DNA のセンス鎖(非鋳型鎖)の 5′ 末端，3′ 末端を示している。

図　1

タンパク質合成が始まる際には，開始コドンに対応するアミノ酸であるメチオニンの ア と，次のアミノ酸の イ との間でペプチド結合が形成される。実験１の結果から，合成されたポリペプチドの ウ が，シグナル配列として機能していると考えられる。

	ア	イ	ウ
①	アミノ基	カルボキシ基	カルボキシ基側
②	アミノ基	カルボキシ基	中央付近
③	アミノ基	カルボキシ基	アミノ基側
④	カルボキシ基	アミノ基	カルボキシ基側
⑤	カルボキシ基	アミノ基	中央付近
⑥	カルボキシ基	アミノ基	アミノ基側

問3　下線部(c)に関連して，細胞膜上でホルモンの受容体として機能するタンパク質は，小胞を介してゴルジ体から細胞膜へと運ばれるが，そのとき，どのような形で輸送されると考えられるか。小胞と受容体の位置関係を示す模式図として最も適当なものを，次の①～⑤のうちから一つ選べ。なお，図中の□は受容体のホルモンと結合する部位，■は細胞内で酵素の活性化などに働く部位をそれぞれ示している。 7

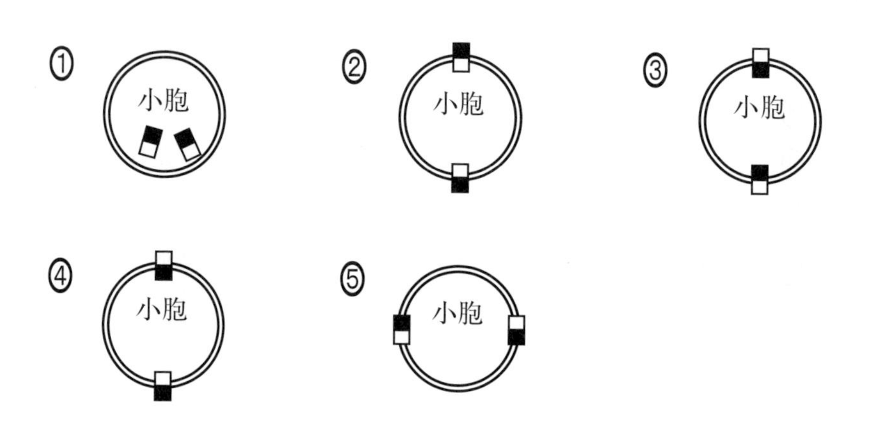

問4　下線部(d)に関連して，滑面小胞体に貯蔵されるイオンは，ヒトの体内で様々な働きを示す。そのイオンの機能として誤っているものを，次の①～④のうちから一つ選べ。 8

① 筋収縮の際，アクチンフィラメントに含まれるトロポニンに結合すると，トロポミオシンの構造が変化する。

② ニューロンの軸索の末端まで興奮が伝わったとき，イオンチャネルを介して細胞内に流入すると，シナプス小胞がエキソサイトーシスを起こす。

③ 血管が傷ついたとき，プロトロンビンがトロンビンという酵素に変化するために必要となる。

④ 細胞どうしが接着するギャップ結合において，カドヘリンどうしの結合に必要となる。

B　哺乳類の肝細胞や脂肪細胞には脂肪滴と呼ばれる生体膜で囲まれた細胞小器官が存在し，脂肪を蓄積している。遺伝的に体重が増えやすいマウス(肥満マウス)では，肝細胞で特に脂肪滴がよく発達している様子がみられる。

マウスのタンパク質Ｐとタンパク質Ｑは互いに結合して複合体を形成し，正常マウスでは複合体のみが小胞体の膜上にある。この複合体がマウスの肥満に関与している可能性が考えられている。脂肪滴の形成や発達，肥満と小胞体およびタンパク質の関係について調べるため，**実験２～５**を行った。ただし，肥満マウスでもタンパク質Ｐとタンパク質Ｑの性質自体は正常マウスと変わらないものとする。

実験２　正常マウスと肥満マウスの肝細胞の体積を計測すると，その平均値は肥満マウスの肝細胞が正常マウスの肝細胞の約２倍であった。各細胞における細胞小器官の体積を計測し，細胞の体積に占める割合を調べたところ，図２の結果が得られた。さらに，肝細胞１個に含まれる滑面小胞体と粗面小胞体の体積を調べたところ，図３の結果が得られた。

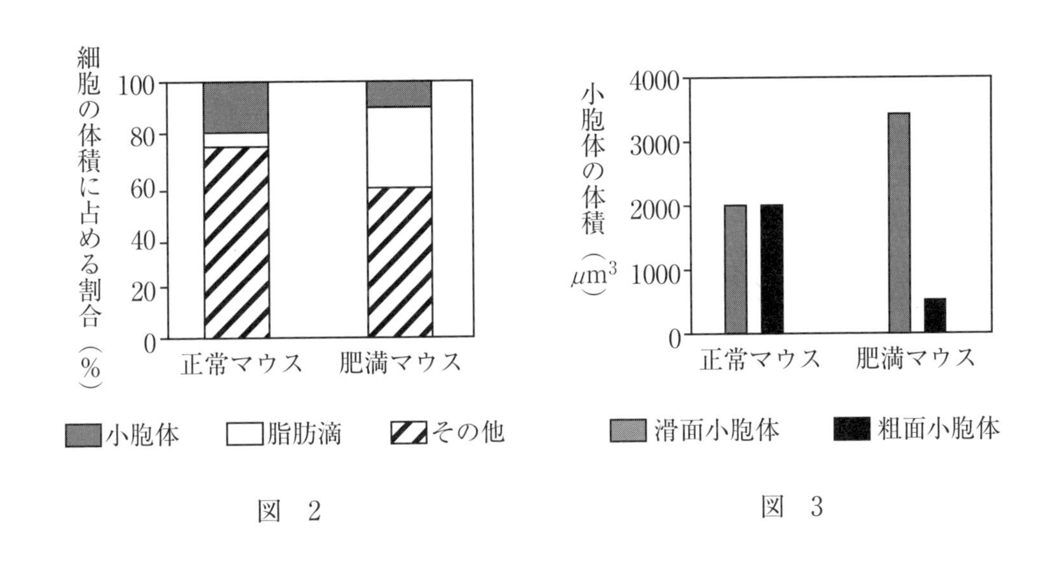

図　２　　　　図　３

実験３　肝細胞から小胞体を取り出し，一定面積の膜に含まれるタンパク質Ｐとタンパク質Ｑの量を調べたところ，正常マウスはタンパク質Ｐとタンパク質Ｑが同数あり，肥満マウスはタンパク質Ｐのみが著しく減少していた。

実験4　タンパク質Pとタンパク質Qを生理的塩類溶液中で混合すると，複合体P-Qを形成した。タンパク質Pの内部にある領域P1，P2とタンパク質Qの内部にある領域Q1，Q2をそれぞれ用意し，様々な組合せで同様に混合したところ，表1の結果が得られた。

表　1

	タンパク質P	領域P1	領域P2
タンパク質Q	○	×	○
領域Q1	○	×	○
領域Q2	×	×	×

注：○は複合体が形成されたことを，×は形成されなかったことを示す。

実験5　正常マウスの肝細胞内でタンパク質P，領域P1，領域P2およびタンパク質Q，領域Q1，領域Q2を様々な組合せで過剰に発現させ，滑面小胞体と粗面小胞体の発達を調べたところ，表2の結果が得られた。

表　2

過剰に発現させたもの	P	Q	P, Q	P, Q1	P, Q2	P1, Q
滑面小胞体	0	0	0	0	0	0
粗面小胞体	0	0	+	+	0	0

過剰に発現させたもの	P1, Q1	P1, Q2	P2, Q	P2, Q1	P2, Q2
滑面小胞体	0	0	0	0	0
粗面小胞体	0	0	0	0	0

注：＋は体積が増加したことを，0は変化しなかったことを示す。

問5　次の記述ⓓ〜ⓕのうち，実験2の結果から導かれる考察として適当な記述はどれか。それを過不足なく含むものを，後の①〜⑦のうちから一つ選べ。
9

ⓓ　正常マウスでは，一つの肝細胞に含まれる小胞体の体積は肥満マウスよりも大きく，脂肪滴の体積は肥満マウスよりも小さい。

ⓔ　一つの肝細胞に含まれる脂肪滴の体積は，正常マウスでは肥満マウスの6分の1以下である。

ⓕ　肥満マウスの細胞では粗面小胞体よりも滑面小胞体の体積が大きくなっており，正常マウスよりも脂肪を合成する酵素の量が多い可能性がある。

①　ⓓ　　②　ⓔ　　③　ⓕ　　④　ⓓ，ⓔ
⑤　ⓓ，ⓕ　　⑥　ⓔ，ⓕ　　⑦　ⓓ，ⓔ，ⓕ

問6　実験3～5の結果から導かれる次の考察文中の［エ］～［カ］に入る語句の組合せとして最も適当なものを，後の①～⑧のうちから一つ選べ。［10］

実験3よりタンパク質Qは複合体P-Qを［エ］，小胞体の膜に組み込まれると考えられる。また，正常な複合体P-Qには［オ］の体積を増加させる働きがあると考えられる一方，領域［カ］を失ったタンパク質Pは，タンパク質Qと複合体を形成できるが［オ］の体積を増加させることはできず，これにより肥満になると推測される。

	エ	オ	カ
①	形成してもしなくても	滑面小胞体	P1
②	形成してもしなくても	滑面小胞体	P2
③	形成してもしなくても	粗面小胞体	P1
④	形成してもしなくても	粗面小胞体	P2
⑤	形成したときだけ	滑面小胞体	P1
⑥	形成したときだけ	滑面小胞体	P2
⑦	形成したときだけ	粗面小胞体	P1
⑧	形成したときだけ	粗面小胞体	P2

第3問　次の文章を読み，後の問い(問1～5)に答えよ。(配点　20)

タケシさんとヒサコさんは，光合成と呼吸について話をした。

タケシ：この前，(a)植物の光合成について授業で習ったよね。そのとき，先生が「光呼吸」という言葉を教えてくれたんだ。

ヒサコ：私のクラスではその言葉は出てこなかったと思うよ。それってどういう意味なの？

タケシ：それが，「難しいから大学生になったら勉強してね」って言われてさ。

ヒサコ：そんなふうに言われると逆に気になるね。調べてみようよ。

タケシさんとヒサコさんは，光呼吸について説明しているサイトを見つけたが，そこに書かれていたことの概略は以下のようなものだった。

光呼吸とは強い光によって酸素の吸収と二酸化炭素の発生が誘起される現象である。光呼吸は，強い光の照射時には見かけ上観測できない。しかし，光照射を停止すると光合成の反応はすぐに停止する一方，光呼吸は短時間持続する。通常の呼吸の反応は明暗に関係なく一定の速度で進行するので，(b)強い光の照射を停止した直後には，一時的に光呼吸を観測することができる。光呼吸は通常の呼吸とは異なる過程で進み，図1のように光合成により生成したグリコール酸がある種の細胞小器官とミトコンドリアの働きによりセリンへ変化する反応であると考えられている。

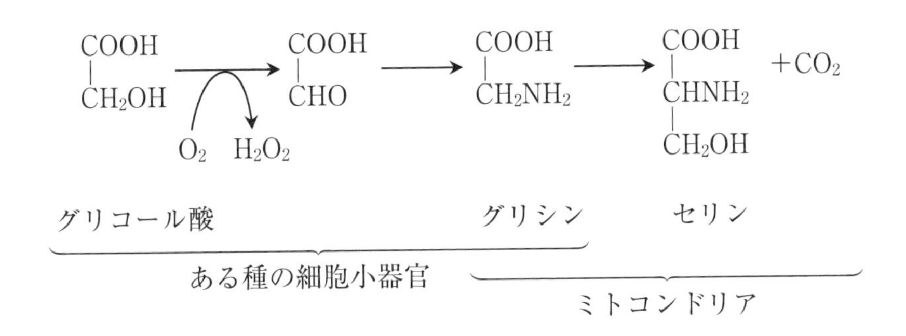

図　1

問１　下線部(a)について，次の記述ⓐ～ⓓのうち，適当な記述はどれか。その組合せとして最も適当なものを，後の①～⑥のうちから一つ選べ。 11

ⓐ　光合成に有効な光は，波長が600 nm 以上の赤色光や赤外線と，500 nm 以下の青紫色光や紫外線である。

ⓑ　緑色硫黄細菌や紅色硫黄細菌は，植物と同様に二酸化炭素と水を利用して光合成を行う。

ⓒ　陸上植物はクロロフィル a やクロロフィル b などの光合成色素を持つ。

ⓓ　植物は葉緑体で光合成を行うが，葉緑体を持たない生物でも光合成を行うものが存在する。

① ⓐ，ⓑ　　② ⓐ，ⓒ　　③ ⓐ，ⓓ
④ ⓑ，ⓒ　　⑤ ⓑ，ⓓ　　⑥ ⓒ，ⓓ

問2　下線部(b)に関連して，植物に光飽和点より強い光を照射し，その後光照射を停止すると，二酸化炭素放出速度はどのように変化すると考えられるか。その時間変化を示すグラフとして最も適当なものを，次の①～⑥のうちから一つ選べ。ただし，△の時点で光照射を停止したものとする。 12

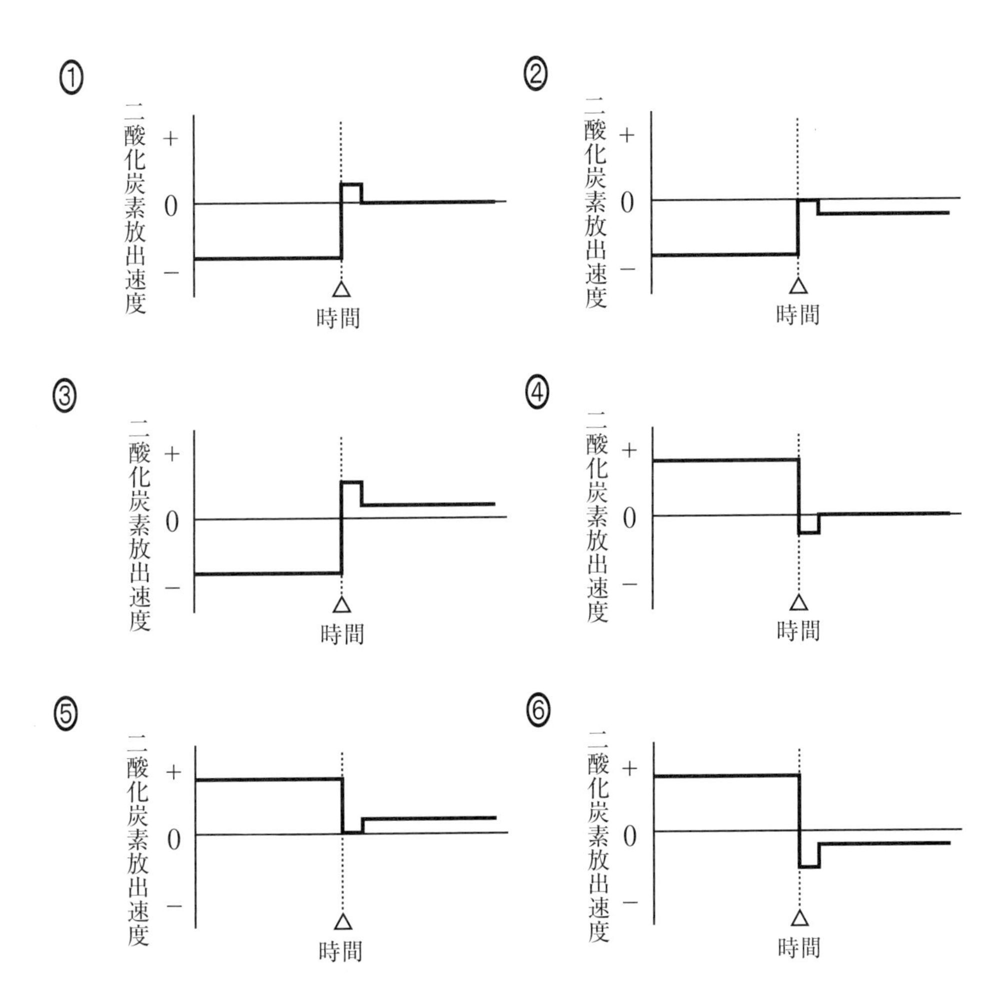

タケシさんとヒサコさんは，図1を踏まえてさらに話し合った。

タケシ：酸素が消費されて二酸化炭素が放出される反応であることは分かるけれど，分からないことも多いなあ。そもそも，「グリコール酸」って何だろう？

ヒサコ：それに，アミノ酸の一種であるセリンが生成しているけれど，このセリンはいったいどうなるんだろう。もっと調べてみよう。

二人がさらに調べてみたところ，(c)ルビスコという酵素には2種類の反応を触媒する働きがあり，二酸化炭素ではなく，酸素と反応することでグリコール酸が生じることが分かった。また，(d)グリコール酸から生じるセリンは，エネルギーを必要とする何段階かの反応を経てPGAになり，カルビン回路(カルビン・ベンソン回路)に入ることが分かった。タケシさんは，調べたことを図2のようにノートにまとめてみた。

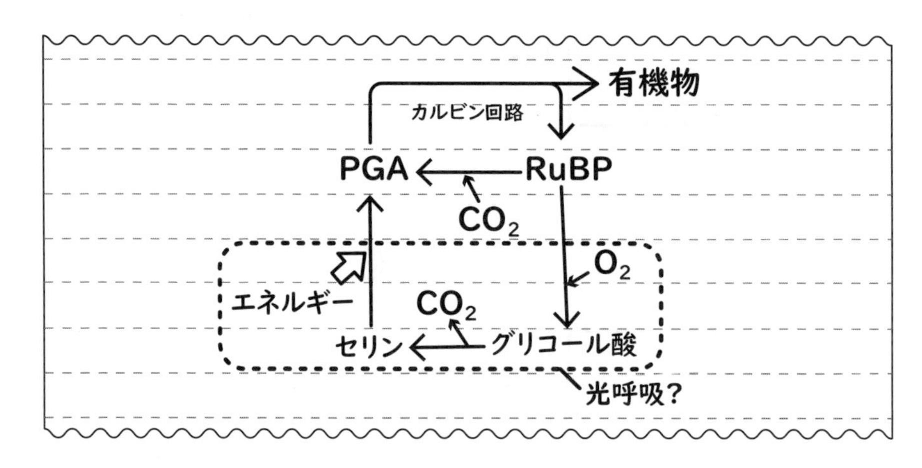

図 2

ヒサコ：結局，光呼吸が起こっても(e)光合成の効率がよくなるというわけではないんだね。一体，なぜこんな反応が行われているのかな。

タケシ：そういえば授業中に先生が「光呼吸は大気中の酸素濃度の増加に伴う進化によって獲得されたと考えられる」とか，「二酸化炭素が欠乏したときに過剰なエネルギーを消費する役割がある」とか言っていたよ。

問３　下線部(c)について説明した次の文章中の［ア］～［ウ］に入る語句の組合せとして最も適当なものを，後の①～⑧のうちから一つ選べ。［13］

この現象は，周囲に豊富に存在する酸素がルビスコの［ア］と結合してしまい，光合成反応の本来の基質である二酸化炭素が［ア］に結合できないことで起こるもので，競争的阻害と同じ仕組みで起こっているといえる。現在の大気中の酸素濃度は約20%，二酸化炭素濃度は約［イ］%だが，［ウ］濃度を十分に高くすると，光呼吸の反応は起こりにくくなると考えられる。

	ア	イ	ウ
①	アロステリック部位	0.04	酸　素
②	アロステリック部位	0.04	二酸化炭素
③	アロステリック部位	4	酸　素
④	アロステリック部位	4	二酸化炭素
⑤	活性部位	0.04	酸　素
⑥	活性部位	0.04	二酸化炭素
⑦	活性部位	4	酸　素
⑧	活性部位	4	二酸化炭素

問4　下線部(d)に関連して，光呼吸の反応経路を通ると1分子のRuBPから1分子のPGAを生じ，その間に酸素の消費と二酸化炭素の放出を起こす。このPGAの生成量は，光呼吸が起こらない場合に1分子のRuBPから生じるPGAの生成量と比較してどのように異なっているか。最も適当なものを，次の①～⑤のうちから一つ選べ。 14

① 1分子多い　　② 2分子多い　　③ 違いはない
④ 1分子少ない　　⑤ 2分子少ない

問5　下線部(e)に関連して，光呼吸と光合成の関係についての記述として適当なものを，次の①～⑥のうちから二つ選べ。ただし，解答の順序は問わない。
15 ・ 16

① 光呼吸の反応が起こりやすくなると，光合成によって合成される有機物当たりの消費エネルギー量が少なくなる。
② 光呼吸の反応が起こりやすくなっても，光合成によって合成される有機物当たりの消費エネルギー量は変化しない。
③ 光呼吸の反応が起こりやすくなると，光合成によって合成される有機物当たりの消費エネルギー量が多くなる。
④ 二酸化炭素の欠乏が起こると，カルビン回路でのNADPHとATPの消費量は減少する。
⑤ 二酸化炭素の欠乏が起こっても，カルビン回路でのNADPHとATPの消費量は変化しない。
⑥ 二酸化炭素の欠乏が起こると，カルビン回路でのNADPHとATPの消費量は増加する。

第4問　次の文章を読み，後の問い(問１～４)に答えよ。(配点　15)

カエルの卵は端黄卵であり，(a)第一卵割～第三卵割は，決まった順序で起こる。卵割が進行すると割球数が増加するとともに，それぞれの割球の分化が起こり，(b)将来どのような組織や器官を形成する細胞となるかが決定していく。細胞の分化と，分化を決定づける要因について調べるため，**実験１**を行った。

実験１　カエルの32細胞期の胚について，図１のように左側面の割球を動物極側から順にA～Dの4層に分け，D層の割球は腹側から順にD1，D2，D3，D4とした。また，A層を採取し，4個の割球全てに蛍光色素Gを注入した。なお，蛍光色素Gは細胞膜を透過せず，細胞の分化には影響しない。A層とD1～D4の割球のうち1個を組み合わせた胚を20個ずつ作製して一定期間培養し，A層がどの組織に分化するかを調べたところ，表１の結果が得られた。なお，(c)対照実験では，全て外胚葉の細胞に分化した。

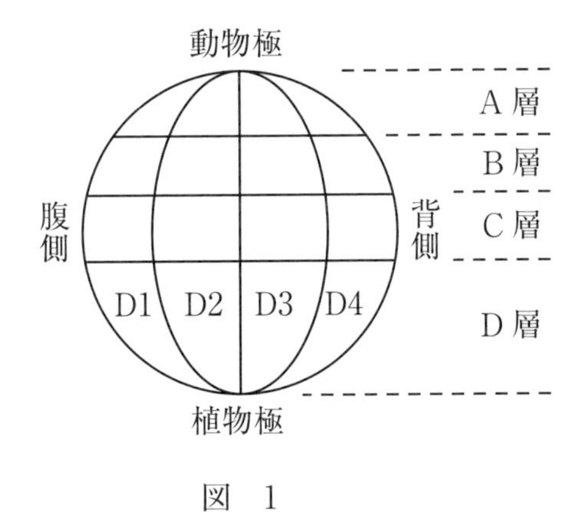

図　1

表　1

割球	A層が分化した組織(胚の個数)			
	神経	脊索	筋肉	血球
D1	3	3	15	12
D2	3	1	16	10
D3	4	2	16	6
D4	14	16	20	2

問１　下線部(a)について，両生類の第一卵割～第三卵割は，割球が均等に分裂する等割と不均等に分裂する不等割のどちらが起こるか。最も適当なものを，次の①～⑥のうちから一つ選べ。 17

① 動物極と植物極の両極を通る面での卵割は，全て等割である。
② 動物極と植物極の両極を通る軸に垂直な面での卵割は，全て等割である。
③ 動物極と植物極の両極を通る面での卵割は，等割と不等割が起こる。
④ 動物極と植物極の両極を通る軸に垂直な面での卵割は，等割と不等割が起こる。
⑤ 第一卵割と第二卵割は，全て不等割になる。
⑥ 第三卵割は，等割と不等割が両方起こる。

問２　下線部(b)に関連して，両生類の胚における神経誘導について説明した次の文章中の ア ～ ウ に入る語句の組合せとして最も適当なものを，後の①～⑧のうちから一つ選べ。 18

神経誘導は，原腸胚期に陥入した ア から放出されるノギンやコーディンなどのタンパク質が， イ に作用することで起こる。これらは，BMP と呼ばれるタンパク質と結合し， イ の細胞が持つ BMP 受容体と BMP との結合を ウ ことで，神経への分化を引き起こしている。

	ア	イ	ウ
①	中胚葉	外胚葉	助ける
②	中胚葉	外胚葉	阻害する
③	中胚葉	内胚葉	助ける
④	中胚葉	内胚葉	阻害する
⑤	内胚葉	外胚葉	助ける
⑥	内胚葉	外胚葉	阻害する
⑦	内胚葉	中胚葉	助ける
⑧	内胚葉	中胚葉	阻害する

問３　下線部(c)について，**実験１**で行うべき対照実験の内容として最も適当なものを，次の①～⑤のうちから一つ選べ。 19

① A層の割球を１個だけ取り，蛍光色素Gを注入したものを多数用意する。それぞれをD1～D4のうちいずれか１個と組み合わせて一定期間培養する。

② A層の割球４個を取り，蛍光色素Gとは別の，細胞膜を透過する蛍光色素を注入したものを多数用意する。それぞれをD1～D4のうちいずれか１個と組み合わせて一定期間培養する。

③ A層の割球４個を取り，蛍光色素Gを注入したものを多数用意し，そのまま一定期間培養する。

④ D1～D4と左右対称の位置にある右側面の割球を多数用意し，それぞれを１個ずつに分けてそのまま一定期間培養する。

⑤ D1～D4と左右対称の位置にある右側面の割球を多数用意し，それらを結合させたまま一定期間培養する。

問４　次の記述ⓐ～ⓓのうち，**実験１**の結果から導かれる考察として適当なものはどれか。その組合せとして最も適当なものを，後の①～⑥のうちから一つ選べ。
20

ⓐ D1はD2～D4と比較してA層の組織から中胚葉を誘導する割合が高い。
ⓑ D4は隣接する全てのA層を中胚葉へと分化させる。
ⓒ D3はD1やD2よりもA層を外胚葉のみに分化させる割合が高い。
ⓓ D1～D4は，いずれも中胚葉を誘導する能力を有している。

① ⓐ，ⓑ　② ⓐ，ⓒ　③ ⓐ，ⓓ
④ ⓑ，ⓒ　⑤ ⓑ，ⓓ　⑥ ⓒ，ⓓ

第5問　次の文章を読み，後の問い(問１～４)に答えよ。(配点　15)

(a)<u>植物ホルモンＡ</u>は，幼葉鞘の先端部などで合成され，極性移動によって基部へと運ばれて(b)<u>細胞の伸長</u>を制御する。植物ホルモンＡの働きを調べるため，あるイネ科植物の幼葉鞘を用意し，**実験１**・**実験２**を行った。

実験１　適当な濃度の塩類溶液に幼葉鞘を浸し，一定濃度の植物ホルモンＡを添加した場合と添加しなかった場合について，幼葉鞘の伸長した長さ(μm)と細胞壁内部のpHを測定したところ，図１の結果が得られた。

実験２　pH3，4，5，6，7の塩類溶液に幼葉鞘を浸し，幼葉鞘の長さを測定したところ，図２の結果が得られた。

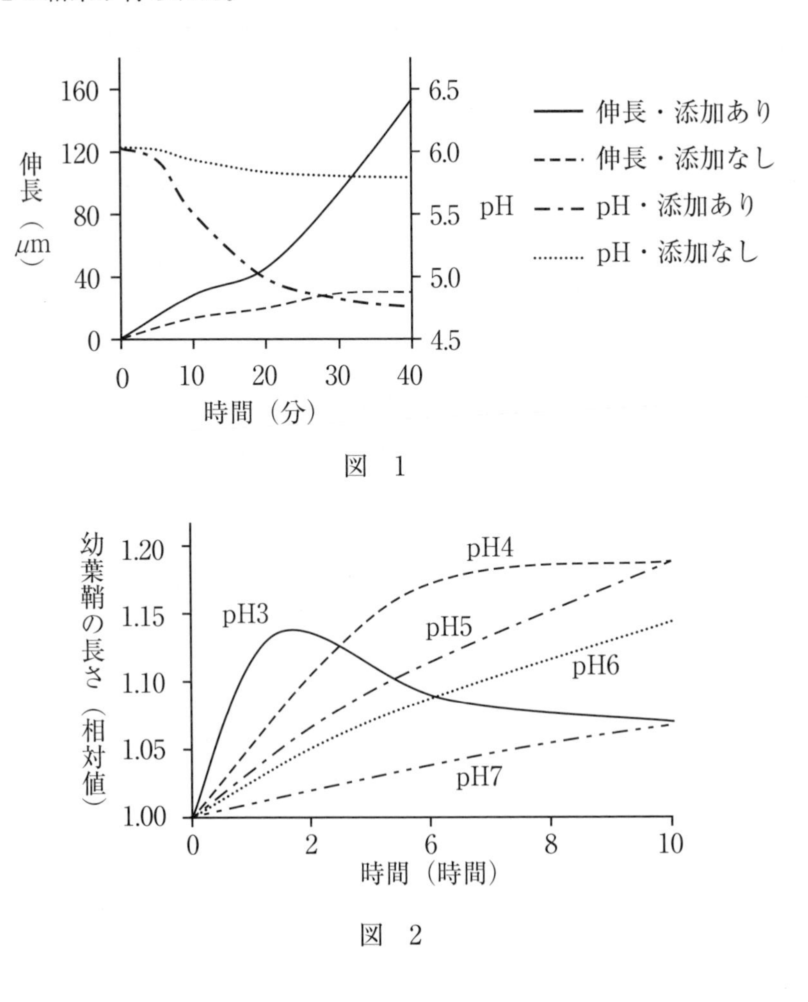

図　１

図　２

問1　下線部(a)についての記述として誤っているものを，次の①～⑥のうちから一つ選べ。 21

① 幼葉鞘に横から光を照射すると，光の当たらない側の濃度が高くなる。
② 細胞から植物ホルモンAを放出するタンパク質の局在によって極性移動が起こる。
③ 天然の植物ホルモンAとしてインドール酢酸が知られている。
④ 頂芽優勢では側芽付近における別の植物ホルモンの合成を促進している。
⑤ 離層の形成を抑制し，落葉や落果を抑制する。
⑥ 植物の伸長成長や果実の成長を促進する。

問2　下線部(b)に関連して，植物細胞の体積が増加する仕組みについて説明した次の文章中の ア ～ ウ に入る語句の組合せとして最も適当なものを，後の①～⑧のうちから一つ選べ。 22

細胞膜にはアクアポリンという ア があり，これを介して細胞内に水が浸透し，細胞の体積が増加する。植物細胞は イ が主成分の細胞壁に囲まれているため，体積が増加すると膨圧が生じて吸水を妨げるが，ある種の酵素により イ どうしを結合する物質が分解されると，膨圧が低下するため，吸水が促進される。吸水による膨圧の上昇は，気孔が ウ ときにもみられる。

	ア	イ	ウ
①	輸送体	デンプン	開　く
②	輸送体	デンプン	閉じる
③	輸送体	セルロース	開　く
④	輸送体	セルロース	閉じる
⑤	チャネル	デンプン	開　く
⑥	チャネル	デンプン	閉じる
⑦	チャネル	セルロース	開　く
⑧	チャネル	セルロース	閉じる

問3　次の記述ⓐ～ⓓのうち，実験1・実験2の結果から導かれる考察として適当なものはどれか。その組合せとして最も適当なものを，後の①～⑥のうちから一つ選べ。 23

ⓐ　植物ホルモンAが存在しなくても幼葉鞘は伸長する。

ⓑ　植物ホルモンAは細胞壁内部のpHを低下させる作用を示す。

ⓒ　植物ホルモンAの濃度がある一定濃度までは濃度が高いほど細胞壁内部のpHは低くなるが，それよりも高くなるとpHが高くなる。

ⓓ　細胞壁内部のpHがある一定の値まではpHが低いほど幼葉鞘は伸長するが，それよりも低い場合，時間がたつと縮んでしまう。

① ⓐ，ⓑ　　② ⓐ，ⓒ　　③ ⓐ，ⓓ
④ ⓑ，ⓒ　　⑤ ⓑ，ⓓ　　⑥ ⓒ，ⓓ

問4　ある品種のモモでは，果実が軟らかくなる系統(普通系統)と果実が硬くなる系統(硬肉系統)がある。これらの形質に関わる遺伝子を調べたところ，硬肉系統では，図3のように，植物ホルモンA合成酵素遺伝子の近傍に普通系統にはない2600塩基対の塩基配列が挿入されていた。この配列の有無を確かめるため，図3中のⅠ～Ⅲの位置に対応するプライマーを作製し，普通系統，硬肉系統，それらの交配で得られた雑種第一代(以下，F_1)について，PCR法によってDNAを増幅した。増幅した各DNAを電気泳動法で確認したところ，図4の結果が得られた。図4中のレーン1～3は，普通系統，硬肉系統，F_1のいずれの結果であるか。その組合せとして最も適当なものを，後の①～⑥のうちから一つ選べ。なお，普通系統と硬肉系統はどちらも図3の領域のホモ接合体であり，PCR法では1000塩基対より長いDNA断片は増幅できないものとする。 24

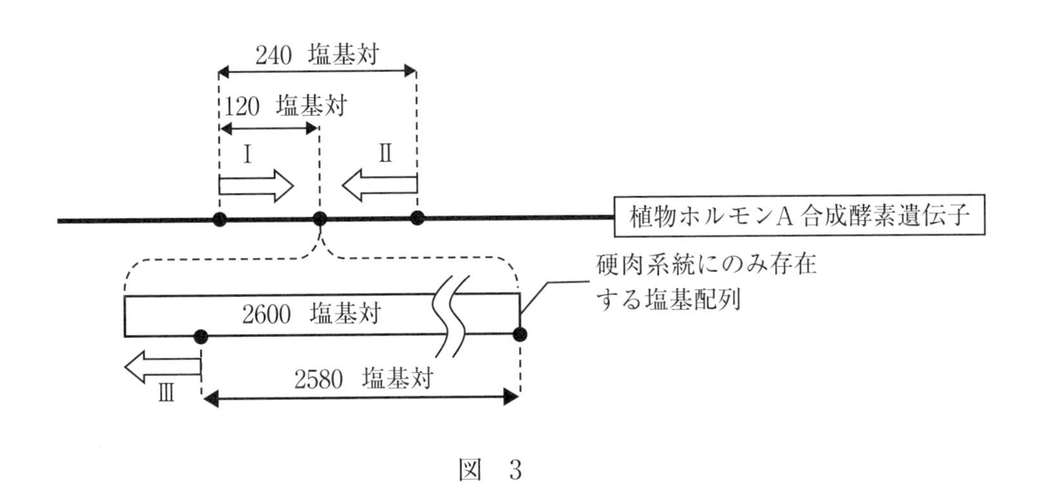

図 3

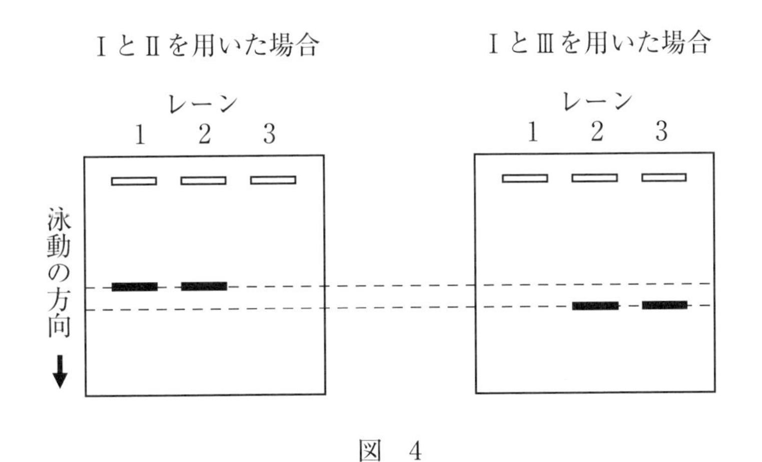

図 4

	レーン1	レーン2	レーン3
①	普通系統	硬肉系統	F_1
②	普通系統	F_1	硬肉系統
③	硬肉系統	普通系統	F_1
④	硬肉系統	F_1	普通系統
⑤	F_1	普通系統	硬肉系統
⑥	F_1	硬肉系統	普通系統

第6問　次の文章を読み，後の問い(問1～4)に答えよ。(配点　15)

生物の進化は，同種の集団内に生じた遺伝的変異が，自然選択と(a)遺伝的浮動によって広がることで起こる。自然選択の過程では，繁殖や生存に有利な形質を持つ個体がより多くの子を残すが，様々な生物において，自身の繁殖の機会を犠牲にして，他個体の繁殖を助けるという行動がみられる。こうした利他行動が自然選択に基づく進化の結果として現れることは不可解にも思えるが，その個体自身の繁殖だけでなく，遺伝子を共有する血縁個体を通じて行う間接的な繁殖も考慮することで説明される。(b)ハチなどの昆虫では，繁殖に専念する女王と繁殖を行わないワーカーの分業がみられ，このような昆虫を(c)社会性昆虫と呼ぶ。このような社会性昆虫の進化も，(d)女王とワーカーの血縁関係を考えることで説明ができる。

問1　下線部(a)について，次の記述ⓐ～ⓓのうち，適当な記述はどれか。その組合せとして最も適当なものを，後の①～⑥のうちから一つ選べ。 25

ⓐ　木村資生は進化における遺伝的浮動の重要性に注目し，中立説を提唱した。

ⓑ　生存に有利な形質の対立遺伝子は，遺伝的浮動によって集団内に広がりやすい。

ⓒ　遺伝的浮動の影響は，個体数が減少したときに大きくなりやすい。

ⓓ　複数の生物種間の相互的な進化である共進化は，自然選択ではなく遺伝的浮動によって起こる進化の例である。

① ⓐ，ⓑ　　② ⓐ，ⓒ　　③ ⓐ，ⓓ
④ ⓑ，ⓒ　　⑤ ⓑ，ⓓ　　⑥ ⓒ，ⓓ

問２　下線部(b)に関連して，昆虫の系統について説明した次の文章中の［ア］～［ウ］に入る語句の組合せとして最も適当なものを，後の①～⑧のうちから一つ選べ。［26］

昆虫は発生過程で形成される原口が［ア］になる旧口動物であり，［イ］門に分類される。成長の過程で脱皮を行うので，同様の特徴を持つ［ウ］などの線形動物門の生物とともに，脱皮動物というグループにまとめられている。

	ア	イ	ウ
①	口	棘皮動物	ミミズ
②	口	棘皮動物	センチュウ
③	口	節足動物	ミミズ
④	口	節足動物	センチュウ
⑤	肛　門	棘皮動物	ミミズ
⑥	肛　門	棘皮動物	センチュウ
⑦	肛　門	節足動物	ミミズ
⑧	肛　門	節足動物	センチュウ

問３　下線部(c)に関連して，ハチ以外の社会性昆虫としてアリやシロアリがある。ハチやアリは，雌が受精卵から発生する二倍体，雄が未受精卵から発生する一倍体であるのに対し，多くのシロアリでは雌雄とも受精卵から発生する二倍体である。また，ハチやアリのワーカーは雌のみであるのに対し，シロアリのワーカーは雌雄とも存在する。

雄が一倍体であるアリＡ種と雌雄とも二倍体であるシロアリＢ種についての記述として誤っているものを，次の①～⑤のうちから一つ選べ。 27

① Ａ種の雄は，遺伝的な父親がいない。

② Ａ種の雄が持つ遺伝子は，子の雌（次世代女王）を通じて孫に受け継がれる。

③ Ａ種では，同じ女王から生まれた子の雄は全てクローンである。

④ Ｂ種の雄は，父親に由来する遺伝子と母親に由来する遺伝子を同量ずつ持つ。

⑤ １組の雄と女王に由来するコロニーでは，Ｂ種と比べ，Ａ種のほうがワーカーどうしの遺伝子が共通している割合が高い。

問４　下線部(d)に関連して，ある種のハチでは，女王が複数の雄と交尾を行うため，一つのコロニー内に父親の異なるワーカーや次世代女王が共存する状態になっていることがある。この場合の女王とワーカーやワーカーどうしの血縁関係について説明した次の文章中の エ ～ カ に入る語句の組合せとして最も適当なものを，後の①～⑧のうちから一つ選べ。 28

このハチの女王が１個体の雄のみと交尾した場合と比較して，複数の雄と交尾した場合は，女王とワーカーが同じ遺伝子を持つ確率は エ ，ワーカーどうしが同じ遺伝子を持つ確率は オ 。女王にとって，複数の雄と交尾を行うことは，交尾中に天敵に捕食される危険性を高めるなど，生存に不利となる場合もあると考えられるが，コロニー内の多数の個体の遺伝的性質を カ ことで，感染症や寄生虫などによって全滅する危険性を低下させているとも考えられる。

	エ	オ	カ
①	違いがなく	高くなる	多様化させる
②	違いがなく	高くなる	均一化する
③	違いがなく	低くなる	多様化させる
④	違いがなく	低くなる	均一化する
⑤	高くなり	違いがない	多様化させる
⑥	高くなり	違いがない	均一化する
⑦	高くなり	低くなる	多様化させる
⑧	高くなり	低くなる	均一化する

第　4　回

時間　60分　　　　　　100点　満点

1 ── 解答にあたっては，実際に試験を受けるつもりで，時間を厳守し真剣に取りくむこと。

2 ── 巻末にマークシートをつけてあるので，切り離しのうえ練習用として利用すること。

3 ── 解答終了後には，自己採点により学力チェックを行い，別冊の解答・解説をじっくり読んで，弱点補強，知識や考え方の整理などに努めること。

生　物

（解答番号 1 ～ 30 ）

第1問　次の文章を読み，下の問い（問1～5）に答えよ。（配点　16）

細胞で合成されるタンパク質には，細胞内で働くものと細胞外に分泌されるものとがあり，正確な輸送を成立させるために多くの遺伝子が関わっている。細胞外に分泌されるタンパク質は，リボソームで合成されたのち，複数の細胞小器官を経て ア 細胞外に放出される。細胞外に分泌されるタンパク質には様々なものがあるが，例えばホルモンであるインスリンは イ の後などにすい臓の ウ で合成され，(a)細胞外に分泌されて標的器官である肝臓や筋肉などの細胞に受容される。

細胞で合成されたタンパク質が細胞外に分泌されるまでの間，(b)どのような順序で細胞小器官に受け渡され，どのような遺伝子が働いているか，酵母を用いた解析などにより明らかにされてきた。

問1　上の文章中の ア に入る記述として最も適当なものを，次の①～⑥のうちから一つ選べ。 1

① 細胞のアポトーシスが起こり
② 細胞膜のポンプが行う能動輸送により
③ 細胞膜のチャネルが行う受動輸送により
④ 分泌小胞のエキソサイトーシスにより
⑤ セカンドメッセンジャーの働きにより
⑥ 細胞間をつなぐギャップ結合により

問 2　上の文章中の［ イ ］・［ ウ ］に入る語の組合せとして最も適当なものを，次の①～⑥のうちから一つ選べ。［ 2 ］

	イ	ウ
①	食　事	A 細胞
②	食　事	B 細胞
③	運　動	A 細胞
④	運　動	B 細胞
⑤	睡　眠	A 細胞
⑥	睡　眠	B 細胞

問 3　下線部(a)について，インスリンを分泌する細胞と標的細胞の間での情報伝達の方法を表した模式図として最も適当なものを，次の①～④のうちから一つ選べ。［ 3 ］

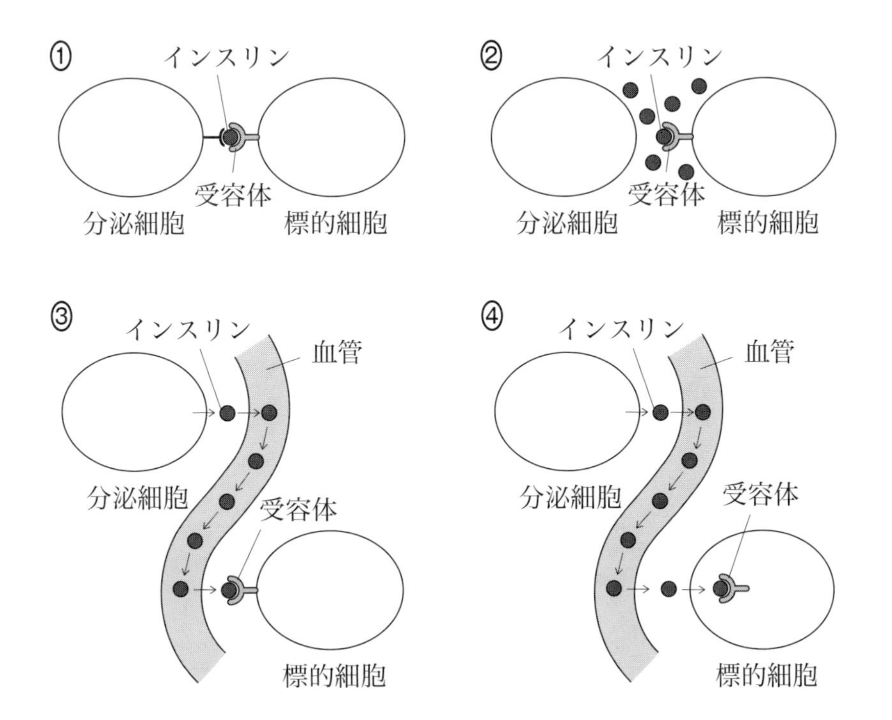

問 4　下線部(b)に関連して，酵母で合成・分泌されるタンパク質Pの遺伝子に緑色蛍光タンパク質(GFP)の遺伝子をつなげた融合遺伝子を作製した。その融合遺伝子を様々な酵母に導入して発現させ，蛍光顕微鏡下で観察したところ，タンパク質Pが小胞体やゴルジ体に分散している正常細胞の他にも，タンパク質Pが小胞体に蓄積したまま分泌されない突然変異体Ⅰや，タンパク質Pがゴルジ体に蓄積したまま分泌されない突然変異体Ⅱが見つかった。

では，突然変異体Ⅰと突然変異体Ⅱの二重変異体(ⅠとⅡの両方の遺伝子の異常が生じている変異体)の場合，タンパク質Pの分布はどのようになると考えられるか，最も適当なものを次の①～⑤のうちから一つ選べ。ただし，これらの突然変異体は，小胞輸送を担うタンパク質をコードする遺伝子の塩基配列に異常があり，この解析条件下ではそれぞれの遺伝子のタンパク質がつくられないことがわかっている。 **4**

① 正常細胞と同様に分布する。

② 突然変異体Ⅰと同様に分布する。

③ 突然変異体Ⅱと同様に分布する。

④ 正常細胞，突然変異体Ⅰ，突然変異体Ⅱのいずれとも異なる細胞小器官に分布する。

⑤ タンパク質Pは合成されなくなる。

問 5　ヒトに感染するＡ型インフルエンザウイルスは，ウイルス表面に発現している糖タンパク質によって，いくつかの型に分けられる。糖タンパク質の１つであるヘマグルチニン(HA)は 16 種類報告されているが，これまでヒトに流行がみられた型は，HA－1，HA－2，HA－3 の３種類である。

インフルエンザウイルスに感染した患者Ⅰ～Ⅳからそれぞれウイルスを採取し，HA タンパク質をコードする核酸領域を PCR 法により増幅してから，制限酵素Ａで切断した。なお，各 HA タンパク質をコードする遺伝子の，制限酵素Ａによる切断箇所は図１に矢印(↑)で示した。これを電気泳動法により分離した結果は，図２のようになった。患者Ⅰと患者Ⅱが感染しているインフルエンザウイルスの型の組合せとして最も適当なものを，下の①～⑥のうちから一つ選べ。 5

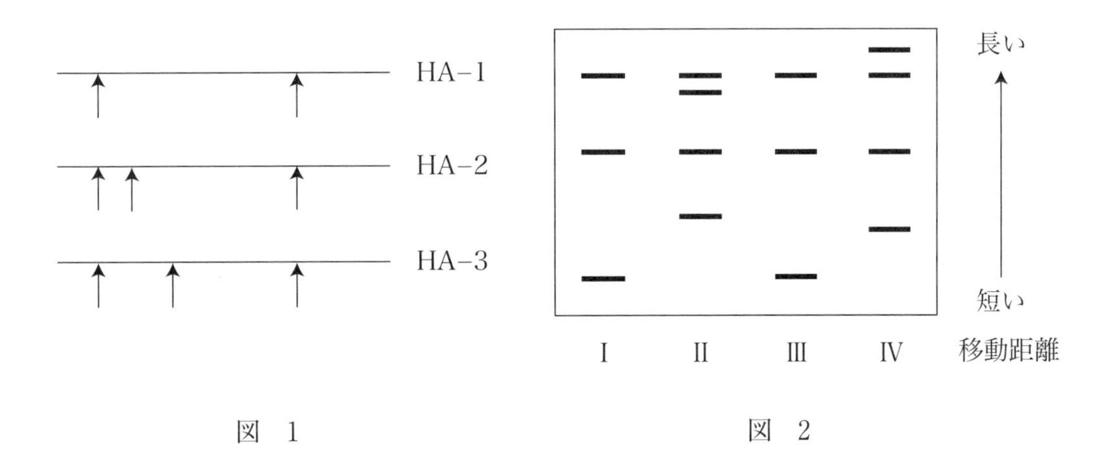

図　1　　　図　2

	患者Ⅰ	患者Ⅱ
①	HA－1	HA－2
②	HA－1	HA－3
③	HA－2	HA－1
④	HA－2	HA－3
⑤	HA－3	HA－1
⑥	HA－3	HA－2

第2問 次の文章を読み，下の問い(**問1～4**)に答えよ。(配点 15)

ヒトの配偶子は22本の常染色体の他に(a)性染色体であるX染色体またはY染色体をもつ。卵がもつ性染色体は全てX染色体であり，X染色体をもつ精子と受精すると雌，Y染色体をもつ精子と受精すると雄が産まれる。

しかし，生物によっては染色体の種類と数とは無関係に性の決定が行われる場合も少なくない。例えばハ虫類のミシシッピーワニは孵(ふ)卵温度によって雌雄が決定することが知られている。ミシシッピーワニの雌雄の決定について調べるため，**実験1～3**が行われた。

問1 下線部(a)に関連して，ヒトのX染色体とY染色体は大きさや形が異なるが，相同染色体とみなされている。その理由として最も適当なものを，次の①～⑤のうちから一つ選べ。 **6**

① X染色体とY染色体は同じ遺伝子をもつため。
② X染色体上の遺伝子とY染色体上の遺伝子は連鎖しているため。
③ X染色体とY染色体では減数分裂の前にDNAの複製が行われるため。
④ 減数分裂の過程でX染色体とY染色体が対合するため。
⑤ 減数分裂でX染色体とY染色体は同じ配偶子に入るため。

実験１　ミシシッピーワニの卵を28℃～35℃の範囲の一定の温度で孵卵すると，産まれた個体のうち雄の割合は図１のようになった。

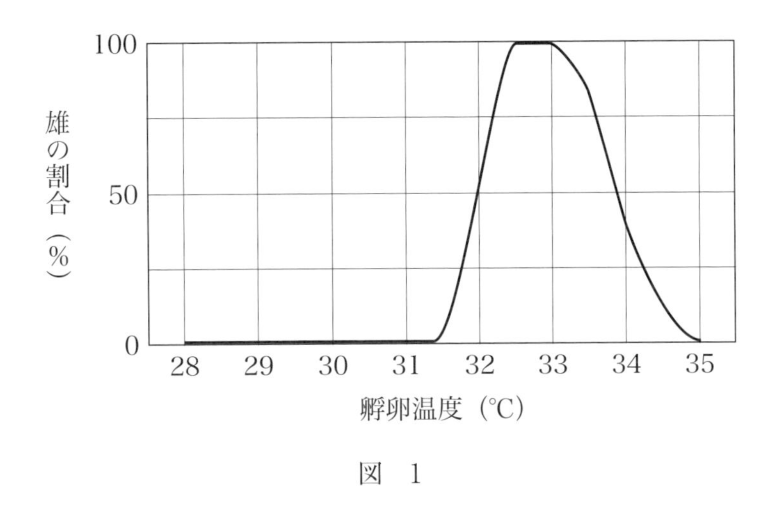

図　1

実験２　ミシシッピーワニの雌雄の決定にはアロマターゼという酵素が関わっている。そこで，ミシシッピーワニの卵にアロマターゼの活性抑制剤を塗布し，30℃，33℃，35℃で孵卵すると，産まれた個体のうち雄の割合は図２のようになった。

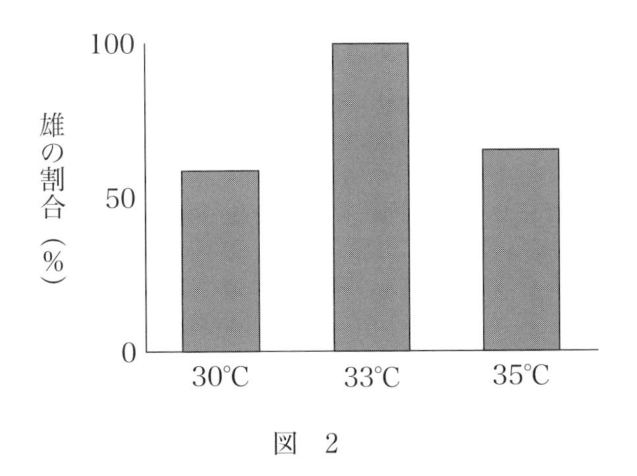

図　2

実験3　ミシシッピーワニの卵にアロマターゼの活性促進剤を塗布し，30℃，33℃，35℃で孵卵すると，産まれた個体のうち雄の割合は図3のようになった

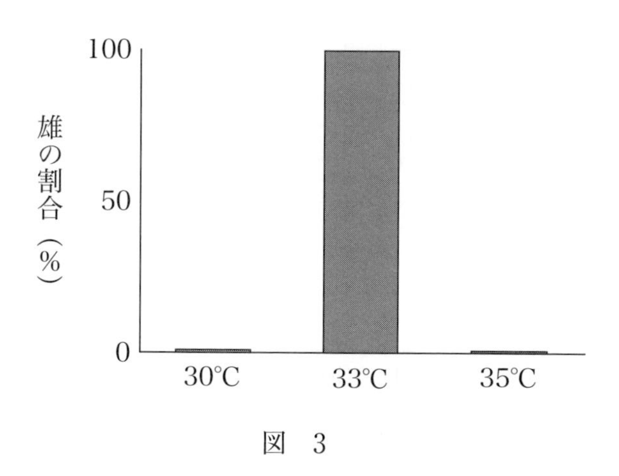

図　3

問2　**実験1・実験2**の結果から導かれる，アロマターゼの働きについての考察として最も適当なものを，次の①～④のうちから一つ選べ。 7

① もともと卵巣になる予定の生殖巣原基に働きかけ，精巣の形成を促進する。

② X染色体をY染色体に変化させる。

③ X染色体を不活性化させることにより，X染色体上の全ての遺伝子が発現しないようにする。

④ ミシシッピーワニの卵内に存在する雄性ホルモンから雌性ホルモンを合成する。

問３　**実験１～３**の結果から導かれる考察として最も適当なものを，次の①～④のうちから一つ選べ。 **8**

① ミシシッピーワニの卵を33℃で孵卵すると，卵ではアロマターゼの遺伝子が発現しない。

② ミシシッピーワニの卵を33℃で孵卵すると，卵ではアロマターゼの非競争的阻害剤が分解される。

③ ミシシッピーワニの卵を33℃で孵卵すると，卵ではアロマターゼの基質となる物質が合成されない。

④ アロマターゼの最適温度は33℃であり，35℃以上では熱変性により失活する。

問 4　魚類では，からだの大きさによって性成熟した個体が雌から雄，または雄から雌に性転換する種が存在する。雌雄のからだの大きさと1個体が残せると期待される子の数の関係が図4のようになる種では，どのような性決定が起これば性転換の意義があると考えられるか，最も適当なものを，下の①〜④のうちから一つ選べ。 9

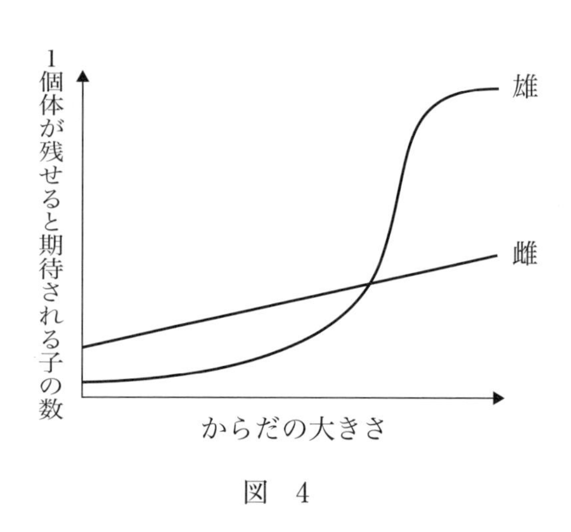

図　4

① 一夫多妻制であり，最もからだが大きい個体が雄となる。
② 一妻多夫制であり，最もからだが小さい個体が雌となる。
③ 一夫一妻制であり，からだが大きい方の個体が雄となる。
④ 一夫一妻制であり，からだが小さい方の個体が雄となる。

第3問 次の文章を読み，下の問い(**問1～4**)に答えよ。(配点 16)

動物が外界からの刺激に対して適切な反応や行動を起こすために，神経系を構成する(a)ニューロンは，刺激を電気信号としてニューロン内に伝え，化学信号としてシナプスを通じて別のニューロンへと伝えていく。シナプスにはシナプス後細胞の膜電位を上昇させる興奮性シナプス後電位を生じさせるものと，膜電位を低下させる抑制性シナプス後電位を生じさせるものとがあり，シナプス後細胞では複数のシナプスからの刺激によって膜電位が閾値を超えたときに活動電位が発生する。

ある動物から図1のようなシナプスを形成しているニューロンを取り出し生理的塩類溶液に入れた。ニューロンN1～3の軸索のn1～3の位置に刺激電極を当て，一定の強さの電気刺激を与えることによりニューロンを興奮させることができるようにした。ニューロンN1～4それぞれの細胞体に記録電極を差し入れて**実験1～3**を行い，活動電位の有無を記録した。

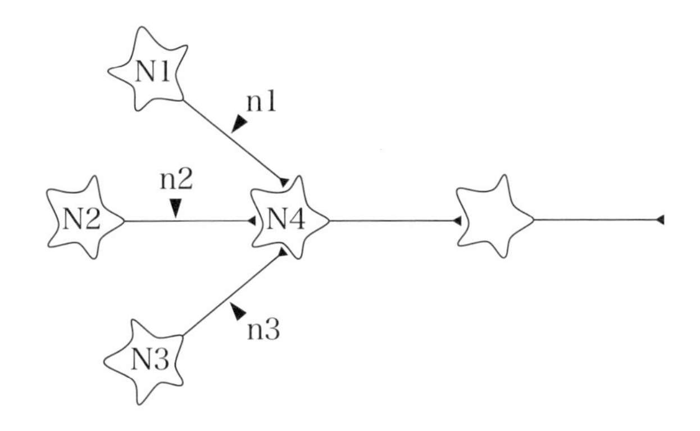

図 1

実験1　n1～3をそれぞれ単独で1回刺激しても，ニューロンN4では活動電位は発生しなかった。

実験2　n1～3を様々な組合せで同時に刺激したところ，ニューロンN4での活動電位の発生は表1のようになった。なお，表1中の＋は活動電位が発生したことを，－は活動電位が発生しなかったことを示している。

表　1

刺激電極の組合せ	ニューロンN4での活動電位の発生
n1とn2	＋
n2とn3	－
n1とn3	－
n1とn2とn3	－

実験3　n1とn2を同時に刺激する際，溶液中にカドミウムイオンを加えるとニューロンN4では活動電位が発生しなかった。また，カドミウムイオンを加えた状態でニューロンN1とニューロンN2の神経伝達物質を与えたところ，ニューロンN4では活動電位が発生した。

問1　下線部(a)のニューロンはカエルの発生の過程において外胚葉から分化し，運動神経のニューロンは神経管から，感覚神経や交感神経のニューロンは神経堤細胞から分化することが知られている。運動神経のニューロンと同様に外胚葉の神経管から分化する組織・器官として最も適当なものを，次の①～⑥のうちから一つ選べ。 10

① 毛　　② 真　皮　　③ 眼の水晶体
④ 眼の網膜　　⑤ 小腸の上皮細胞　　⑥ 血　管

問2　**実験1**でn1～3をそれぞれ単独で刺激した場合にニューロンN4で生じた膜電位は，図2のⓐとⓑのどちらであると考えられるか，n1～3の組合せとして最も適当なものを，下の①～⑧のうちから一つ選べ。 **11**

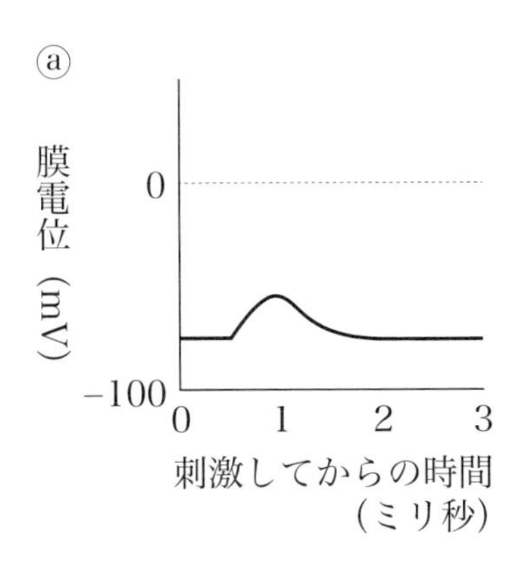

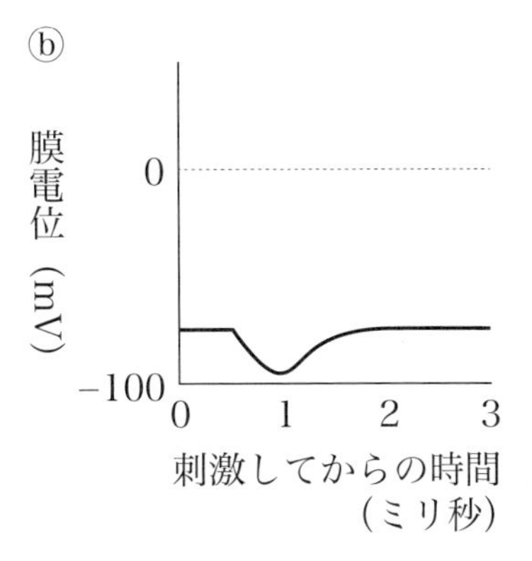

図　2

	n1	n2	n3
①	ⓐ	ⓐ	ⓐ
②	ⓐ	ⓐ	ⓑ
③	ⓐ	ⓑ	ⓐ
④	ⓐ	ⓑ	ⓑ
⑤	ⓑ	ⓐ	ⓐ
⑥	ⓑ	ⓐ	ⓑ
⑦	ⓑ	ⓑ	ⓐ
⑧	ⓑ	ⓑ	ⓑ

問3　**実験2**では，n1とn2とn3の全てを同時に刺激すると，ニューロンN4では活動電位が発生しなかった。このとき，ニューロンN1～3のうち活動電位が発生したものの組合せとして最も適当なものを，次の①～⑦のうちから一つ選べ。 12

① N1のみ　② N2のみ　③ N3のみ
④ N1とN2　⑤ N2とN3　⑥ N1とN3　⑦ N1とN2とN3

問4　**実験3**のカドミウムイオンの働きとして考えられるものを，次の①～⑨のうちから二つ選べ。ただし，解答の順序は問わない。 13 ・ 14

① ニューロンの軸索における跳躍伝導を阻害する。
② シナプス小胞とシナプス前膜の融合を阻害する。
③ 神経伝達物質の分解を促進する。
④ 電位依存性ナトリウムイオンチャネルの働きを阻害する。
⑤ 電位依存性カルシウムイオンチャネルの働きを阻害する。
⑥ 電位依存性の塩化物イオンチャネルの働きを阻害する。
⑦ 神経伝達物質依存性ナトリウムイオンチャネルの働きを阻害する。
⑧ 神経伝達物質依存性カルシウムイオンチャネルの働きを阻害する。
⑨ 神経伝達物質依存性塩化物イオンチャネルの働きを阻害する。

第4問　次の文章を読み，下の問い(問1～3)に答えよ。(配点　11)

地球上に生息する多様な生物の共通性と多様性を調べて分類することは，進化の道筋を明らかにするために欠かせない。2つの種を比較したときに生物学的な特徴に共通点が多いほど，近い系統であると考えることができる。これまで，様々な方法による系統予測が行われてきた。19世紀までは主に成体の形態を比較していたが，それだけでは難しかったため幼生の形態の比較も行われた。例えば，ミミズと同じ［ア］動物門に属するゴカイの幼生が図1のような形態であることから，ゴカイは［イ］と近い系統であると考えられるようになった。この系統学に大きな影響をもたらしたのは，20世紀半ばに遺伝子の本体が二重らせん構造をもつDNAであると発見されたことである。それは，(a)DNAの塩基配列を調べることによる進化論の発展に貢献しただけでなく，様々な(b)遺伝学的手法の開発が進んだことにより研究の幅を大きく拡大させた。

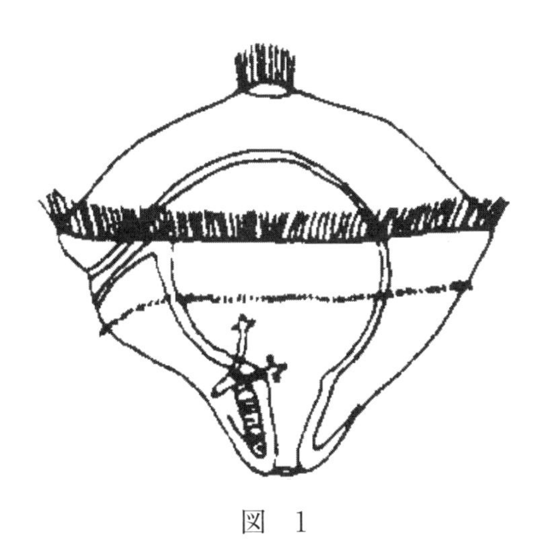

図　1

問1　上の文章中の ア ・ イ に入る語の組合せとして最も適当なものを，次の①～⑥のうちから一つ選べ。 15

	ア	イ
①	環　形	ハマグリ
②	環　形	バフンウニ
③	環　形	アフリカツメガエル
④	軟　体	ハマグリ
⑤	軟　体	バフンウニ
⑥	軟　体	アフリカツメガエル

問2 下線部(a)に関連して，図2の祖先生物および祖先生物から進化によって生じたとされている生物**あ**～**か**の塩基配列の比較から予測される系統関係を示した下の文章中の［ウ］～［ク］に入る生物の組合せとして最も適当なものを，下の①～⑧のうちから一つ選べ。［16］

祖先生物	ATTCGAAGTAGGCGTGATACCCA
生物**あ**	A**C**TCGAAGTAG**A**CGTGA**AG**CCCA
生物**い**	ATT**T**GAAG**C**AGGCGTGATACCCA
生物**う**	ATTCGAAGTAG**A**CGTGA**AG**CCCA
生物**え**	ATT**T**GAAGTAGGCGTGATACCCA
生物**お**	ATTCGAAGTAG**A**CGTGATACCCA
生物**か**	ATTCG**T**AGTAG**A**CGTGATACCCA

図 2

まず，祖先生物から塩基が1つ置換して生物［ウ］と生物［エ］が生じた。生物［ウ］からは，さらに塩基が1つ置換した生物［オ］が生じ，生物［エ］からは生物［カ］と生物［キ］が，さらに生物［カ］から［ク］が生じたと考えられる。

	ウ	エ	オ	カ	キ	ク
①	あ	い	う	え	お	か
②	あ	い	う	お	か	え
③	い	あ	え	か	う	お
④	い	あ	え	お	か	う
⑤	え	お	い	う	か	あ
⑥	え	お	い	あ	う	か
⑦	お	え	か	あ	い	う
⑧	お	え	か	う	あ	い

問3　下線部(b)に関連して，遺伝子組換えによって外来の遺伝子をもつ大腸菌を作成し，これを培養することにより特定の遺伝子を増やす技術が開発されている。遺伝子組換えを行った際に外来の遺伝子をもつ大腸菌ともたない大腸菌を区別するための一般的な手法として最も適当なものを，次の①～⑥のうちから一つ選べ。 17

① ワクチンを含む培地を用いて，外来の遺伝子をもつ大腸菌だけが増殖しないようにする。

② GFPを含む培地を用いて，外来の遺伝子をもつ大腸菌のコロニーだけが光るようにする。

③ 抗生物質を含む培地を用いて，外来の遺伝子をもつ大腸菌だけがコロニーを形成できるようにする。

④ 酢酸オルセインを含む培地を用いて，外来の遺伝子をもつ大腸菌のコロニーだけが赤色になるようにする。

⑤ 培地に電気を流して，外来の遺伝子をもつ大腸菌ともたない大腸菌を分離する。

⑥ 培地に遠心力をかけて，外来の遺伝子をもつ大腸菌ともたない大腸菌を分離する。

第５問　次の文章(A・B)を読み，下の問い(問１～７)に答えよ。(配点　22)

A　基本的に一生を同じ場所で過ごす植物は周囲の環境の変化を感知して，適切な時期に適切な反応を示す仕組みをもつ。例えば発芽した植物が重力や光の方向を感知して根や茎を適切な方向に成長したり，(a)温度や日長などの条件がそろうと花芽を形成したりする。

同一地域に生息する生物どうしは，限られた資源をめぐって競争したり，互いに譲り合って共存する。(b)植物では生育に必要な条件のうち，特に光をめぐる競争が激しく，どの種が植物群集内のどの高さに位置するかによって競争の結果が決まることが多い。

問１　下線部(a)についての次の文章中の ア ～ ウ に入る語の組合せとして最も適当なものを，下の①～⑧のうちから一つ選べ。 18

植物の花芽形成には明暗周期が重要な働きをしており，主に春に花が咲くホウレンソウやアブラナは長日植物，夏から秋にかけて咲くキクやオナモミは短日植物，日長とは関係なく花芽をつける ア は中性植物とよばれる。花芽の形成に必要なのは連続した イ の長さであり， ウ で感知され，そこで花成ホルモンが合成されて花芽分化を引き起こす。

	ア	イ	ウ
①	アサガオやコスモス	明　期	葉
②	アサガオやコスモス	明　期	茎　頂
③	アサガオやコスモス	暗　期	葉
④	アサガオやコスモス	暗　期	茎　頂
⑤	トマトやエンドウ	明　期	葉
⑥	トマトやエンドウ	明　期	茎　頂
⑦	トマトやエンドウ	暗　期	葉
⑧	トマトやエンドウ	暗　期	茎　頂

問2　下線部(b)に関連して，図1はソバとヤエナリ(アズキ属の一種)をそれぞれ同じ環境条件で，種子から一定期間単独で育てたときの単位面積あたりの高さによる同化器官と非同化器官の分布である。ソバとヤエナリを同じ密度でそれぞれ単独で育てた場合と半分ずつ混ぜて育てた(混植した)場合の乾燥重量に関する記述として最も可能性が高いものを，下の①～⑥のうちから一つ選べ。 **19**

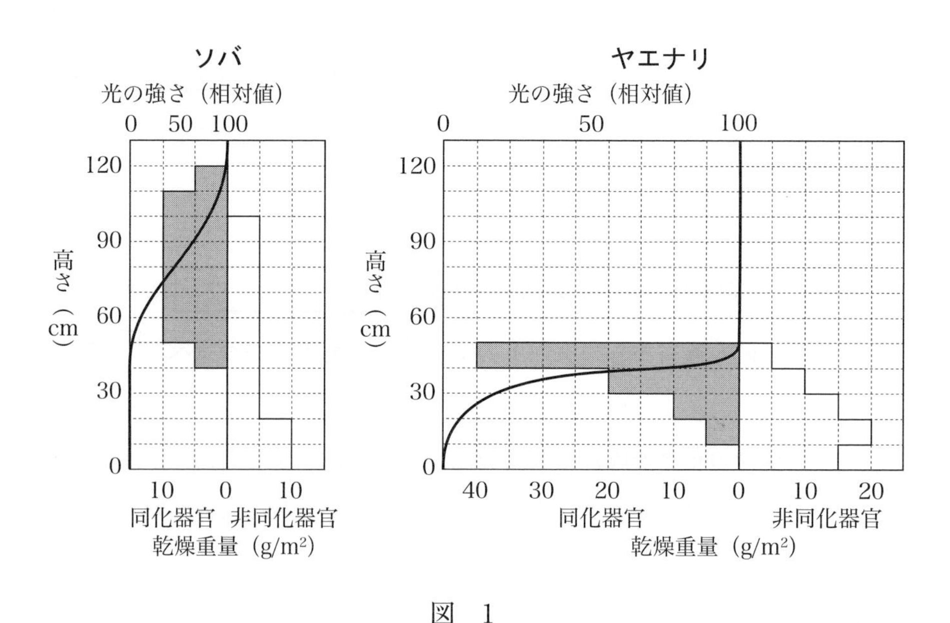

図　1

① 単独で育てた場合も混植した場合も乾燥重量はソバの方が多い。

② 単独で育てた場合の乾燥重量はソバの方が多く，混植した場合はヤエナリの方が多い。

③ 単独で育てた場合の乾燥重量はソバの方が多く，混植した場合はソバとヤエナリで等しい。

④ 単独で育てた場合も混植した場合も乾燥重量はヤエナリの方が多い。

⑤ 単独で育てた場合の乾燥重量はヤエナリの方が多く，混植した場合はソバの方が多い。

⑥ 単独で育てた場合の乾燥重量はヤエナリの方が多く，混植した場合はソバとヤエナリで等しい。

B　ある植物ホルモンXの働きに関わっている遺伝子Aの機能について調べるため，遺伝子Aをホモでもつ野生型の個体と，遺伝子AのエキソンⅡの一部に図2のようにT-DNAが挿入されている遺伝子(遺伝子aとする)をホモでもつ遺伝子型aaの個体を用意した。(c)遺伝子型aaの個体は野生型に比べて背丈が低く，(d)野生型と遺伝子型aaの個体に植物ホルモンXを与えてみたところ，野生型の個体は背丈が異常に伸びたが遺伝子型aaの個体は背丈が低いままであった。

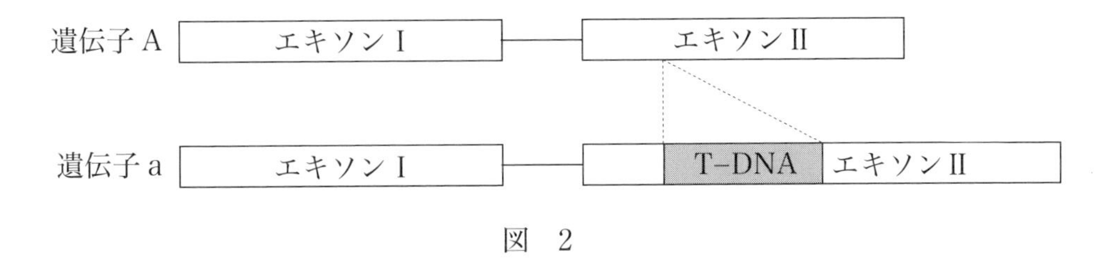

図　2

野生型の個体と遺伝子型aaの個体を様々な組合せで交配させた集団を作成した。(e)プライマーを設計し，PCR法(ポリメラーゼ連鎖反応法)を利用してこの集団から(f)遺伝子型Aaの個体を全て選び出し，それぞれ自家受精させた。

問3　下線部(c)について，遺伝子型aaの個体は野生型の個体と比べて他にどのような特徴をもつか。最も適当なものを，次の①～⑤のうちから一つ選べ。

20

① 発芽が遅い。

② 花芽形成の時期が異なる。

③ 気孔を閉じるのが遅い。

④ 屈性が起こらない。

⑤ 頂芽が育たない。

問 4　下線部(d)より遺伝子 A はどのようなタンパク質の遺伝子であると考えられるか，最も適当なものを，次の①～⑥のうちから一つ選べ。 **21**

① 植物ホルモン X の遺伝子
② 植物ホルモン X の遺伝子の発現を促進する調節タンパク質の遺伝子
③ 植物ホルモン X の遺伝子の発現を抑制する調節タンパク質の遺伝子
④ 植物ホルモン X の合成酵素の遺伝子
⑤ 植物ホルモン X の分解酵素の遺伝子
⑥ 植物ホルモン X の受容体の遺伝子

問 5　下線部(e)に関連して，20 塩基からなるプライマーを設計する場合，プライマーの結合部位は確率的に何塩基対当たりに 1 か所出現するか，最も適当なものを，次の①～⑥のうちから一つ選べ。ただし，$2^{10} \fallingdotseq 10^3$ と近似して考えてよいものとする。 **22**

① 20	② 80	③ 1.6×10^5
④ 1.0×10^6	⑤ 5.0×10^{11}	⑥ 1.2×10^{13}

問6　下線部(f)について，図3のⓐ～ⓕの位置に結合する配列をもつプライマーのうち，どのプライマーを用いるか相談しているアヤカさんとツバサさんの会話文中の［エ］・［オ］に入る語句の組合せとして最も適当なものを，下の①～⑨のうちから一つ選べ。ただし，図3のⓐ～ⓕの矢印の向きは，プライマーの5'→3'の向きを示している。［23］

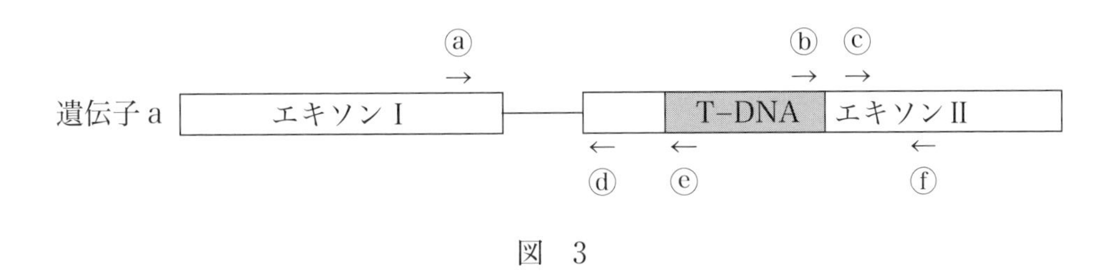

図　3

アヤカ：遺伝子Aと遺伝子aのどちらをもつかを調べるから，電気泳動を行ったときに遺伝子Aと遺伝子aでバンドの出現位置に違いが出るような組合せにする必要があるね。

ツバサ：ということは，遺伝子Aでは明らかなバンドが検出されず，遺伝子aではバンドが検出される，［エ］の組合せはどうかな。

アヤカ：それだと，電気泳動を行ったときに［オ］の区別ができないよ。

ツバサ：本当だ！じゃあ，遺伝子Aと遺伝子aでは異なる位置にバンドが出現するⓐとⓕの組合せがよさそうだね。

アヤカ：そうだね。遺伝子aにT-DNAの配列が含まれていることを確認するために，ⓐとⓕの組合せと［エ］の組合せを併用してもいいかもしれないね。

	エ	オ
①	ⓐとⓑまたはⓔとⓕ	遺伝子型 AA と遺伝子型 Aa
②	ⓐとⓑまたはⓔとⓕ	遺伝子型 Aa と遺伝子型 aa
③	ⓐとⓑまたはⓔとⓕ	遺伝子型 AA と遺伝子型 aa
④	ⓐとⓔまたはⓑとⓕ	遺伝子型 AA と遺伝子型 Aa
⑤	ⓐとⓔまたはⓑとⓕ	遺伝子型 Aa と遺伝子型 aa
⑥	ⓐとⓔまたはⓑとⓕ	遺伝子型 AA と遺伝子型 aa
⑦	ⓑとⓔ	遺伝子型 AA と遺伝子型 Aa
⑧	ⓑとⓔ	遺伝子型 Aa と遺伝子型 aa
⑨	ⓑとⓔ	遺伝子型 AA と遺伝子型 aa

問７　下線部(f)に関連して，遺伝子型 Aa の集団を自家受精させて得られた次世代の集団を再びそれぞれ自家受精させることを繰り返すと，集団中の遺伝子型 Aa の割合はどのように変化していくか。最も適当なものを，次の①～⑥のうちから一つ選べ。 24

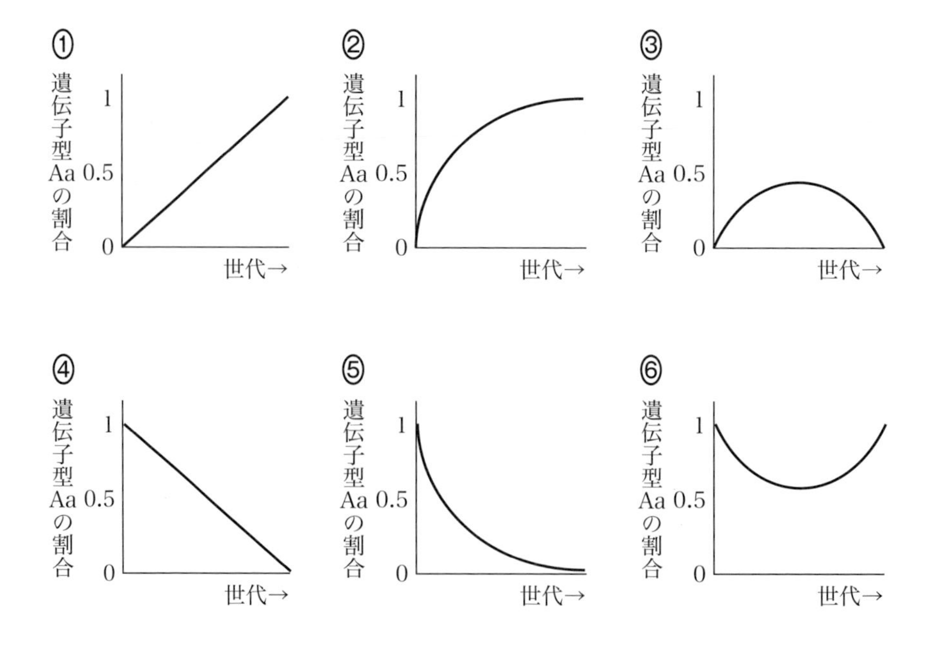

第6問　次の文章(A・B)を読み，下の問い(**問1～6**)に答えよ。(配点　20)

A　カイコガの成虫は飛ぶことはできないが，雄が翅(はね)を激しくはばたかせながら雌に近づいていき，交尾する。なお，雄が雌に近づく際には，一直線に雌に向かうのではなく，ジグザグに動き回りながら雌に近づいていく。雄が雌に対してとるこの一連の行動は婚礼ダンスとよばれる(図1)。カイコガの配偶行動について調べるために，成虫になったばかりの未交尾のカイコガの雄と雌を使って以下のような**実験1～3**を行った。

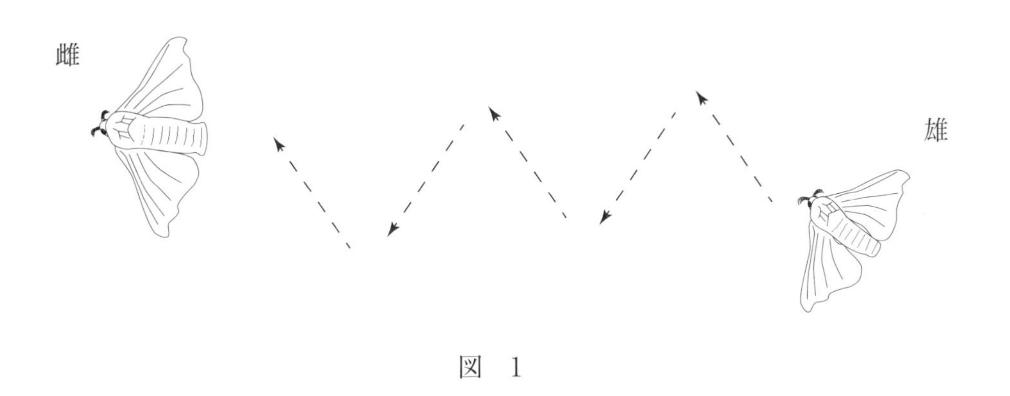

図　1

実験1　机の上に新聞紙を広げ，その上に雌のカイコガを置いた。外部を見通せる小型のかごに雄を入れ，雌から10 cm程度離れた位置に置いたところ，雄は翅を激しくはばたかせた。

実験2　机の上に新聞紙を広げ，その上に雌のカイコガを置いた。ふたをして密閉した小型の透明な容器に雄を入れ，雌から10 cm程度離れた位置に置いたところ，雄は何の反応も示さなかった。

実験3　机の上に新聞紙を広げ，その上に雌のカイコガを置いた。ふたのない小型の紙製の箱に雄を入れ，雌から10 cm程度離れた位置に置いたところ，雄は翅を激しくはばたかせた。ただし，箱の中の雄からは雌が見えない状態にして置いた。

カイコガの雄は，雌に比べて大きな羽毛状の触角をもっている。この触角の働きを調べるために**実験4**を行った。なお，これらの実験は全て風のない状態のもとで行った。

実験4　成虫になったばかりの未交尾のカイコガの雄を4匹(雄Ⅰ～Ⅳ)用意し，それぞれ次のような処理をした。

雄Ⅰ：何も処理をしない。
雄Ⅱ：片方の触角だけを根もとから切り落とす。
雄Ⅲ：触角を両方とも根もとから切り落とす。
雄Ⅳ：翅を切り取る。

雌から10 cm程度離れた位置に雄Ⅰ～Ⅳを置き，それぞれの雄がどのような行動をとるか観察したところ，表1のような結果が得られた。ただし，何の反応も示さなかったり，雌にたどりつけなかった場合の原因は，触角や翅を切除したことのショックによるものではないことがわかっている。

表　1

雄Ⅰ	婚礼ダンスを行い，雌にたどりついた。
雄Ⅱ	婚礼ダンスを行うが，触角の残っている方向に回転を続け，雌にはたどりつけなかった。
雄Ⅲ	何の反応も示さなかった。
雄Ⅳ	雌にたどりつけなかった。

問1 **実験1～3**の結果について，次の文章中の ア ・ イ に入る語句の組合せとして最も適当なものを，下の①～⑥のうちから一つ選べ。 25

実験1～3の結果から，カイコガの雄は ア によって雌の存在を感知し，翅をはばたかせるという行動をとることがわかる。昆虫類などでは，体内でつくられて体外へ分泌された化学物質が イ となり，同種の他の個体に特別な行動を引き起こすことが知られている。

	ア	イ
①	視　覚	かぎ刺激(信号刺激)
②	視　覚	適刺激
③	嗅　覚	かぎ刺激(信号刺激)
④	嗅　覚	適刺激
⑤	視覚と嗅覚の両方	かぎ刺激(信号刺激)
⑥	視覚と嗅覚の両方	適刺激

問2 **実験1～3**で用いた新聞紙は実験ごとに新しいものに取り換えた。この理由として最も適当なものを，次の①～④のうちから一つ選べ。 26

① 新聞紙の上におくことで，雌が動き回ることができないようにするため。
② 新聞紙の上におくことで，雌を興奮した状態にできるから。
③ 雌の分泌した化学物質が残ったままの状態では，正しい実験結果が得られないから。
④ 雌の出す老廃物などで実験場所が不衛生な状態になるのを防ぐため。

問 3　**実験 4** では，雄Ⅳは雌にたどりつけなかったが，雌の方向から風を送ってやると，雌にたどりつくことができた。また，婚礼ダンスを行った雄Ⅰの頭部前方に火のついた線香を近づけると，はばたきによって線香の煙が雄の触角の方に流れていくのが観察された。雄が婚礼ダンスの際に激しく翅をはばたかせる理由として最も適当なものを，次の①～⑤のうちから一つ選べ。

27

① 翅をはばたかせることで，空気の流れ(気流)をつくりだせるから。

② 翅をはばたかせることで，速く移動ができるようになるから。

③ 翅をはばたかせることで，体のバランスがうまくとれるようになるから。

④ 翅をはばたかせることで，雌の注意をひきつけることができるから。

⑤ 翅をはばたかせることで，雌が出す化学物質の分泌を促進できるから。

問 4　**実験 1 ～ 4** の結果から考えられるカイコガの配偶行動に関する記述として**誤っているもの**を，次の①～⑤のうちから一つ選べ。 28

① 雌から分泌される化学物質が刺激となって，雄は婚礼ダンスをする。

② 雌から分泌される配偶行動に関係する化学物質は，空気中に拡散する物質である。

③ 雄の配偶行動は習得的行動の一種であり，雄は状況に応じてその行動を変化させることができる。

④ 雄は 2 本の触角を両方とも使って雌がいる方向を知り，雌にたどりつく。

⑤ 婚礼ダンスは，カイコガが自然状態のもとで子孫を残すために大切な役割を果たす。

B　生物は生存や行動に必要なエネルギーを有機物として蓄え，必要に応じて分解することで取り出している。エネルギーを効率よく取り出すために酸素を用いた呼吸が行われる。

問5　呼吸に関する次の文章中の［ウ］～［オ］に入る物質の組合せとして最も適当なものを，下の①～④のうちから一つ選べ。［29］

グルコースを基質とした呼吸では，電子伝達系で最も多くのATPを産生する。この反応系では，解糖系とクエン酸回路で生じた［ウ］や$FADH_2$から，まず［エ］と［オ］が放出される。［エ］がミトコンドリア内膜にあるシトクロムなどに渡され移動する際，［オ］は内膜にあるATP合成酵素を通ってマトリックス側へ移行し，その過程でATPが合成される。

	ウ	エ	オ
①	$NADH+H^+$	H^+	e^-
②	$NADH+H^+$	e^-	H^+
③	ATP	$NADH+H^+$	H^+
④	ATP	e^-	$NADH+H^+$

問6　図2は，様々な動物**あ**～**か**の走行距離と体重1kgあたりの酸素消費量を示したグラフである。動物名の右の(　)内は動物の体重を示している。下のⓐ～ⓓのうち，図2から読み取れる記述の組合せとして最も適当なものを，下の①～⑥のうちから一つ選べ。 **30**

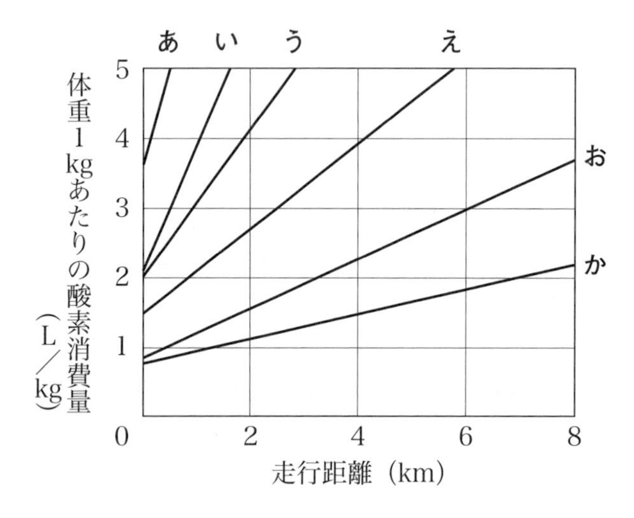

あ：ハツカネズミ（21g）
い：カンガルーネズミ（41g）
う：カンガルーネズミ（100g）
え：ジリス（236g）
お：イヌ（2.6kg）
か：イヌ（18kg）

図　2

ⓐ　休息時における体重1kgあたりの酸素消費量は，動物種によらずほぼ同じである。

ⓑ　動物種や体重によらず，休息時より走行時の方が酸素消費量が多い。

ⓒ　体重1kgを1km移動させるのに必要な酸素消費量は，体重が小さい動物の方が多い。

ⓓ　走行距離が長くなる程，体重1kgを1km移動させるのに必要な酸素消費量は少なくなる。

①　ⓐ，ⓑ　　②　ⓐ，ⓒ　　③　ⓐ，ⓓ
④　ⓑ，ⓒ　　⑤　ⓑ，ⓓ　　⑥　ⓒ，ⓓ

第　5　回

時間　60分　　　　100点　満点

1 ══ 解答にあたっては，実際に試験を受けるつもりで，時間を厳守し真剣に取りくむこと。

2 ══ 巻末にマークシートをつけてあるので，切り離しのうえ練習用として利用すること。

3 ══ 解答終了後には，自己採点により学力チェックを行い，別冊の解答・解説をじっくり読んで，弱点補強，知識や考え方の整理などに努めること。

生　　　　物

（解答番号 [1] ～ [30]）

第1問　次の文章を読み，下の問い(問1～4)に答えよ。(配点　18)

生物のからだを構成する最も基本的な単位は，細胞である。細胞には大きく分けて原核細胞と真核細胞の2種類が存在するが，どのような細胞であっても，(a)細胞膜によって細胞内外が隔てられている。真核細胞は核とその外側の細胞質からなり，核や細胞質の中では(b)様々な化学反応が常に進行している。細胞質中にはミトコンドリアなどの細胞小器官や，(c)微小管などの細胞骨格が存在する。核内には遺伝情報を含むDNAが存在し，(d)状況に応じた遺伝子発現が行われるよう，調節されている。

問1　下線部(a)に関連して，細胞膜には，溶媒である水分子や特定の溶質のみを透過させる性質がある。このような性質は人工的につくられたセロハン膜にも見られる。そこで，いろいろな濃度の水溶液に細胞を浸したときに起こる変化を考えるためのモデルとして，図1のような釣り鐘型の装置を作製した。この装置を，図2のように様々な濃度のスクロース溶液のそれぞれに浸し，長時間置いたときのガラス管内の水面の高さの変化について説明した下の文章中の [ア] ～ [エ] に入る語句の組合せとして最も適当なものを，下の①～⑧のうちから一つ選べ。 [1]

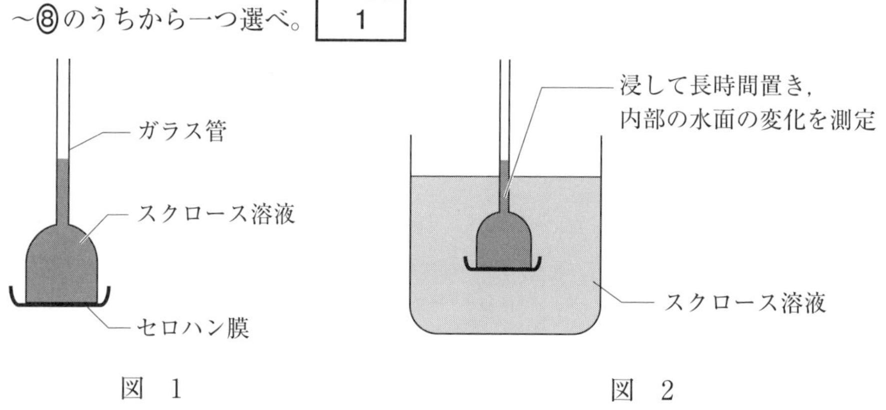

図　1　　　　図　2

図1の釣り鐘型の装置が植物細胞のモデルだとすると，釣り鐘型装置内の水溶液の体積は[ア]に囲まれた部分の体積を表していると考えることができる。図2で内部より低い濃度のスクロース溶液に浸した場合は内部の水面が[イ]し，内部より高い濃度のスクロース溶液に浸した場合は内部の水面が[ウ]するが水面の高さの変化は，浸したスクロース溶液の濃度が高いほど[エ]なる。

	ア	イ	ウ	エ
①	細胞壁	上　昇	下　降	より小さく
②	細胞壁	上　昇	下　降	より大きく
③	細胞壁	下　降	上　昇	より小さく
④	細胞壁	下　降	上　昇	より大きく
⑤	細胞膜	上　昇	下　降	より小さく
⑥	細胞膜	上　昇	下　降	より大きく
⑦	細胞膜	下　降	上　昇	より小さく
⑧	細胞膜	下　降	上　昇	より大きく

問 2　下線部(b)に関連して，マウスの骨格筋の細胞を破砕し，細胞内液を含む破砕液(破砕液 M)を得た。この破砕液 M を酸素と触れない条件下に置き，室温においてグルコース($C_6H_{12}O_6$)を加えたところ，乳酸($C_3H_6O_3$)の生成が確認された。この反応について調べる目的で，次の**実験 1 ～ 3** を行ったところ，表 1 のような結果になった。これらの実験とその結果に関する記述として適当なものを，下の①～⑦のうちから二つ選べ。ただし，解答の順序は問わない。

[2]・[3]

実験 1　一定量の破砕液 M に 10 mg のグルコースを加え，35℃で保温して，時間経過に伴う乳酸濃度の増加量を測定した。

実験 2　**実験 1** と同量の破砕液 M に 10 mg のピルビン酸($C_3H_4O_3$)を加え，35℃で保温して，時間経過に伴う乳酸濃度の増加量を測定した。

実験 3　**実験 1** と同量の破砕液 M を 35℃で保温し，時間経過に伴う乳酸濃度の増加量を測定した。

表　1

		5 分後	10 分後	20 分後	30 分後
乳酸濃度の増加量(相対値)	**実験 1**	5	8	10	10
	実験 2	0.8	1	1	1
	実験 3	0.8	1	1	1

① **実験1**と**実験2**の比較から，**実験2**で加えたピルビン酸が乳酸に変化した量を推測できる。

② **実験2**と**実験3**の比較から，**実験2**で加えたピルビン酸が乳酸に変化した量を推測できる。

③ **実験1**では中間生成物としてピルビン酸が生成する反応が進行しているが，ピルビン酸が生じるまでの反応は筋肉の細胞でしか行われない特殊なもので，ミトコンドリア内で進行する。

④ **実験1**では中間生成物としてピルビン酸が生成する反応が進行しているが，ピルビン酸が生じるまでの反応は筋肉の細胞でしか行われない特殊なもので，細胞質基質中で進行する。

⑤ ピルビン酸はグルコースから乳酸が生成する反応の中間生成物ではないので，**実験2**ではピルビン酸を加えても乳酸濃度の増加は起こらなかった。

⑥ ピルビン酸はグルコースから乳酸が生成する反応を競争的に阻害するので，**実験2**ではピルビン酸を加えると乳酸の生成が抑制された。

⑦ ピルビン酸はグルコースから乳酸が生成する反応の中間生成物だが，還元型補酵素が不足していたため，**実験2**では加えられたピルビン酸は乳酸に変化しなかった。

問 3　下線部(c)に関連して，メダカのうろこには色素細胞があり，メラニン顆粒が拡散または凝集することで体色変化を引き起こす。メラニン顆粒の移動は，自律神経の作用を受けて色素細胞が反応し，微小管上をモータータンパク質が動くことによって起こる(図 3)。

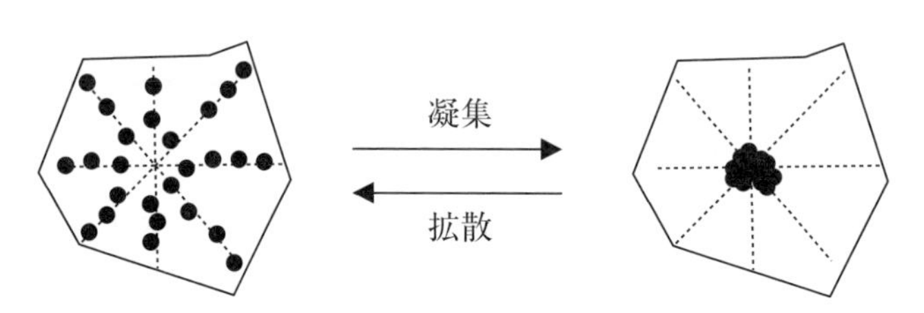

色素細胞の模式図（●はメラニン顆粒，点線は微小管を表す）

図　3

いま，メダカの体表からうろこを含む組織を交感神経とともに取り出し，生理的塩類溶液に浸して観察すると，メラニン顆粒が拡散した状態になっていた。この組織に高濃度の塩化カリウム(KCl)溶液を滴下したところ，メラニン顆粒の凝集が確認された。これについて，「高濃度の塩化カリウム溶液が交感神経に作用し，ノルアドレナリンを分泌させることにより，色素細胞内のメラニン顆粒の凝集を引き起こす」という仮説を立てた。生理的塩類溶液に浸したこの組織を用いて次の**操作 1 ～ 3** を行ったとき，仮説が正しかった場合に期待されるメラニン顆粒の凝集の有無の組合せとして最も適当なものを，下の①～⑧のうちから一つ選べ。 **4**

操作 1　細胞内での ATP の合成と分解を阻害する薬剤で処理してから，この組織に高濃度の塩化カリウム溶液を滴下する。

操作 2　色素細胞のノルアドレナリン受容体の機能を阻害する薬剤で処理してから，この組織に高濃度の塩化カリウム溶液を滴下する。

操作 3　この組織にノルアドレナリンを滴下する。

	操作 1	操作 2	操作 3
①	凝集する	凝集する	凝集する
②	凝集する	凝集する	凝集しない
③	凝集する	凝集しない	凝集する
④	凝集する	凝集しない	凝集しない
⑤	凝集しない	凝集する	凝集する
⑥	凝集しない	凝集する	凝集しない
⑦	凝集しない	凝集しない	凝集する
⑧	凝集しない	凝集しない	凝集しない

問 4　下線部(d)について，真核生物における遺伝子発現に関する記述として最も適当なものを，次の①～⑥のうちから一つ選べ。 **5**

① 基本転写因子とよばれる核酸の複合体が，RNA ポリメラーゼとともにプロモーターに結合することで転写が開始される。

② 1つの遺伝子からは，必ず1種類のタンパク質が合成される。

③ 遺伝子発現を調節する調節タンパク質は，核内で翻訳される。

④ 多細胞生物の体内では，組織によって異なる遺伝子が発現する場合がある。

⑤ 転写の開始にはプライマーとよばれる短い RNA の鎖が必要とされる。

⑥ 転写が開始されると核膜孔から核内にリボソームが進入し，合成途中の mRNA に結合する。

第2問　次の文章を読み，下の問い(問1～4)に答えよ。(配点　13)

有性生殖を行う生物では，(a)減数分裂による染色体数の半減と接合による染色体数の倍加が交互に起こり，世代を経ても染色体数が維持される。減数分裂は，哺乳動物のオスでは精巣内で行われる。減数分裂によって形成された精細胞は，(b)精子へと変形する。

受精卵が胚へと成長する過程では，胚葉の分化が起こり，(c)それぞれの胚葉から様々な組織や器官が形成される。このとき，(d)形成体と周囲の細胞との相互作用により分化が進む。

問1　下線部(a)について，減数分裂と接合に関する記述として**誤っているもの**を，次の①～⑥のうちから一つ選べ。 6

① 相同染色体が4組ある生物では，乗換えを考慮しない場合，1つの個体が形成する配偶子の染色体構成は減数分裂によって16通りになる。

② 減数分裂では，核相が第一分裂で複相($2n$)から単相(n)に変わり，第二分裂では単相(n)のまま変化しない。

③ 減数分裂では，第一分裂と第二分裂の間にDNA合成が行われる。

④ 接合によって生じる細胞は接合子とよばれ，受精卵も接合子の一種である。

⑤ 自家受精を行う植物であっても，1つの個体から接合によって生じる子の遺伝的性質は，すべての子で同じとは限らない。

⑥ 接合によって生じた1個の細胞が体細胞分裂を行った後，それぞれの細胞が個体へと成長した場合，それらの個体は遺伝的性質が同じクローンである。

問 2　下線部(b)について，ウニの精子について説明した次の文章中の　ア　～　ウ　に入る語句の組合せとして最も適当なものを，下の①～⑧のうちから一つ選べ。　7

精細胞が精子に変化する過程では，細胞質が　ア　する。精子は頭部，中片部，尾部からなり，尾部のべん毛を動かすためのATPを供給するミトコンドリアは　イ　に存在する。ウニの精子にクエン酸回路や電子伝達系の反応を阻害する薬剤を添加しても，しばらくの間べん毛は運動を続けていた。これはべん毛を動かすためのATPが呼吸以外の反応によっても供給されていることを示す。そのような反応の候補としては，ヒトの筋肉でも行われている　ウ　の分解などが考えられる。

	ア	イ	ウ
①	増　加	頭　部	乳酸
②	増　加	頭　部	クレアチンリン酸
③	増　加	中片部	乳酸
④	増　加	中片部	クレアチンリン酸
⑤	減　少	頭　部	乳酸
⑥	減　少	頭　部	クレアチンリン酸
⑦	減　少	中片部	乳酸
⑧	減　少	中片部	クレアチンリン酸

問3　下線部(c)について，脊椎動物の発生において，次のⓐ～ⓓのうち中胚葉から分化するものを過不足なく選んだ組合せとして最も適当なものを，下の①～⑥のうちから一つ選べ。 **8**

ⓐ　脊椎骨　　ⓑ　肝臓　　ⓒ　腎臓　　ⓓ　大脳

① ⓐ，ⓑ　　② ⓐ，ⓒ　　③ ⓐ，ⓓ　　④ ⓑ，ⓒ
⑤ ⓑ，ⓓ　　⑥ ⓒ，ⓓ

問4　下線部(d)に関連して，ニワトリの消化管は内胚葉由来の上皮と中胚葉由来の間充織からなる。ニワトリの消化管のうち，胃の前方は前胃に分化し，上皮から胃腺が形成される。一方，胃の後方は砂のうに分化し，胃腺は形成されない。このような胃腺の分化の有無について，間充織がどのような作用を及ぼすかを調べる目的で，発生が始まってから6日目のニワトリ胚(6日目胚)から前胃の上皮と間充織，砂のうの上皮と間充織を取り出し，図1のように密着させて培養した。すると，表1のように胃腺の分化が見られる組合せと見られない組合せがあった。この結果についての考察として最も適当なものを，下の①～⑥のうちから一つ選べ。 **9**

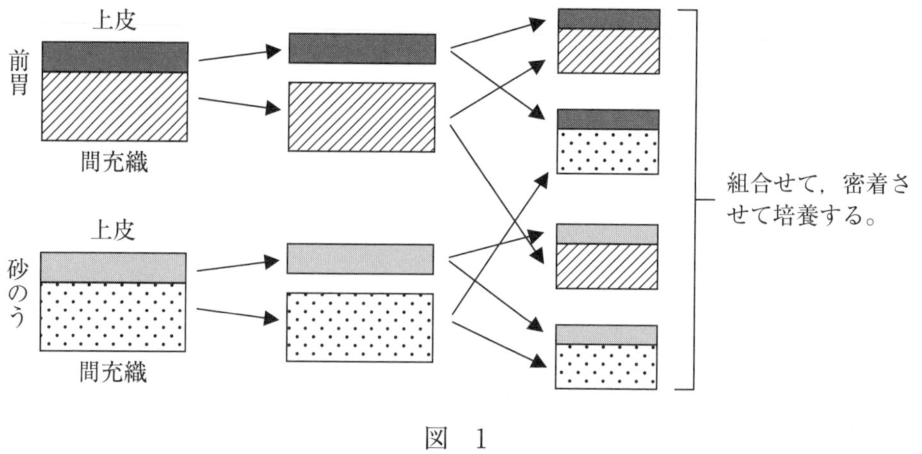

図　1

表　1

		間充織	
		前胃	砂のう
上皮	前胃	分化する	分化しない
	砂のう	分化する	分化しない

① 6日目胚の間充織には，上皮の分化を誘導する能力はない。

② 6日目胚の上皮には，間充織からの誘導に反応する能力はない。

③ 6日目胚の前胃の上皮には間充織からの誘導に反応する能力があるが，砂のうの上皮には間充織からの誘導に反応する能力はない。

④ 6日目胚の前胃の上皮には間充織からの誘導に反応する能力はないが，砂のうの上皮には間充織からの誘導に反応する能力がある。

⑤ 6日目胚の前胃の間充織は，上皮に作用して胃腺の分化を抑制している可能性がある。

⑥ 6日目胚の砂のうの間充織は，上皮に作用して胃腺の分化を抑制している可能性がある。

第3問 次の文章を読み，下の問い(**問1～5**)に答えよ。(配点　17)

光は生物にとって生存に必要なエネルギーの源であると同時に，外界の様子を知るための信号でもある。植物の光受容体には(a)フィトクロム，クリプトクロム，フォトトロピンが知られており，それぞれ特定の波長の光をよく吸収し，植物に何らかの反応を引き起こす。動物は(b)光受容器としての眼をもち，(c)視細胞とよばれる受容細胞で光を受容する。ヒトの視細胞は網膜とよばれる構造に含まれており，(d)網膜につながる視神経の軸索は，盲斑という部位を通って眼球から出た後，図1のように一部は交さする。ヒトの場合，両眼の内側(鼻側)の網膜から出た神経だけが交さして反対側の脳へと連絡し，外側(耳側)の網膜から出た神経は交させずにそれぞれの側の脳に連絡する。ヒトの視覚中枢は(e)大脳である。

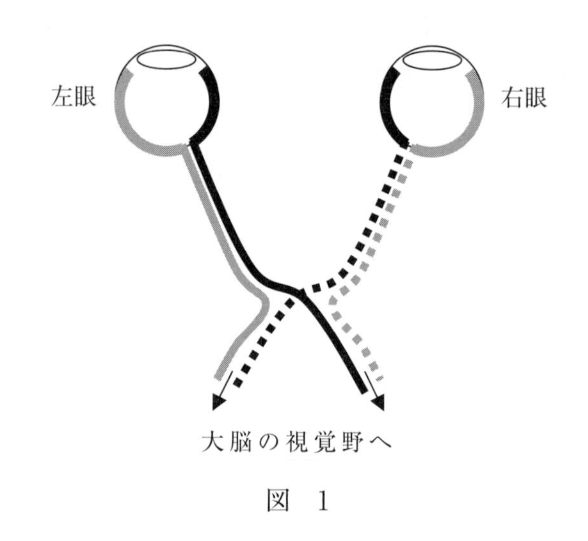

図　1

問1 下線部(a)について，これらの光受容体に関する記述として**誤っているもの**を，次の①～⑥のうちから一つ選べ。 10

① いずれもタンパク質であり，リボソーム上で合成される。

② 特定の波長の光をよく吸収すると構造が変化する。

③ フォトトロピンを欠く変異体の植物では，晴れた日の蒸散量が野生型の個体と比べて多くなる傾向がある。

④ クリプトクロムは青色光受容体として働く。

⑤ フィトクロムには2つの型があり，これらは光の吸収によって相互に変換される。

⑥ 幼葉鞘が示す正の光屈性は，フォトトロピンが光を受容することでオーキシンの輸送に働くタンパク質の分布が変化して引き起こされる。

問2 下線部(b)に関連して，ヒトの受容器に関する記述として最も適当なものを，次の①～⑤のうちから一つ選べ。 11

① 舌には味覚芽(味蕾)という受容器があり，気体中の化学物質を味細胞で受容する。

② 耳の中耳には前庭という受容器があり，体が傾くと内部のリンパ液の回転によって感覚細胞が興奮を生じる。

③ 耳の中耳には半規管という受容器があり，3個の半規管が互いに直交する面に配置されている。

④ 皮膚の表皮には感覚神経が分布しており，1つの感覚ニューロンの末端が高温，低温，接触刺激などのすべての刺激に対して反応する。

⑤ 鼻の嗅上皮には嗅細胞があり，細胞膜上に特定のにおい物質と強く結合する受容体をもっている。

問3　下線部(c)について，ヒトの視細胞に関連した次の文章中の［ア］～［エ］に入る語句の組合せとして最も適当なものを，下の①～⑧のうちから一つ選べ。［12］

ヒトの視細胞には桿体細胞と錐体細胞があり，錐体細胞にはそれぞれ異なる波長の光をよく吸収する赤錐体細胞，緑錐体細胞，青錐体細胞が存在する。眼に同じ強さの赤色光，緑色光，青色光を様々に組合せて照射すると，ヒトには表1のように知覚される。晴れた日中，屋外において，図2のように黒い紙にシアン色(緑がかった青色)で描かれた丸を見つめた後，図3のように何も描かれていない白い紙に視線を移すと，白い紙の上に［ア］の丸が見えるように感じる。これは，丸を見つめている間，興奮した［イ］細胞の視物質が分解されて減少したため，白い紙に視線を移したとき，［ウ］細胞と比較して［エ］細胞の興奮が小さくなった結果だと考えられる。

表　1

光の組合せ	赤色・緑色	赤色・青色	緑色・青色	赤色・緑色・青色
知覚	黄色	赤紫色	シアン色	白色

図　2

図　3

	ア	イ	ウ	エ
①	シアン色	赤錐体	赤錐体	緑錐体・青錐体
②	シアン色	赤錐体	緑錐体・青錐体	赤錐体
③	シアン色	緑錐体・青錐体	赤錐体	緑錐体・青錐体
④	シアン色	緑錐体・青錐体	緑錐体・青錐体	赤錐体
⑤	赤　色	赤錐体	赤錐体	緑錐体・青錐体
⑥	赤　色	赤錐体	緑錐体・青錐体	赤錐体
⑦	赤　色	緑錐体・青錐体	赤錐体	緑錐体・青錐体
⑧	赤　色	緑錐体・青錐体	緑錐体・青錐体	赤錐体

問 4　下線部(d)について，あるヒトが交差点で右側方からの車の接近に気付かず，交通事故に巻き込まれてしまった。このヒトの視野を検査したところ，右側方の視野が，普通のヒトよりも狭くなっていることがわかった。このような症状を視野狭窄(さく)という。仮に，この視野狭窄の原因が眼から脳の視覚中枢に至る経路の異常にあるとした場合，図 4 のⓐ～ⓓのうち，異常が起こっている可能性がある部位として**誤っているもの**はどれか，過不足なく含むものを，下の①～⑦のうちから一つ選べ。 13

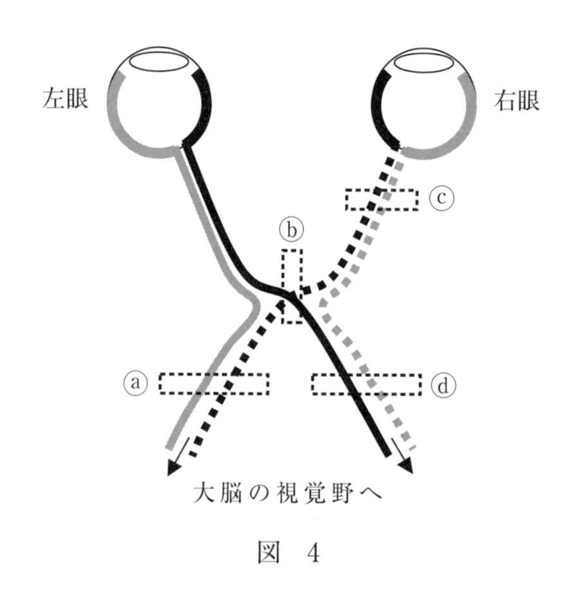

図　4

① ⓐ	② ⓑ	③ ⓒ	④ ⓓ
⑤ ⓐとⓑ	⑥ ⓑとⓒ	⑦ ⓒとⓓ	

問5　下線部(e)に関連して，ヒトの大脳に関する記述として最も適当なものを，次の①～⑤のうちから一つ選べ。 14

① 大脳皮質の前頭葉には視覚の中枢が存在する。

② 大脳皮質はニューロンの細胞体が集まっており，その色から白質とよばれる。

③ 大脳辺縁系(辺縁皮質)が大脳皮質全体に占める割合は，イヌやネコよりもヒトのほうが大きくなっている。

④ 大脳の下部は脊髄に直接連絡し，反射の中枢として機能している。

⑤ 右手や右足の皮膚感覚の中枢は，ふつう大脳の左半球に存在する。

第４問　次の文章を読み，下の問い(問１～４)に答えよ。(配点　16)

次の文章は，渓流へ釣りにやってきた生物部のコタロウさんと父の会話である。この渓流では，アマゴというサケ科の魚類が生息しており，釣りの対象魚となっている。

父　　：お，さっそく釣ったな。餌にブドウムシを選んだのがよかったかな。

コタロウ：ま，僕の腕にかかればこんなものさ。25 cm はあるかな。ヤマメだね。

父　　：いや，ここは和歌山だから，アマゴだろう。ほら，体表に朱色の点があるだろう。

コタロウ：本当だ。前に東京で釣ったヤマメにはこの点はなかったね。とってもきれいだ。和歌山には，ヤマメはいないの？

父　　：うん，確か東日本にはヤマメ，西日本にはアマゴというように，だいたい分布が分かれていたはずだ。

コタロウ：(a)<u>渓流に生息していて，見た目もほとんど違いがないし，ブドウムシやイクラを餌にして釣れるところも同じ</u>なんだね。

父　　：味も同じかどうか，食べて確かめないとな。

コタロウ：この渓流は水が澄んでいてきれいだから，塩焼きなんかにしたら，きっとおいしいと思うよ。でも・・・。

父　　：どうした？

コタロウ：うん，生物の授業で，(b)<u>生産者と消費者</u>について学んだとき，アマゴみたいな消費者を支えているのは光合成を行う生産者だって習ったんだけど，水が澄んでいるっていうことは，生産者である(c)<u>藻類</u>が少ないっていうことだよね。ということは，このアマゴはどうやって有機物を得ているのかなと思ってね。

父　　：ほほう，そんなことを疑問に思うとは，さすが生物部員。その答えは，(d)<u>そのアマゴを料理するときにわかる</u>かも知れないよ。

問1　下線部(a)に関連して，必要とする資源が近い生物種の関係について述べた次の文章中の［ア］～［ウ］に入る語句の組合せとして最も適当なものを，下の①～⑧のうちから一つ選べ。［15］

必要とする資源や食物連鎖の中での位置などから決まる，その生物種が生態系の中で占める地位のことを生態的地位または［ア］という。生態的地位の近い２種の生物種が同じ地域に生息している場合，種間競争による資源の奪い合いが起こり，両種とも減少，もしくは一方の種が絶滅することがある。このような関係は［イ］となるため，両種が生態的地位を変化させる場合がある。このようなとき，他種が存在しない場合の生態的地位を基本［ア］，他種が存在する場合の生態的地位を実現［ア］という。基本［ア］と比べ，実現［ア］は生態的地位の重なりが［ウ］くなっている。

	ア	イ	ウ
①	ギャップ	両種にとって不利益	大　き
②	ギャップ	両種にとって不利益	小　さ
③	ギャップ	絶滅する種のみにとって不利益	大　き
④	ギャップ	絶滅する種のみにとって不利益	小　さ
⑤	ニッチ	両種にとって不利益	大　き
⑥	ニッチ	両種にとって不利益	小　さ
⑦	ニッチ	絶滅する種のみにとって不利益	大　き
⑧	ニッチ	絶滅する種のみにとって不利益	小　さ

問2　下線部(b)に関連して，ある生態系では生産者の呼吸量は60であり，純生産量の20%が被食量である。この生態系の一次消費者の摂食量のうち25%が不消化排出量であるとした場合，一次消費者の同化量はどの程度か。最も適当な数値を，次の①～⑧のうちから一つ選べ。ただし，数値はいずれも生産者の総生産量の値を100とした場合の相対値である。 16

① 1　② 2　③ 3　④ 4　⑤ 5
⑥ 6　⑦ 12　⑧ 15

問3　下線部(c)について，一般に藻類とよばれる生物群には，緑藻，ケイ藻，紅藻，褐藻など，系統の異なる多様な種が含まれている。これらの生物についての記述として**誤っているもの**を，次の①～⑥のうちから一つ選べ。 17

① マーグリスらの五界説では原生生物界に分類されている。
② 3ドメイン説ではいずれも同じドメインに属するとされる。
③ 緑藻とケイ藻は異なる光合成色素をもっているため，よく吸収する光の波長が異なる。
④ ケイ藻にはワカメ，コンブなどの種が含まれ，陸上植物の祖先であると考えられている。
⑤ 維管束をもつ藻類は存在しない。
⑥ 緑藻や紅藻の葉緑体はシアノバクテリアに由来すると考えられている。

問4　下線部(d)に関連して，コタロウは釣ったアマゴを調理するとき，胃の内容物を観察してみた。すると，水中の生物だけでなく，周囲の森林から川に入り込んだと考えられるような，陸生昆虫らしき未消化物が多く見つかった。これに興味をもったコタロウがインターネットで調べてみると，次のような研究の概要が公開されていた。

河川をいくつかの区画に分けて同数ずつのアマゴを放流し，短時間で集中的に陸生昆虫を与える区画(集中区)，長期間にわたって持続的に陸生昆虫を与える区画(持続区)，陸生昆虫を与えない区画(対照区)の３種類を設けた。なお，集中区と持続区で与えた陸生昆虫の総量は同量である。アマゴを大型個体と小型個体に分け，それぞれによる陸生昆虫(餌として与えたもの)と底生動物(もともと河川に生息しているもの)の捕食量を調べると図1，図２のようになった。また，底生動物による川底の落葉分解速度を測定すると図3のようになった。

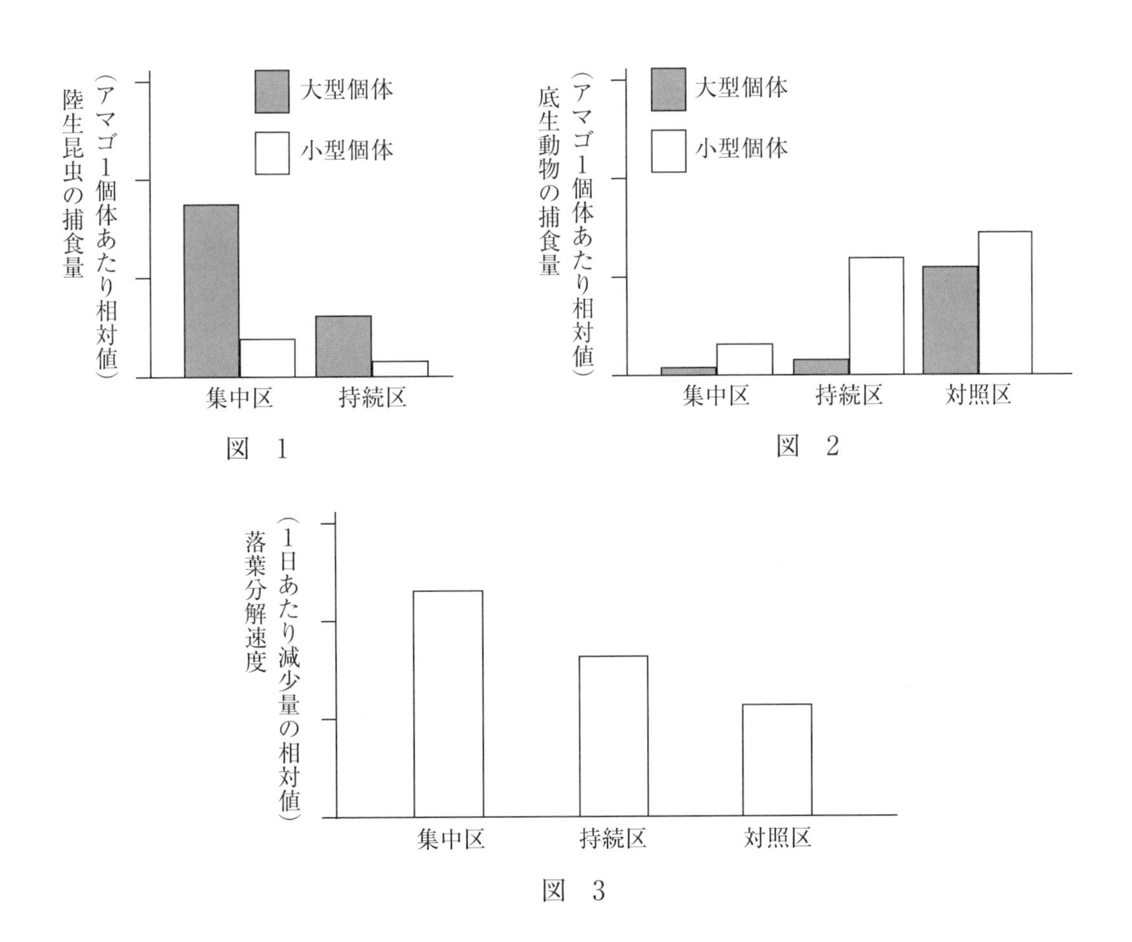

図　1

図　2

図　3

この実験の結果に関する考察として適切なものを，次の①～⑦のうちから二つ選べ。ただし，解答の順序は問わない。 18 ・ 19

① 集中区と持続区で大型個体の陸生昆虫の捕食量を比較すると，ほとんど違いがない。

② 集中区と持続区で小型個体の陸生昆虫の捕食量を比較すると，集中区のほうが多くなっている。

③ 集中区では，短期間で与えられた陸生昆虫をアマゴが捕食しきれなかったと考えられる。

④ 大型個体と小型個体が陸生昆虫を捕食した量の差は，集中区よりも持続区のほうが大きい。

⑤ 底生動物の捕食量を比較した場合，小型個体よりも大型個体のほうが持続区と対照区での捕食量の差が大きい。

⑥ 対照区の落葉分解速度が集中区や持続区と比較して小さいのは，底生動物がアマゴに捕食されにくかったからだと考えられる。

⑦ アマゴのような消費者を支えているのは森林から流入する陸生昆虫であり，森林から流入する落葉は河川の生態系に何ら影響を与えないことがわかる。

第5問　次の文章(A・B)を読み，下の問い(問1～5)に答えよ。(配点　18)

A　被子植物の中には，病原体となる(a)子のう菌類に対する抵抗性の遺伝子をもち，感染時に子のう菌の成長を抑制するものがあるが，この抵抗性遺伝子の発現を抑制する仕組みをもった子のう菌も存在する。ある植物Pでは，病原性の子のう菌Dに由来するいくつかの物質と反応する数種類の受容体が細胞膜上に発現しており，子のう菌Dが感染しようとすると，受容体からのシグナルを受けた活性化因子が働き，調節タンパク質が活性化されて複数の(b)抵抗性遺伝子が発現するようになっている(図1)。

これに対し，子のう菌Dは，(c)シグナルの伝達を阻害するタンパク質を植物の細胞内に送り込むことで，感染を可能にしている。

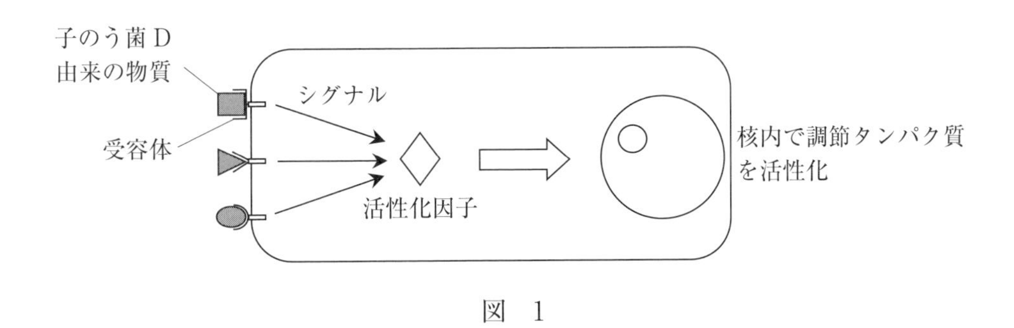

図　1

抵抗性遺伝子の発現に子のう菌Dの細胞壁成分であるキチンがどのように関わっているかを知る目的で，複数存在する植物Pの抵抗性遺伝子のうち，ある1つの遺伝子(遺伝子G)を選び，そのプロモーター領域と緑色蛍光タンパク質(GFP)の遺伝子を連結させたものを，植物Pに導入した。この遺伝子組換え植物をP_Gとする。さらに，このP_Gが子のう菌D由来のキチンを受容できなくなるように，1つのキチン受容体遺伝子をノックアウトした。この個体をP_{Gk}とする。

問 1　下線部(a)について，次のⓐ～ⓒのうちから子のう菌類に属するものを過不足なく含むものを，下の①～⑦のうちから一つ選べ。 **20**

ⓐ　モジホコリ　　ⓑ　アカパンカビ　　ⓒ　マツタケ

① ⓐ　② ⓑ　③ ⓒ　④ ⓐ，ⓑ
⑤ ⓐ，ⓒ　⑥ ⓑ，ⓒ　⑦ ⓐ，ⓑ，ⓒ

問 2　下線部(b)について，P_G と P_{Gk} に子のう菌 D を感染させ，防御応答によって発現する GFP の蛍光強度を測定したところ，図 2 のような結果が得られた。

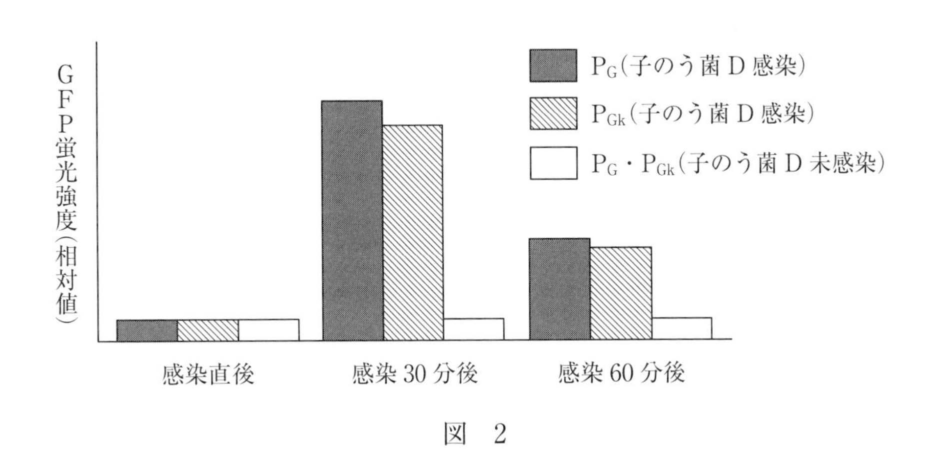

図　2

次のⓐ～ⓒのうち，この結果に関する正しい考察を過不足なく含むものを，下の①～⑦のうちから一つ選べ。 **21**

ⓐ　植物 P は，キチン受容体遺伝子を複数もっている可能性がある。

ⓑ　遺伝子 G の発現を促進する活性化因子は，キチン受容体以外の受容体からシグナルを受け取っている可能性がある。

ⓒ　遺伝子 G の発現には，今回の実験でノックアウトしたキチン受容体遺伝子の存在が不可欠である。

① ⓐ	② ⓑ	③ ⓒ	④ ⓐ，ⓑ
⑤ ⓐ，ⓒ	⑥ ⓑ，ⓒ	⑦ ⓐ，ⓑ，ⓒ	

問３　下線部(c)について，子のう菌Ｄから，シグナルの伝達を阻害するタンパク質の遺伝子ではないかと考えられる候補遺伝子が複数見つかった。これらの候補遺伝子のうち，どれが実際にシグナルの伝達を阻害するタンパク質をコードしているのか，明らかにする実験を考えた。次の文章はその実験に関する説明である。文章中の［ア］・［イ］に入る語句の組合せとして最も適当なものを，下の①～⑨のうちから一つ選べ。［22］

候補遺伝子のうちの特定の１つ(候補遺伝子ｎ)以外をノックアウトした子のう菌Ｄと，すべての候補遺伝子をノックアウトした子のう菌Ｄを用意し，それぞれ［ア］に感染させる。それぞれの［ア］において発現するGFPの蛍光強度を測定し，候補遺伝子ｎ以外をノックアウトした子のう菌Ｄを感染させたときの蛍光強度が，すべての候補遺伝子をノックアウトした子のう菌Ｄを感染させたときの蛍光強度と比較して［イ］場合，候補遺伝子ｎはシグナルの伝達阻害に関わっていると考えられる。

	ア	イ
①	未処理の被子植物Ｐ	ほぼ等しい
②	未処理の被子植物Ｐ	強くなっている
③	未処理の被子植物Ｐ	弱くなっている
④	P_G	ほぼ等しい
⑤	P_G	強くなっている
⑥	P_G	弱くなっている
⑦	P_{Gk}	ほぼ等しい
⑧	P_{Gk}	強くなっている
⑨	P_{Gk}	弱くなっている

B 植物にGFP遺伝子を導入する場合，組織培養の技術が応用される。イネなどの植物では，組織の一部を(d)オーキシンとサイトカイニンなどを含んだ培地で培養すると，細胞が脱分化して増殖し，カルスという未分化な細胞塊を形成する。この細胞塊をオーキシンとサイトカイニンを含む培地で培養すると，完全な植物体を得ることができる。遺伝子導入の際は，このような植物体を形成する過程で，アグロバクテリウムを感染させる。アグロバクテリウムがもつプラスミドDNA中に(e)GFP遺伝子を組込み，植物に感染させることで，植物のゲノムにGFP遺伝子が挿入される。

問4 下線部(d)について，オーキシンに関する記述として最も適当なものを，次の①～⑤のうちから一つ選べ。 23

① 落葉を促進する働きをもった気体の植物ホルモンである。

② 落葉を抑制する働きをもった植物ホルモンである。

③ 植物が昆虫による食害を受けた場合，食害応答に働く植物ホルモンである。

④ イネのばか苗病の研究から発見された植物ホルモンである。

⑤ イネではHd3aというタンパク質であることが判明している植物ホルモンである。

問 5　下線部(e)について，植物のゲノムにGFP遺伝子を導入して発現させるためには，プラスミドにどのようなものを挿入しておく必要があるか。最も適当なものを，次の①～④のうちから一つ選べ。ただし，図中の「5′」「3′」はGFP遺伝子のセンス鎖(非鋳型鎖)の5′末端側と3′末端側を表している。 24

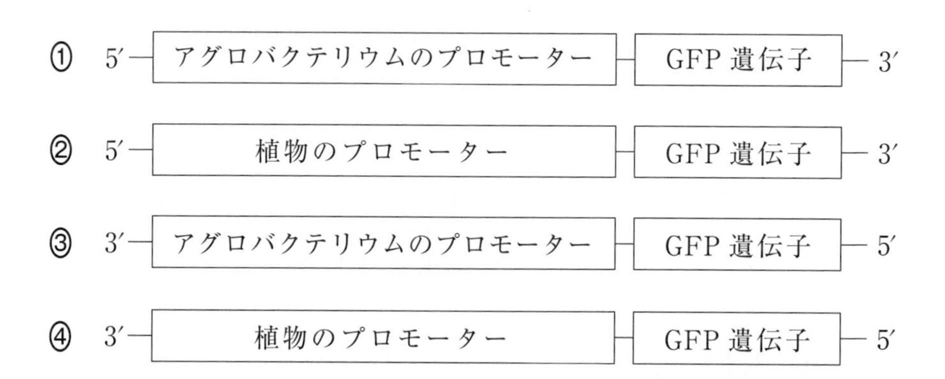

第6問 次の文章(A・B)を読み，下の問い(**問1～6**)に答えよ。(配点 18)

A 大気中の酸素濃度と二酸化炭素濃度は，地球ができてからの46億年で大きく変化している。46億年前の大気中には，現在よりもはるかに多い二酸化炭素が含まれており，逆に酸素はほとんど含まれていなかったと考えられている。最初の生命は[ア]に現れたと考えられているが，それがどのような生物であったのかは定かではない。しかし，(a)生物の働きによらない有機物の合成量は非常に少なかったと考えられるため，早い段階で無機物から有機物を合成できる[イ]が出現していたはずだと考えられている。二酸化炭素と水を用いて光合成を行う生物として最初に現れたとされるシアノバクテリアは，高濃度の二酸化炭素が存在する環境の下，海の中で繁栄し，ストロマトライトとよばれる岩石を形成した。その後，真核生物が出現し，大気の組成も大きく変化していった。これらを経て，古生代初期には(b)生命が陸上へと進出できる環境が整っていった。

問1 Aの文章中の[ア]・[イ]に入る語句の組合せとして最も適当なものを，次の①～⑥のうちから一つ選べ。[25]

	ア	イ
①	38億～40億年前	独立栄養生物
②	38億～40億年前	従属栄養生物
③	30億～33億年前	独立栄養生物
④	30億～33億年前	従属栄養生物
⑤	20億～21億年前	独立栄養生物
⑥	20億～21億年前	従属栄養生物

問 2　下線部(a)に関連して，1950年代，ミラーはアンモニアを含む数種類の無機物を混ぜ，密閉した容器の中である操作を繰り返し，生物が関与しなくても無機物から有機物が合成されることを証明した。図1は，ミラーの実験装置内で，時間経過に伴って最初に加えたアンモニアが減少していく様子と，装置内のアルデヒド，シアン化水素(HCN)，アミノ酸の濃度の変化(相対値)を示している。この実験に関する記述として**誤っているもの**を，下の①～⑤のうちから一つ選べ。 26

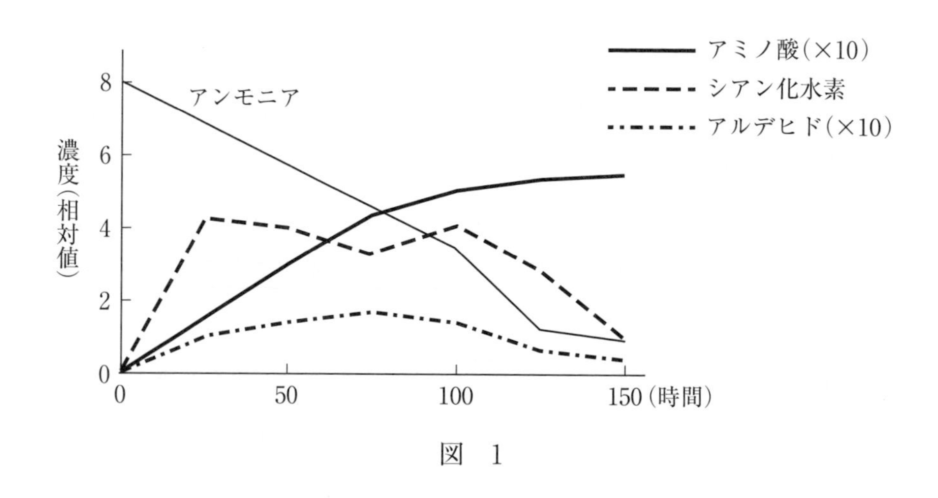

図　1

① アンモニア分子中の窒素原子は，シアン化水素などを経てアミノ酸のアミノ基中の窒素原子になったと考えられる。

② この実験で最初に合成されたアミノ酸は，システインやメチオニンなどの側鎖に水素原子のみを含んだ比較的単純なアミノ酸であったと考えられる。

③ この実験では，アンモニア以外にメタン，水素，水蒸気などの無機物が使われた。

④ ミラーは，混合気体に加熱，放電，冷却の操作を繰り返し行った。

⑤ 原始地球において，この実験で示されたように無機物から有機物が生成される過程を化学進化という。

問 3　下線部(b)について，生命の陸上進出に関する記述として最も適当なものを，次の①～⑧うちから一つ選べ。 27

① オゾン層が形成され太陽光線中の有害な赤外線が軽減されたため，オルドビス紀からシルル紀にかけて，植物よりも先に動物が陸上へと進出した。

② オゾン層が形成され太陽光線中の有害な赤外線が軽減されたため，オルドビス紀からシルル紀にかけて，動物よりも先に植物が陸上へと進出した。

③ オゾン層が形成され太陽光線中の有害な赤外線が軽減されたため，デボン紀から石炭紀にかけて，植物よりも先に動物が陸上へと進出した。

④ オゾン層が形成され太陽光線中の有害な赤外線が軽減されたため，デボン紀から石炭紀にかけて，動物よりも先に植物が陸上へと進出した。

⑤ オゾン層が形成され太陽光線中の有害な紫外線が軽減されたため，オルドビス紀からシルル紀にかけて，植物よりも先に動物が陸上へと進出した。

⑥ オゾン層が形成され太陽光線中の有害な紫外線が軽減されたため，オルドビス紀からシルル紀にかけて，動物よりも先に植物が陸上へと進出した。

⑦ オゾン層が形成され太陽光線中の有害な紫外線が軽減されたため，デボン紀から石炭紀にかけて，植物よりも先に動物が陸上へと進出した。

⑧ オゾン層が形成され太陽光線中の有害な紫外線が軽減されたため，デボン紀から石炭紀にかけて，動物よりも先に植物が陸上へと進出した。

B 植物が光合成の際に二酸化炭素を固定する反応は[ウ]とよばれ，炭素数[エ]のRuBPが，ルビスコという酵素の作用で二酸化炭素と反応し，炭素数[オ]のPGAに変化した後，GAPという物質に変えられる。一部のGAPからはグルコースのような有機物が合成されるが，残りのGAPは再びRuBPに戻る。ルビスコはRuBPカルボキシラーゼ/オキシゲナーゼともよばれ，酸素濃度が高い環境下では酸素とRuBPを反応させ，1分子のPGAと1分子のホスホグリコール酸を生成するが，この反応が起こると，二酸化炭素を有機物に変える効率は低下してしまう。すなわち，(c)<u>ルビスコによる二酸化炭素とRuBPの反応に対し，酸素とRuBPの反応は競争的阻害の関係にある</u>。

トウモロコシやサトウキビなどの植物では，葉内の二酸化炭素濃度を高く保つ仕組みが存在するため，酸素とRuBPの反応はほとんど起こらない(図2)。このような仕組みを有する植物はC_4植物とよばれ，強光，高温の条件下で通常の植物(C_3植物)よりも高い光合成能力を示すが，葉内の二酸化炭素濃度を高めるためにATPのエネルギーを消費しているため，(d)<u>大気中の二酸化炭素濃度が現在のものよりもはるかに高くなった場合，逆に通常の植物よりも光合成の効率が低くなると考えられる</u>。

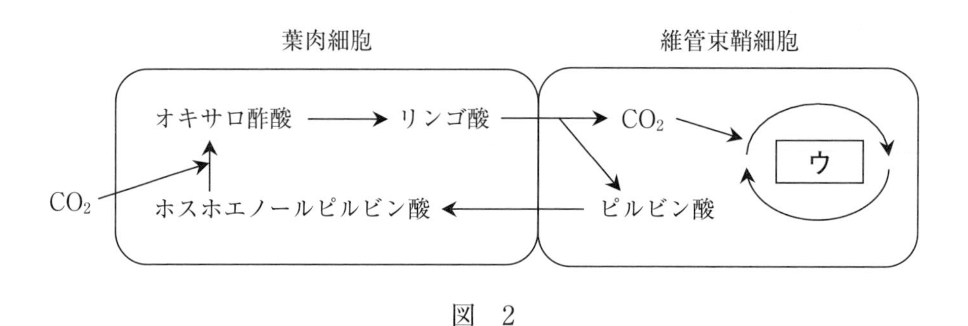

図 2

問 4　Bの文章中の ウ ～ オ に入る語句と数値の組合せとして最も適当なものを，次の①～⑥のうちから一つ選べ。 28

	ウ	エ	オ
①	オルニチン回路	3	4
②	オルニチン回路	3	6
③	オルニチン回路	5	3
④	カルビン回路	3	4
⑤	カルビン回路	3	6
⑥	カルビン回路	5	3

問 5　下線部(c)について，酸素濃度が低い場合と高い場合について，葉内の二酸化炭素濃度と二酸化炭素から有機物が合成される速度の関係を示したグラフはどのようになるか。最も適当なものを，次の①～⑤のうちから一つ選べ。ただし，縦軸は二酸化炭素からの有機物合成速度，横軸は二酸化炭素濃度を示し，破線は酸素濃度が低い場合，実線は酸素濃度が高い場合を示すものとする。 29

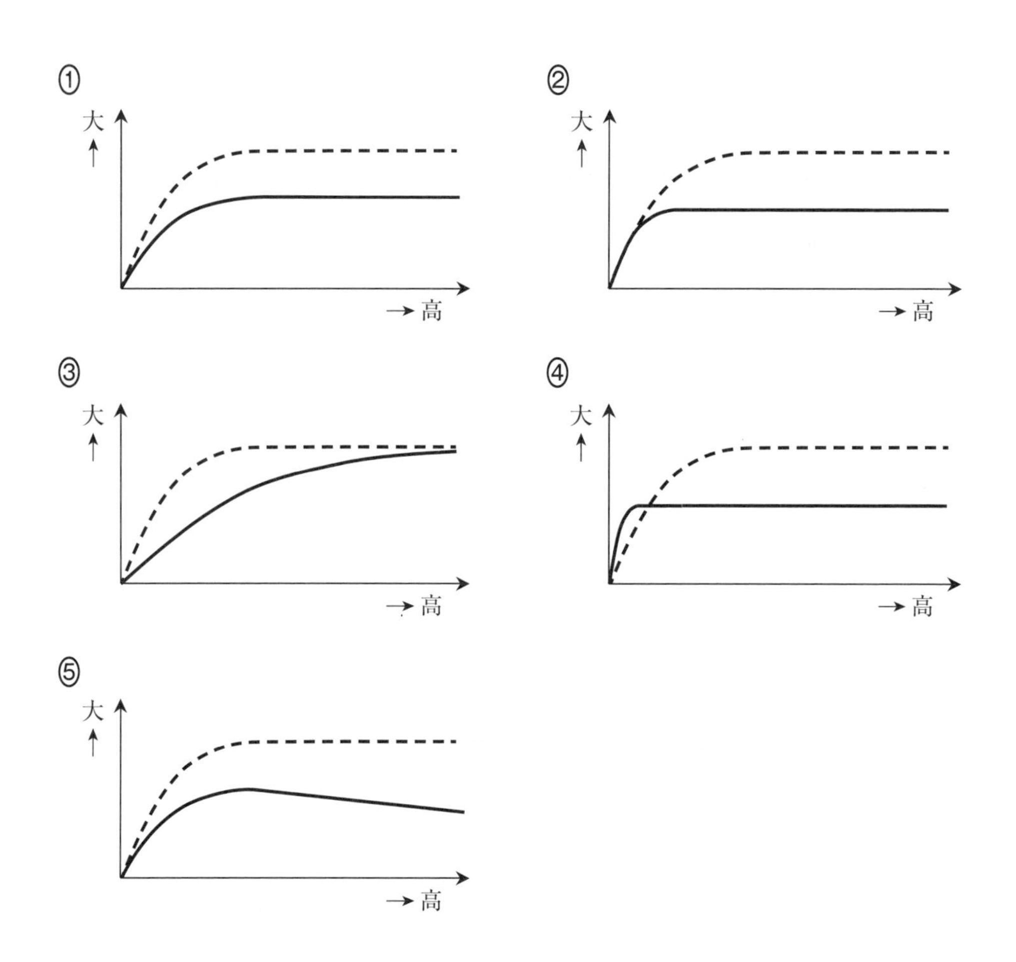

問 6　下線部(d)について，C_4 植物と C_3 植物について，強光条件下での二酸化炭素濃度と二酸化炭素吸収速度の関係を測定すると，それぞれ図 3 のⓐ～ⓓのうちどのようなグラフになるか。最も適当な組合せを，下の①～⑧のうちから一つ選べ。 30

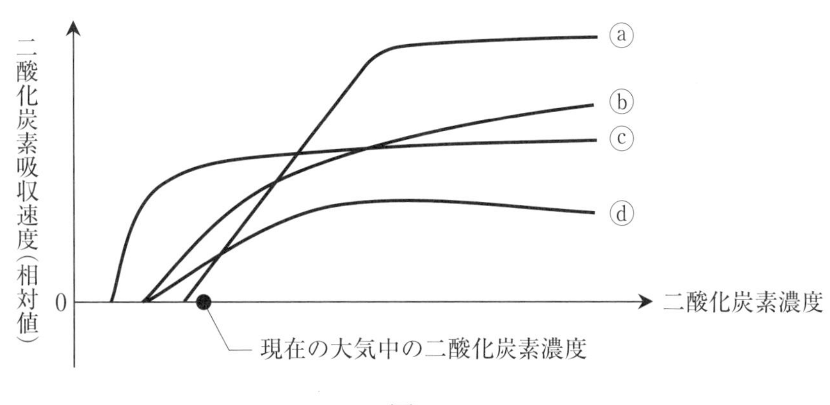

図 3

	C_4 植物	C_3 植物
①	ⓐ	ⓒ
②	ⓐ	ⓓ
③	ⓑ	ⓒ
④	ⓑ	ⓓ
⑤	ⓒ	ⓑ
⑥	ⓒ	ⓓ
⑦	ⓓ	ⓑ
⑧	ⓓ	ⓒ

大学入学共通テスト本試験

(2024年1月14日実施)

時間　60分　　　　100点　満点

1 ── 解答にあたっては，実際に試験を受けるつもりで，時間を厳守し真剣に取りくむこと。

2 ── 巻末にマークシートをつけてあるので，切り離しのうえ練習用として利用すること。

3 ── 解答終了後には，自己採点により学力チェックを行い，別冊の解答・解説をじっくり読んで，弱点補強，知識や考え方の整理などに努めること。

※ 2024共通テスト本試験問題を編集部にて一部修正して作成しています。

生　　　物

（解答番号 1 ～ 26 ）

第1問　糖代謝に関する次の文章を読み，後の問い(**問1～3**)に答えよ。

(配点　14)

納豆は大豆を原料として，稲わらに付着している納豆菌の働きを利用して作ることができる。自然界では，(a)納豆菌は稲わら中に含まれる糖を分解することでエネルギーを得ていると考えられる。稲わら中には，糖の成分として炭素を6個含むグルコースだけでなく，炭素を5個含むキシロースなども含まれている。

納豆菌に近縁の細菌Nは，グルコースだけでなくキシロースもエネルギー源として利用することができる。細菌Nのキシロースの代謝には，キシロースオペロンを構成する遺伝子からつくられる酵素が必要である。

問 1　下線部(a)に関連して，エネルギー代謝に関する記述として最も適当なものを，次の①～④のうちから一つ選べ。 1

① 解糖系には，ATPを利用する反応があり，解糖系全体の反応において，ATPが合成される量よりも消費される量のほうが多い。

② アルコール発酵においては，解糖系で生じたNADHの酸化に伴いATPが合成される。

③ クエン酸回路では，NADHが生成されるだけでなく，ATPも合成される。

④ 呼吸の過程では，酸素を必要とする電子伝達系において，ATPの合成に伴い二酸化炭素が生成される。

グルコースとキシロースの両方を含む培地(以下，混合糖培地)における，細菌Nの増殖を調べるため，**実験1**を行った。

実験1　細菌Nの野生株を混合糖培地で培養し，培地中の細胞数とそれぞれの糖の濃度の変化を調べた。同時に，そのときのキシロースオペロンの発現量を調べた。図1は，その結果を示したものである。また，野生株とは糖の利用の仕方が異なる変異株Mを同様に培養し，細胞数と糖濃度の変化を調べたところ，図2の結果が得られた。なお，図1と図2で，培養開始時の細胞数は同じである。

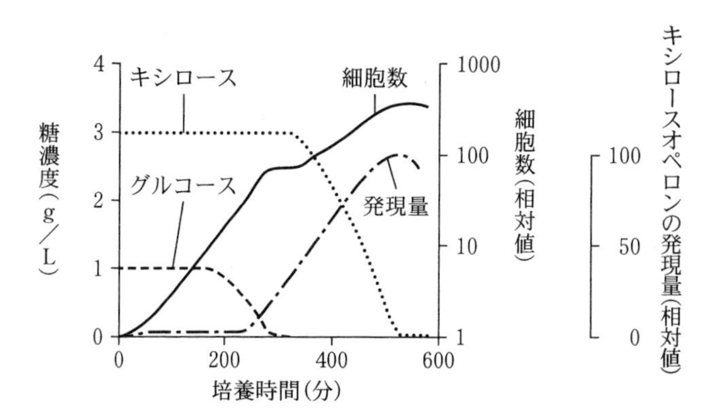

注：細胞数は，培養開始時の細胞数を1とした相対値で示す。キシロースオペロンの発現量は，最大の発現量を100とした相対値で示す。

図　1

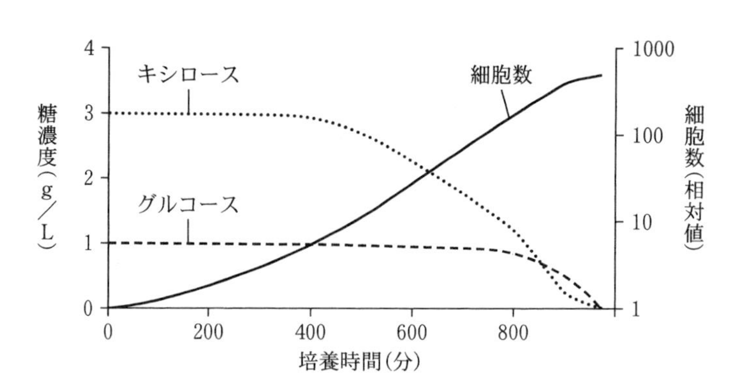

注：細胞数は，培養開始時の細胞数を1とした相対値で示す。

図　2

問 2　**実験 1** の結果について考察した次の文章中の［ア］～［ウ］に入る語句の組合せとして最も適当なものを，後の①～⑧のうちから一つ選べ。［2］

野生株では，グルコースとキシロースの両方が存在すると，［ア］が先に利用される。キシロースオペロンの発現がリプレッサーにより制御されているとすると，このときリプレッサーはオペレーター［イ］いると考えられる。このような遺伝子発現の調節により，より速い増殖を可能とする糖が優先的に利用されている。また，**実験 1** の条件では，［ウ］のほうが増殖が速く，野生株と変異株 M を混ぜて培養すると，［ウ］が集団内で優勢になると考えられる。

	ア	イ	ウ
①	グルコース	に結合して	野生株
②	グルコース	に結合して	変異株 M
③	グルコース	から離れて	野生株
④	グルコース	から離れて	変異株 M
⑤	キシロース	に結合して	野生株
⑥	キシロース	に結合して	変異株 M
⑦	キシロース	から離れて	野生株
⑧	キシロース	から離れて	変異株 M

問 3　図1から，細菌Nのキシロースオペロンの発現制御について，次のような仮説を立てた。

「キシロースオペロンは，キシロースが存在すると発現するが，グルコースが存在するとキシロースが存在しても発現は抑制される」

しかし，図1からは，「キシロースオペロンの発現は，グルコースのみによって制御される」という可能性も考えられる。この可能性を検討するためには，次の条件ⓐ～ⓓのうち，どの条件で培養したときのキシロースオペロンの発現量を比較すればよいか。その組合せとして最も適当なものを，後の①～⑥のうちから一つ選べ。 **3**

ⓐ　グルコースのみを含む培地
ⓑ　キシロースのみを含む培地
ⓒ　グルコースとキシロースのどちらも含まない培地
ⓓ　混合糖培地

① ⓐ，ⓑ　② ⓐ，ⓒ　③ ⓐ，ⓓ
④ ⓑ，ⓒ　⑤ ⓑ，ⓓ　⑥ ⓒ，ⓓ

第2問 生体膜に関する次の文章を読み，後の問い(問1～4)に答えよ。

(配点 17)

イオンや分子量の大きな物質は，生体膜の脂質二重層を透過しにくい。そのため，チャネル，担体(輸送体)，およびポンプと呼ばれる(a)生体膜を貫通して物質を輸送するタンパク質(以下，輸送タンパク質)が，これらの物質の膜の透過を担う。生体膜のイオンの透過を担うチャネルやポンプは，細胞の様々な機能に関わる。植物の気孔は，(b)孔辺細胞が膨張することで開口し，収縮することで閉鎖するが，そのどちらにもチャネルが関わる。動物のニューロンでは，(c)興奮の伝導に際して複数のチャネルやポンプが関わる。

問1 下線部(a)に関連する記述として最も適当なものを，次の①～⑤のうちから一つ選べ。 **4**

① 選択的透過性は，能動輸送でみられる性質であり，受動輸送ではみられない。

② チャネルは受動輸送に関わり，担体(輸送体)は受動輸送に関わらない。

③ 生体膜の水の透過性は，特定の輸送タンパク質の働きにより高められる。

④ ポンプは，濃度勾配に逆らって物質を輸送することができない。

⑤ アミノ酸は，生体膜の脂質二重層を自由に透過するため，輸送タンパク質を介さずに輸送される。

問 2　下線部(b)に関連して，孔辺細胞の膨張による気孔の開口にはカリウムチャネルが関わることが知られている。その働きを調べるため，**実験 1** を行った。後の記述ⓐ～ⓓのうち，**実験 1** の結果についての考察として適当な記述はどれか。その組合せとして最も適当なものを，後の①～⑥のうちから一つ選べ。
5

実験 1　タマネギの子葉から，孔辺細胞と，孔辺細胞以外の表皮細胞を取り出した。取り出した孔辺細胞をカリウムイオン(K^+)を含む溶液に浸すと，暗所ではその形態は変化しなかったが，明所では孔辺細胞が膨張した。他方，K^+ を含まない溶液に浸すと，明所でも孔辺細胞はほとんど膨張しなかった。また，孔辺細胞以外の表皮細胞を K^+ を含む溶液に浸し，明所に置いたところ，その形態は変化しなかった。

ⓐ　細胞内に K^+ が流入することで，孔辺細胞が膨張する。
ⓑ　孔辺細胞は，特に暗所で K^+ を細胞内に取り込む。
ⓒ　気孔の開口には，光と K^+ のどちらも必要である。
ⓓ　孔辺細胞以外の表皮細胞は，暗所で膨張する。

①　ⓐ，ⓑ	②　ⓐ，ⓒ	③　ⓐ，ⓓ
④　ⓑ，ⓒ	⑤　ⓑ，ⓓ	⑥　ⓒ，ⓓ

問 3　下線部(c)に関連して，図1は，ニューロンが刺激を受けて興奮するときの，生体膜の内側と外側の電位差(以下，膜電位)の変化を模式的に示したものである。この膜電位の変化には，ナトリウムチャネル，カリウムチャネル，およびナトリウムポンプが関わっている。膜電位と興奮に関する記述として**適当でないもの**を，後の①～⑤のうちから一つ選べ。 6

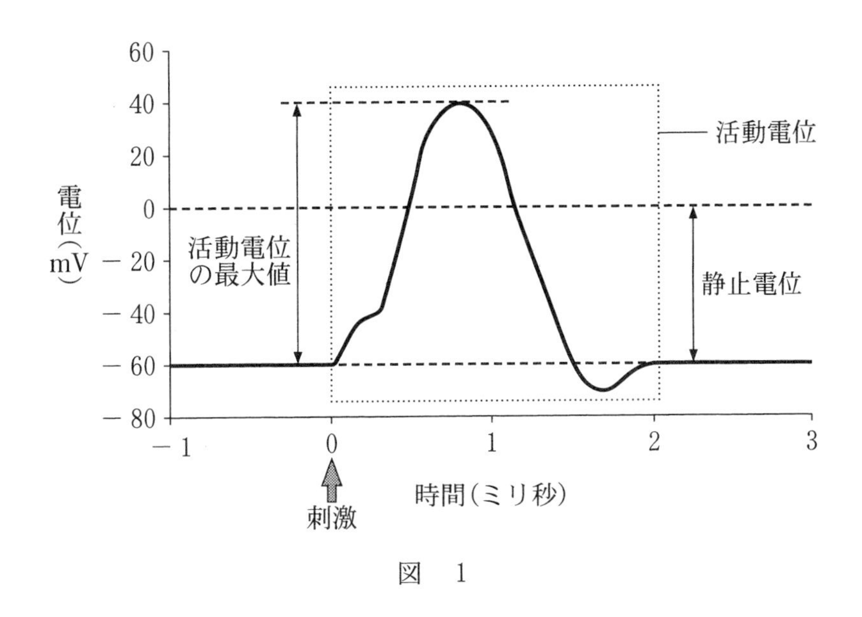

図　1

① 静止電位が生じている細胞の内外における K^+ 濃度を比較すると，細胞外よりも細胞内のほうが高い。

② ニューロンに閾値(いきち)以上の刺激を与えると活動電位が発生するが，それ以上刺激を強くしても，活動電位の大きさは変わらない。

③ ナトリウムチャネルを通して細胞外にナトリウムイオン(Na^+)が流出すると，膜電位は急激に上昇し，最大値に達する。

④ 最大値に達した後の膜電位の下降には，電位に依存して開閉するカリウムチャネルが関与する。

⑤ ナトリウムポンプは，Na^+ だけでなく，K^+ も輸送する。

問 4　ニューロンで活動電位が発生すると，活動電流（局所電流）が生じる。活動電流が次々に隣接する部分のチャネルを開くことによって，興奮が伝わる。ニューロンの興奮の伝導と伝達に関する次の文章中の　ア　～　ウ　に入る語句の組合せとして最も適当なものを，後の①～⑧のうちから一つ選べ。
　7　

ニューロン内を興奮が伝導するとき，一度興奮した部位がしばらく　ア　状態になることで，興奮が　イ　。興奮が軸索を伝導してシナプスまで到達すると，そのニューロンにおいて，神経伝達物質が　ウ　。

	ア	イ	ウ
①	興奮しやすい	一定方向に伝わる	細胞外に放出される
②	興奮しやすい	一定方向に伝わる	細胞内に取り込まれる
③	興奮しやすい	増幅される	細胞外に放出される
④	興奮しやすい	増幅される	細胞内に取り込まれる
⑤	興奮しにくい	一定方向に伝わる	細胞外に放出される
⑥	興奮しにくい	一定方向に伝わる	細胞内に取り込まれる
⑦	興奮しにくい	増幅される	細胞外に放出される
⑧	興奮しにくい	増幅される	細胞内に取り込まれる

第3問 骨格筋に関する次の文章を読み，後の問い(問1～3)に答えよ。

(配点 16)

骨格筋は筋細胞(筋繊維)が多数集まってできており，筋細胞は，図1で示すように，多数の筋原繊維と，それを取り囲む発達した筋小胞体を持つ。(a)<u>骨格筋の収縮は，筋細胞が収縮することで起こる。</u>

脊椎動物では，全ての骨格筋は胚の体節から分化する。図2は，ある脊椎動物の胚の横断面であり，体節の発生に伴う分化の様子を模式的に示している。(b)<u>体節は，発生が進むと二つの異なる組織に分化する。これらの二つの組織のうち，背側の表皮に近い組織は皮筋節(ひきんせつ)と呼ばれる。</u>皮筋節の一部から筋芽細胞が生じ，筋芽細胞は，所定の場所まで移動した後，筋細胞になる。

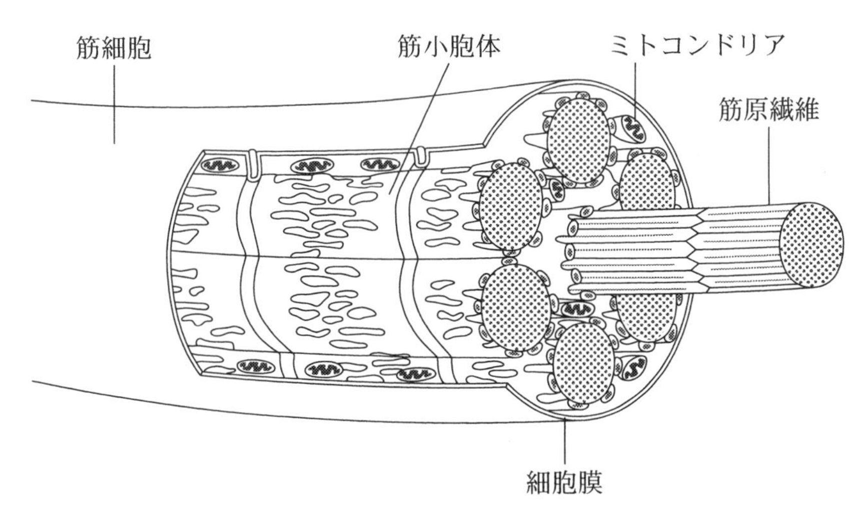

図 1

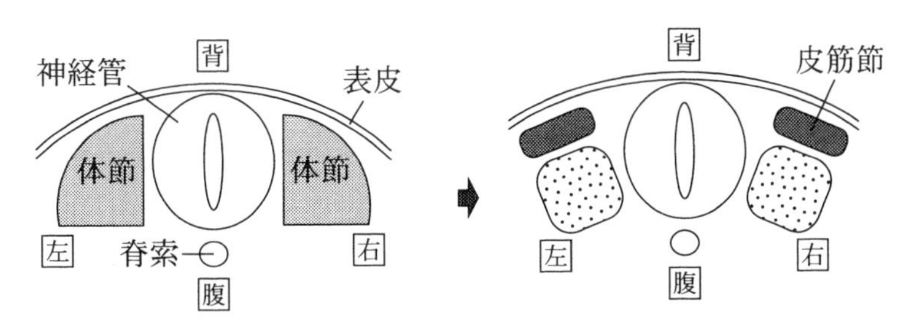

図 2

問 1 下線部(a)に関連して，骨格筋の収縮に関する記述として適当なものを，次の①～⑥のうちから二つ選べ。ただし，解答の順序は問わない。
[8]・[9]

① サルコメアの長さが短くなっても，暗帯の長さは変わらない。

② トロポニンにカルシウムイオン(Ca^{2+})が結合することで，アクチンとミオシンが結合できるようになる。

③ 無酸素状態で筋収縮が起こることで解糖が起こり，筋細胞にはエタノールが蓄積する。

④ ATPがアクチンに結合することで，アクチンフィラメントはミオシンフィラメントの間に滑り込む。

⑤ アクチンフィラメントとミオシンフィラメントが共に短くなることで，筋収縮が起こる。

⑥ 強縮は，単収縮が重なり合ったものであり，その大きさは単収縮と同じである。

問 2　下線部(a)について，哺乳類の筋細胞の収縮の仕組みを調べる**実験 1 ～ 4** を行った。実験の内容とそれぞれの結果を次に示す。

実験に使った試料

- 筋細胞をグリセリンに浸し，筋原繊維のみにした筋（以下，グリセリン筋）
- 筋細胞から細胞膜のみを除去し，筋原繊維や細胞小器官は正常のままの筋（以下，スキンド筋）

実験 1　ATP と高濃度の Ca^{2+} を含む溶液に，グリセリン筋を浸した。

結　果　筋収縮が起こった。

実験 2　**実験 1** と同じ高濃度の Ca^{2+} を含み，ATP は含まない溶液に，グリセリン筋を浸した。

結　果　筋収縮は起こらなかった。

実験 3　ATP と低濃度の Ca^{2+} を含む溶液に，スキンド筋を浸した。

結　果　筋収縮は起こらなかった。

実験 4　**実験 3** と同じ溶液に，スキンド筋をしばらく浸した後，カルシウムチャネルを強制的に開く薬剤を加えた。

結　果　筋収縮が起こった。

次に，**実験5～7**を行った。**実験1～4**の結果を踏まえると，どのような結果になると考えられるか。予想される実験結果の組合せとして最も適当なものを，後の①～⑧のうちから一つ選べ。 10

実験5 **実験1**で使用した溶液のATPを，グルコースに替えて，グリセリン筋を浸した。

実験6 **実験4**と同じ操作を，スキンド筋の代わりにグリセリン筋を用いて行った。

実験7 **実験1**と同じ操作を，グリセリン筋の代わりにスキンド筋を用いて行った。

	実験5の結果	**実験6**の結果	**実験7**の結果
①	○	○	○
②	○	○	×
③	○	×	○
④	○	×	×
⑤	×	○	○
⑥	×	○	×
⑦	×	×	○
⑧	×	×	×

注：表中の○は筋収縮が起こることを，×は筋収縮が起こらないことを示す。

問 3 下線部(b)に関連して，皮筋節が分化する仕組みを確かめるために，ある発生段階のニワトリ胚を用いて，**実験** 8 ～10 の移植実験を行い，1 日後の体節の分化を調べた。**実験** 8 ・**実験** 9 の結果から考えると，**実験** 10 を行った結果，体節はどのように分化すると考えられるか。その様子を示した図として最も適当なものを，後の①～⑤のうちから一つ選べ。 11

実験 8　胚から脊索を取り出し，図 3 で示すように，別の胚の右側の体節と表皮との間に移植した。

結　果　左側の体節では，背側に皮筋節が分化した。
右側の体節では，皮筋節が分化しなかった。

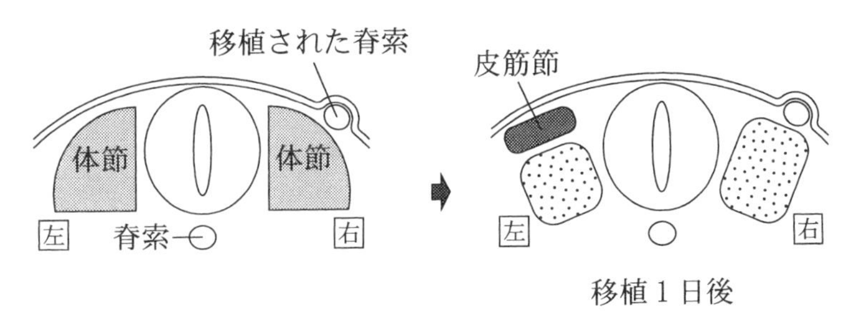

図　3

実験 9　図 4 で示すように，胚から神経管を取り出して切断し，背側神経管断片を作った。この断片を，別の胚の右側の体節と脊索との間に移植した。

結　果　左側の体節では，背側に皮筋節が分化した。
右側の体節では，ほぼ全体が皮筋節に分化した。

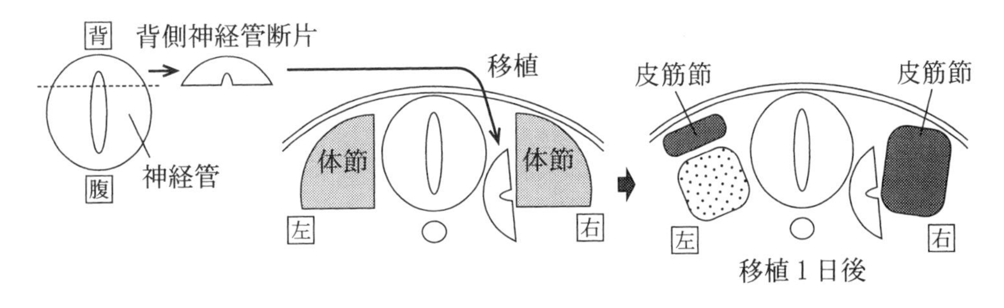

図　4

実験10　図5で示すように，胚の左側の体節を取り出し，右の体節を取り除いた別の胚に，背腹が逆になるように移植した。

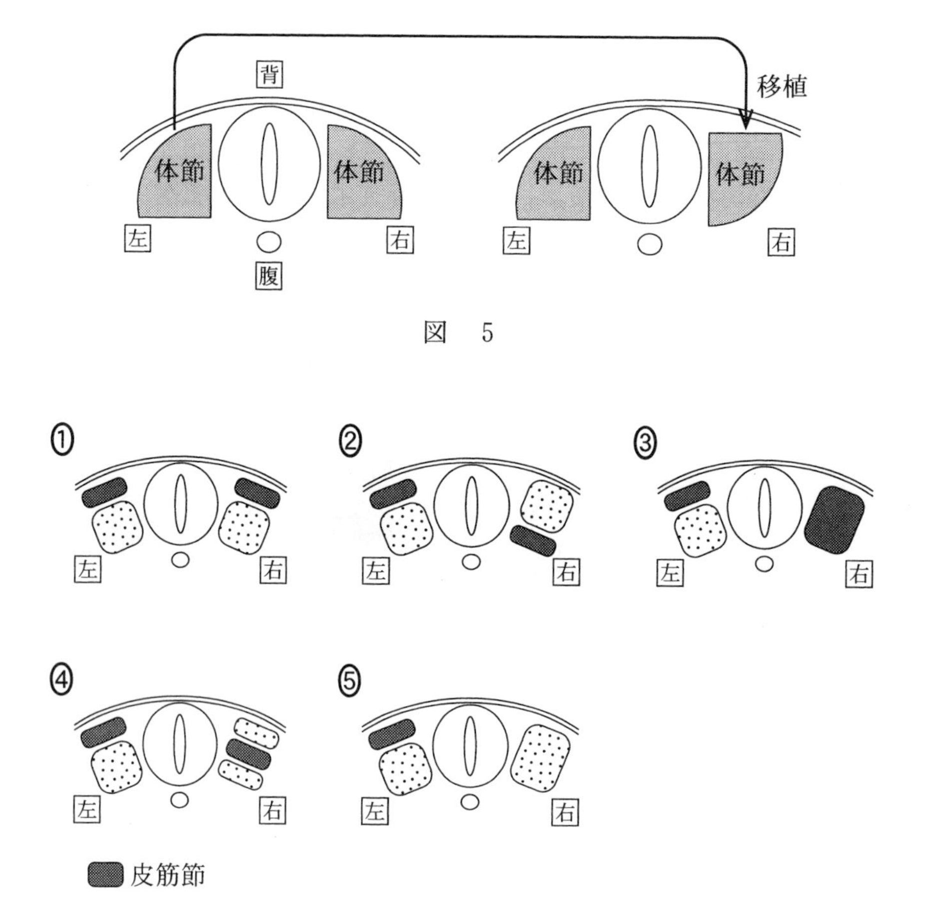

図　5

第4問　植物の生殖と環境応答に関する次の文章を読み，後の問い（問1～3）に答えよ。（配点　19）

ジャガイモは，(a)有性生殖を行うほか，塊茎による無性生殖も行う。この塊茎は，地下茎の一部が肥大し，栄養を蓄積したもので，重要な食料の一つとなっている。ジャガイモの多くの品種では，塊茎の形成は短日条件で誘導される。ある高校のクラスでは，生物の探究活動の一環として，この塊茎の形成について調べることにした。二つの班に分かれ，班ごとに異なるテーマを設定して，実験計画の立案などに取り組んだ。

問1　下線部(a)に関連して，野生植物が行う生殖にも，有性生殖と無性生殖の両方が見られる。次の記述ⓐ～ⓒは，それぞれ自然環境下の植物における有性生殖と無性生殖のどちらかについて，一般的な特徴を述べている。これらのうち，有性生殖の特徴に関する記述はどれか。それを過不足なく含むものを，後の①～⑥のうちから一つ選べ。［12］

ⓐ　個体群密度が著しく低い場合には，子孫を残しにくい。
ⓑ　親個体が持っている遺伝情報の全てが，子個体に受け継がれる。
ⓒ　新たな病原菌の感染が広がっても，病気による子孫の全滅が起こりにくい。

① ⓐ　② ⓑ　③ ⓒ
④ ⓐ，ⓑ　⑤ ⓐ，ⓒ　⑥ ⓑ，ⓒ

問 2　1班は，「ジャガイモの塊茎の形成に対する日長の作用が，どのような光受容体を介しているか」というテーマで調査を行い，日長の感知にフィトクロムが関わっていることが書かれた文献を見つけた。1班では，このフィトクロムの関与を確かめることを目的として，図1に示すように，異なる光周期条件でジャガイモを栽培して塊茎の形成を調べる**実験 1 ～ 4** を計画し，それぞれの結果を予測した。図1の ア ・ イ に入る語句として最も適当なものを，後の①～⑤のうちからそれぞれ一つずつ選べ。

ア 13 ・イ 14

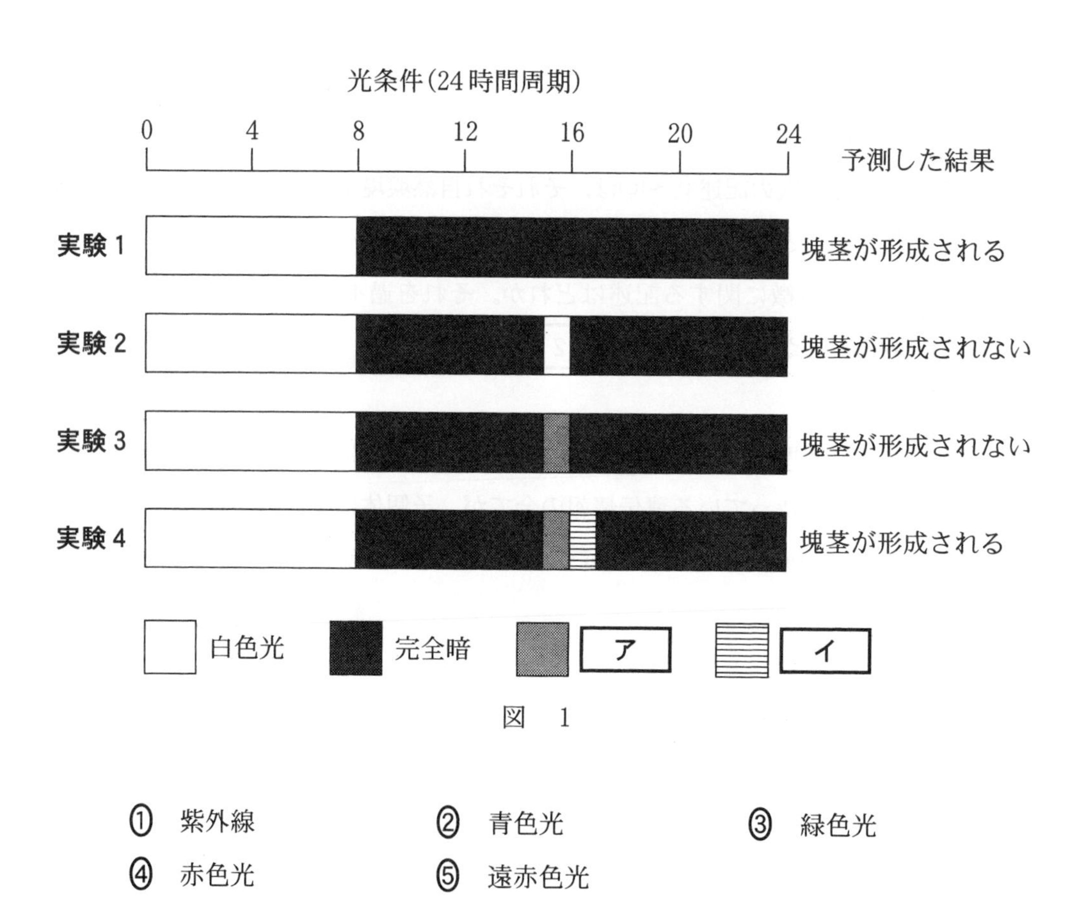

図　1

①　紫外線　　②　青色光　　③　緑色光
④　赤色光　　⑤　遠赤色光

問 3 植物の炭酸同化で生産された物質(以下，同化物)は，いろいろな器官に分配されて，組織の構築に使われたり，栄養分として蓄えられたりする。2班は，「ジャガイモの塊茎の形成に際して，同化物の分配がどのように変化するか」をテーマに議論し，「より多くの量の同化物が地下茎に分配されるようになる」という仮説を立てた。そして，これを検証するために，表1の各試料について特定の項目の測定を行い，得られたデータから，地下茎に分配された同化物の比率を計算して，塊茎形成が誘導される条件と対照条件とでその値を比較することを考えた。測定する項目として最も適当なものを，後の①～⑤のうちから一つ選び，比較する値を求める計算式として最も適当なものを，後の⑥～⑨のうちから一つ選べ。

測定項目 [15]

計算式 [16]

表 1

栽培条件	試料	
	地下茎(x)	地下茎を除く植物全体(y)
1 [長日] 長日条件で一定期間栽培	x_1	y_1
2 [長日][短日] 長日条件で一定期間栽培した後，短日条件に移して栽培	x_2	y_2
3 [長日][長日] 長日条件で一定期間栽培した後，さらに長日条件のまま栽培	x_3	y_3

① 生のままの重量

② 乾燥させた後の重量

③ 焼却した後の灰の重量

④ 含まれるデンプンの重量

⑤ 含まれる DNA の重量

⑥ $\dfrac{x_1 + y_1}{x_2 + y_2}$ と $\dfrac{x_1 + y_1}{x_3 + y_3}$

⑦ $\dfrac{(x_2 + y_2) - (x_1 + y_1)}{x_2 + y_2}$ と $\dfrac{(x_3 + y_3) - (x_1 + y_1)}{x_3 + y_3}$

⑧ $\dfrac{x_2 - x_1}{(x_2 + y_2) - (x_1 + y_1)}$ と $\dfrac{x_3 - x_1}{(x_3 + y_3) - (x_1 + y_1)}$

⑨ $\dfrac{x_2 - x_3}{(x_2 + y_2) - (x_1 + y_1)}$ と $\dfrac{y_2 - y_3}{(x_3 + y_3) - (x_1 + y_1)}$

第5問 陸上生態系に関する次の文章を読み，後の問い(**問1～3**)に答えよ。(配点　14)

陸上生態系の(a)<u>様々な植生</u>のなかでも，(b)<u>森林は有機物の蓄積が多い</u>。21世紀に入ってから，熱帯を中心に100万km^2を超える森林が消失したため，植生や土壌中に蓄積されていた有機物は，熱帯地域を中心に大きく減少した。森林の消失の主要な原因の一つとして，(c)<u>農耕地への転用が指摘されている</u>。

問1 下線部(a)に関連して，光合成を行う器官(以下，同化器官)と行わない器官(以下，非同化器官)の生物量(生物体量)の高さ別の分布には，植生ごとの特徴が現れる。次のグラフⓐ，ⓑは，林床の草本層が発達した森林あるいは牧草地における，同化器官と非同化器官の量を，高さ(各植生の最高点の高さを1とする相対値)ごとに示している。森林のグラフはⓐ，ⓑのどちらか。また，そのグラフから推測される，この森林のそれぞれの高さにおける相対照度(植生の直上の明るさを1とする相対値)のグラフは，次のⓒ～ⓕのどれか。その組合せとして最も適当なものを，後の①～⑧のうちから一つ選べ。 17

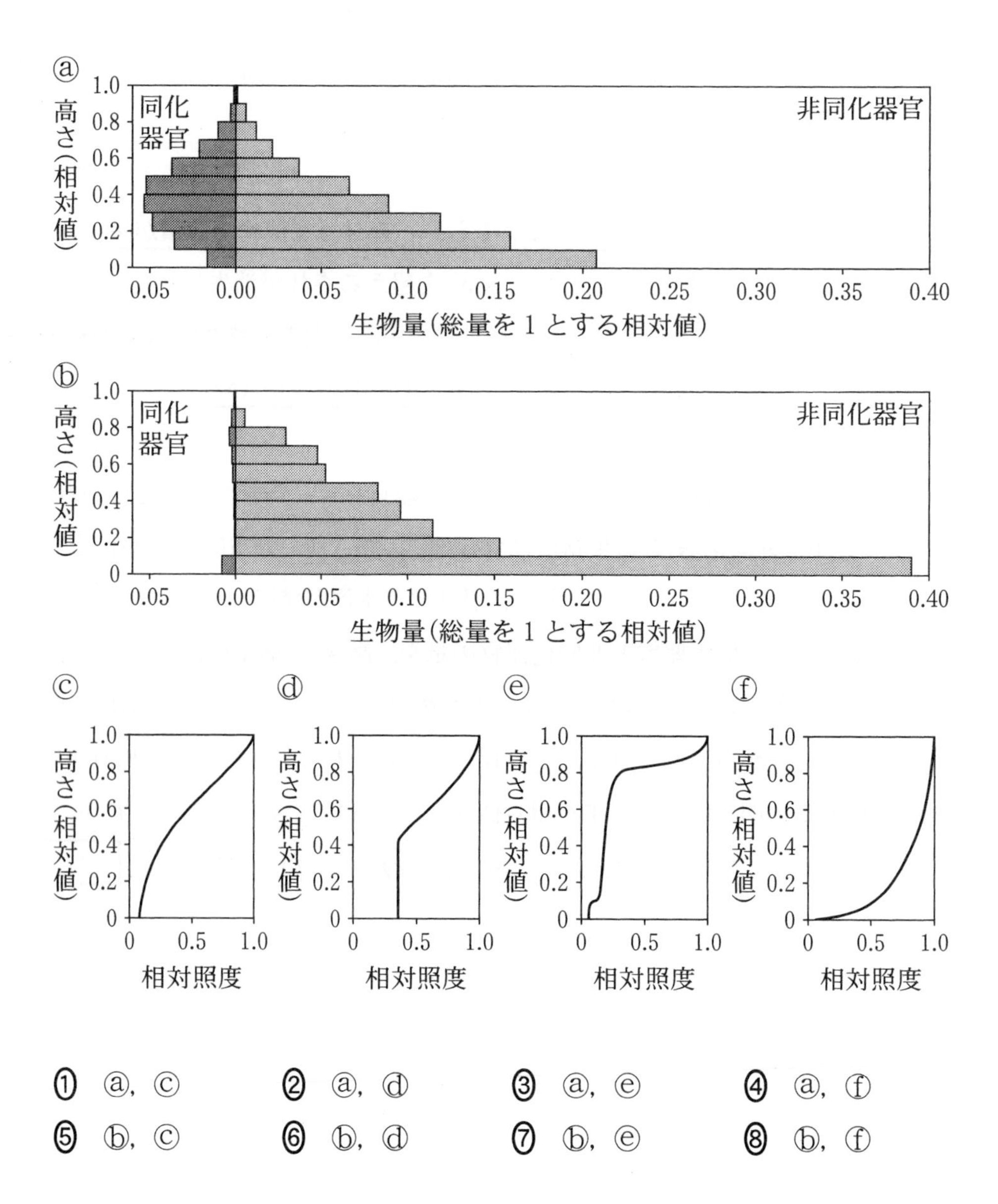
ⓐ
高さ(相対値)
1.0
0.8
0.6
0.4
0.2
0
同化器官
非同化器官
0.05
0.00
0.05
0.10
0.15
0.20
0.25
0.30
0.35
0.40
生物量(総量を1とする相対値)
ⓑ
高さ(相対値)
同化器官
非同化器官
生物量(総量を1とする相対値)
ⓒ
ⓓ
ⓔ
ⓕ
高さ(相対値)
0
0.5
1.0
相対照度

❶　ⓐ，ⓒ　❷　ⓐ，ⓓ　❸　ⓐ，ⓔ　❹　ⓐ，ⓕ

❺　ⓑ，ⓒ　❻　ⓑ，ⓓ　❼　ⓑ，ⓔ　❽　ⓑ，ⓕ

問 2　下線部(b)に関連して，森林と農耕地に蓄積されている有機物の量と純生産量の推定値を表 1 に示す。これらの値に基づいた考察として**適当でないもの**を，後の①～④のうちから一つ選べ。 18

表　1

生態系	気候帯	蓄積されている有機物の量 (kg/m^2)		純生産量 $(kg/(m^2 \cdot 年))$
		現存量	土壌有機物量	
森林	熱帯	18	12	1.0
	温帯	15	13	0.7
	亜寒帯	9	21	0.2
農耕地	熱帯	0.5	6	0.5
	温帯	0.5	7	0.5

注：数値は炭素量に換算した値。土壌有機物量は，土壌中の有機物の総量(地表の生物遺体も含む)。

① 現存量と土壌有機物量の合計に占める現存量の割合が最も高いのは，熱帯の森林である。

② 亜寒帯の森林で土壌有機物量が多いのは，年間の炭素固定量が少ないからである。

③ 熱帯でも温帯でも，森林を農耕地に変えると，現存量は大きく減少する。

④ 現存量と土壌有機物量の合計は，熱帯の森林と亜寒帯の森林でほとんど変わらない。

問 3　下線部(c)に関連して，森林を焼き払って農耕地として利用し続けることは，その場所での炭素の循環に大きな影響を与える。その影響について考察した次の文章中の［ア］～［ウ］に入る語句の組合せとして最も適当なものを，後の①～⑧のうちから一つ選べ。［19］

森林を焼き払っても，土壌中の有機物の多くは焼失することなく残存する。その後，農耕地として利用し続けると，土壌有機物量は次第に減少していく。その理由の一つは，農耕地になると森林であったときよりも地表温度が高くなりやすく，土壌中の有機物の［ア］が促されるからである。二つ目の理由として，農耕地では［イ］量が森林よりも小さく，また農作物の収穫のたびに生物量が農耕地の外に持ち出されるために，植生からの有機物の供給が森林より［ウ］なることがあげられる。

	ア	イ	ウ
①	蓄　積	純生産	少なく
②	蓄　積	純生産	多　く
③	蓄　積	呼　吸	少なく
④	蓄　積	呼　吸	多　く
⑤	分　解	純生産	少なく
⑥	分　解	純生産	多　く
⑦	分　解	呼　吸	少なく
⑧	分　解	呼　吸	多　く

第6問　生物の多様性と進化に関する次の文章(A・B)を読み，後の問い(問1～4)に答えよ。(配点　20)

A　アキさんとハルさんは，探究活動で海岸へ出かけて海の生物の観察を行った。

ア　キ：海にはいろいろな生き物がいるね。

ハ　ル：そうだね。岩陰にはカイメンやイソギンチャク，ウニ，波打ち際にはカサガイやカメノテがいるね。

ア　キ：いくつかの生き物を捕まえて，水槽に入れて観察してみよう。

ハ　ル：からだの特徴からどの動物の仲間か分かりそうだね。

ア　キ：ところで，カイメンは岩に張り付いて動かないけど，(a)動物だったっけ。

ハ　ル：そうだったと思うけど，帰ったら図書館で調べてみよう。

問1　下線部(a)に関連して，次の記述ⓐ～ⓒのうち，生物学における「動物」の全てに当てはまる記述はどれか。それを過不足なく含むものを，後の①～⑦のうちから一つ選べ。 20

ⓐ　発生の過程で三つの胚葉(外胚葉・中胚葉・内胚葉)が形成される。

ⓑ　従属栄養生物である。

ⓒ　多細胞生物である。

①　ⓐ	②　ⓑ	③　ⓒ	④　ⓐ，ⓑ
⑤　ⓐ，ⓒ	⑥　ⓑ，ⓒ	⑦　ⓐ，ⓑ，ⓒ	

問 2　アキさんとハルさんは，観察したことと図書館で調べたことをもとに，いろいろな動物についてノートにまとめた。図1はその内容の一部である。また，図2は動物の主要な門について系統関係を示したものである。図1に示した特徴から，カメノテ，ウメボシイソギンチャク，およびムラサキウニは，それぞれ図2のV～Zのどこに当てはまるか。最も適当なものを，後の①～⑤のうちからそれぞれ一つずつ選べ。ただし，同じものを繰り返し選んでもよい。

カメノテ　**21**
ウメボシイソギンチャク　**22**
ムラサキウニ　**23**

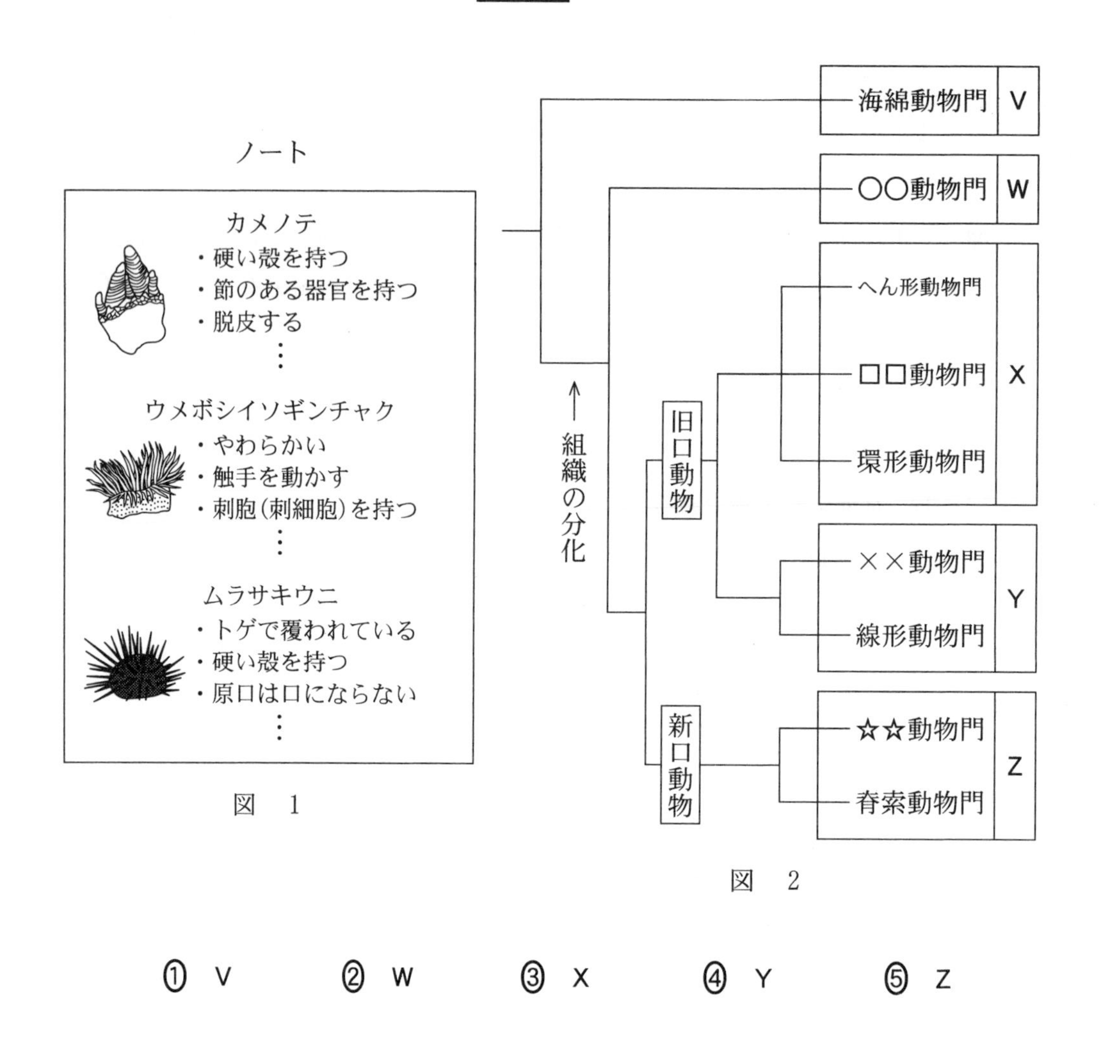

図　1

図　2

①　V　　②　W　　③　X　　④　Y　　⑤　Z

B ハルさんとアキさんは，先生と一緒に遺伝情報の伝達について考察している。

先　生：集団中における遺伝情報の伝達を考えるために，シミュレーションをしてみましょう。条件や手順を説明したプリント(図3)を見てください。

ハ　ル：サイコロを振って，親とその個体から生まれた子を線で結ぶんですね。

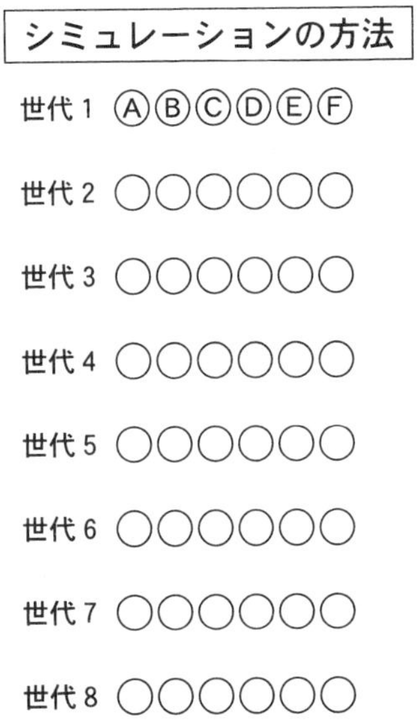

シミュレーションの方法

世代1　Ⓐ Ⓑ Ⓒ Ⓓ Ⓔ Ⓕ
世代2　○○○○○○
世代3　○○○○○○
世代4　○○○○○○
世代5　○○○○○○
世代6　○○○○○○
世代7　○○○○○○
世代8　○○○○○○

条件

★　無性生殖をする1倍体の生物集団を考える。
★　各世代において，それぞれの個体から多数の子が生まれ，全体として6個体がランダムに生き残り，次世代を構成する。
★　世代1における個体はⒶ～Ⓕとする。

手順

以下の(1)・(2)を世代1から7まで順に行う。

(1)　世代tを親世代として，サイコロを6回振り，どの個体が何個体の子を残すかを決める。このとき，親世代6個体に左から，サイコロの目を小さい順に割り当てる。それぞれの目が出た回数を，その個体から生まれて生き残った子の数とする。
(2)　世代tの親から子の数だけ，世代t＋1の個体と線で結ぶ。

例　⚀⚁⚁⚂⚄⚄の目が出た場合，⚀が一つ，⚁が二つ，⚂が一つ，⚄が二つなので下図のようになる。

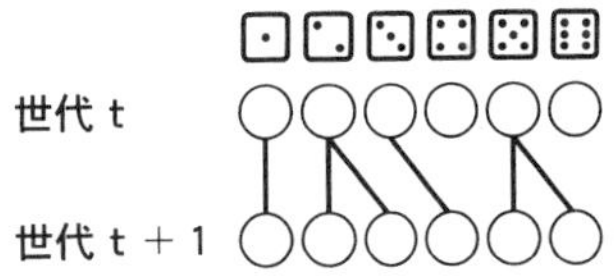

⚀⚁⚂⚃⚄⚅
世代t　○○○○○○
世代t＋1　○○○○○○

図　3

ア　キ：先生，できました。

(図4は未完成のハルさんの結果，図5はアキさんの結果である。なお，ハルさんが世代7を親世代としてサイコロを振ったところ，⚀⚁⚂⚂⚃⚄であった。)

先　生：シミュレーションの結果は，集団中の個体の系図を表しています。皆さんの結果で，世代8の個体の遺伝情報は，世代1のどの個体に由来していますか。

ハ　ル：私の結果(図4)では，世代8の6個体のうち，［　ア　］個体が世代1の個体Ⓔに由来し，それ以外は個体Ⓕに由来しました。

ア　キ：私の結果(図5)では，世代8の全個体が個体Ⓑに由来しています。

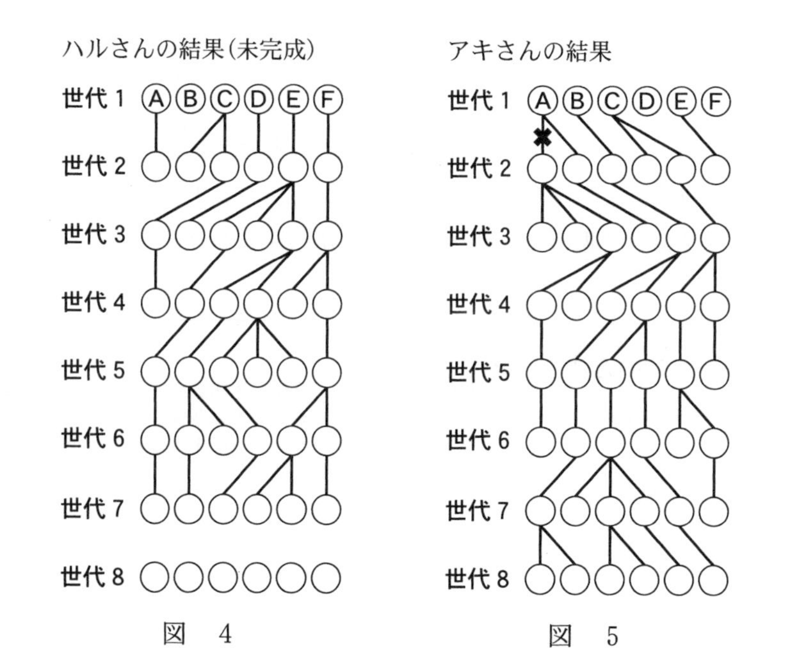

図　4　　　　図　5

先　生：次に，系図のどこかで突然変異が起こったと考えてみましょう。シミュレーションの結果は，遺伝的浮動による(b)<u>遺伝子頻度の変動</u>としても捉えることができます。

ア　キ：私の結果(図5)で，✖印のところで突然変異が起こったと考えると，変異型の対立遺伝子を持つ個体は，一つの世代中に最大 イ 個体まで増加し，その後消失しています。

ハ　ル：突然変異をランダムに起こすシミュレーションもできそうですね。

問 3 図4のハルさんの結果を完成させた上で，会話文中の ア ・ イ に入る数値として最も適当なものを，次の①～⑥のうちからそれぞれ一つずつ選べ。ただし，同じものを繰り返し選んでもよい。

ア 24 ・イ 25

① 1　② 2　③ 3　④ 4　⑤ 5　⑥ 6

問 4 下線部(b)に関連して，次の記述ⓓ～ⓖのうち，現実の生物集団で起こる遺伝子頻度の変動についての記述として適当なものはどれか。シミュレーションの結果も参照しながら，その組合せとして最も適当なものを，後の①～⑥のうちから一つ選べ。 26

ⓓ 新しく生じた突然変異の多くは，集団全体に広まることはなく，やがて集団中から失われる。

ⓔ 生存や繁殖にとって中立な突然変異は，集団全体に広まることができない。

ⓕ 1回の突然変異に由来する対立遺伝子が，ある世代で集団全体に広まっているとき，その世代の全個体が共通の祖先を持つことを意味する。

ⓖ 遺伝子頻度の変動に与える遺伝的浮動の影響は，集団が大きくなるほど大きくなる。

① ⓓ，ⓔ　② ⓓ，ⓕ　③ ⓓ，ⓖ

④ ⓔ，ⓕ　⑤ ⓔ，ⓖ　⑥ ⓕ，ⓖ

代々木ゼミナール編

2025大学入学
共通テスト
実戦問題集

英語［リーディング・リスニング］
数学Ⅰ・A
数学Ⅱ・B・C
国語
物理
化学
生物
理科基礎［物理/化学/生物/地学］
化学基礎＋生物基礎
生物基礎＋地学基礎
地理総合／歴史総合／公共
歴史総合，日本史探究
歴史総合，世界史探究
地理総合，地理探究
公共，倫理
公共，政治・経済

2025年版/大学入学共通テスト
実戦問題集
生物

2024年 7 月20日　　初版発行
●
編　者 —— 代々木ゼミナール
発行者 —— 髙宮英郎
発行所 —— 株式会社日本入試センター
〒151-0053
東京都渋谷区代々木1-27-1
代々木ライブラリー
印刷所 —— 三松堂株式会社

●この書籍の編集内容および落丁・乱丁についてのお問い合わせは下記までお願いいたします
〒151-0053
東京都渋谷区代々木1-38-9
☎03-3370-7409（平日9:00～17:00）
代々木ライブラリー営業部

ISBN978-4-86346-875-7　　Printed in Japan

（キリトリセン）

実戦問題集　理科　解答用紙

マーク例

良い例	悪い例
●	◌ ⓧ ◕ ◯

注意事項

1　訂正は，消しゴムできれいに消し，消しくずを残してはいけません。
2　所定欄以外にはマークしたり，記入したりしてはいけません。
3　汚したり，折りまげたりしてはいけません。
※この解答用紙は大学入試センターより公表された令和7年度共通テストマークシートをベースに作成・編集したものです。

① 受験番号を記入し，その下のマーク欄にマークしなさい。

受験番号欄

千位	百位	十位	一位	英字	
–	⓪	⓪	⓪	Ⓐ	A
①	①	①	①	Ⓑ	B
②	②	②	②	Ⓒ	C
③	③	③	③	Ⓗ	H
④	④	④	④	Ⓚ	K
⑤	⑤	⑤	⑤	Ⓜ	M
⑥	⑥	⑥	⑥	Ⓡ	R
⑦	⑦	⑦	⑦	Ⓤ	U
⑧	⑧	⑧	⑧	Ⓧ	X
⑨	⑨	⑨	⑨	Ⓨ	Y
–	–	–	–	Ⓩ	Z

受験番号マークチェック欄

② 氏名・フリガナ，試験場コードを記入しなさい。

フリガナ						
氏　名						
試験場コード	十万位	万位	千位	百位	十位	一位

氏名等チェック欄

③ ・1科目だけマークしなさい。
・解答科目欄が無マーク又は複数マークの場合は，0点となることがあります。

解答科目欄

科目	
物　理	◯
化　学	◯
生　物	◯
地　学	◯

解答科目チェック欄

解答番号	解				答					欄		
	1	2	3	4	5	6	7	8	9	0	a	b
1	①	②	③	④	⑤	⑥	⑦	⑧	⑨	⓪	ⓐ	ⓑ
2	①	②	③	④	⑤	⑥	⑦	⑧	⑨	⓪	ⓐ	ⓑ
3	①	②	③	④	⑤	⑥	⑦	⑧	⑨	⓪	ⓐ	ⓑ
4	①	②	③	④	⑤	⑥	⑦	⑧	⑨	⓪	ⓐ	ⓑ
5	①	②	③	④	⑤	⑥	⑦	⑧	⑨	⓪	ⓐ	ⓑ
6	①	②	③	④	⑤	⑥	⑦	⑧	⑨	⓪	ⓐ	ⓑ
7	①	②	③	④	⑤	⑥	⑦	⑧	⑨	⓪	ⓐ	ⓑ
8	①	②	③	④	⑤	⑥	⑦	⑧	⑨	⓪	ⓐ	ⓑ
9	①	②	③	④	⑤	⑥	⑦	⑧	⑨	⓪	ⓐ	ⓑ
10	①	②	③	④	⑤	⑥	⑦	⑧	⑨	⓪	ⓐ	ⓑ
11	①	②	③	④	⑤	⑥	⑦	⑧	⑨	⓪	ⓐ	ⓑ
12	①	②	③	④	⑤	⑥	⑦	⑧	⑨	⓪	ⓐ	ⓑ
13	①	②	③	④	⑤	⑥	⑦	⑧	⑨	⓪	ⓐ	ⓑ
14	①	②	③	④	⑤	⑥	⑦	⑧	⑨	⓪	ⓐ	ⓑ
15	①	②	③	④	⑤	⑥	⑦	⑧	⑨	⓪	ⓐ	ⓑ
16	①	②	③	④	⑤	⑥	⑦	⑧	⑨	⓪	ⓐ	ⓑ
17	①	②	③	④	⑤	⑥	⑦	⑧	⑨	⓪	ⓐ	ⓑ
18	①	②	③	④	⑤	⑥	⑦	⑧	⑨	⓪	ⓐ	ⓑ
19	①	②	③	④	⑤	⑥	⑦	⑧	⑨	⓪	ⓐ	ⓑ
20	①	②	③	④	⑤	⑥	⑦	⑧	⑨	⓪	ⓐ	ⓑ
21	①	②	③	④	⑤	⑥	⑦	⑧	⑨	⓪	ⓐ	ⓑ
22	①	②	③	④	⑤	⑥	⑦	⑧	⑨	⓪	ⓐ	ⓑ
23	①	②	③	④	⑤	⑥	⑦	⑧	⑨	⓪	ⓐ	ⓑ
24	①	②	③	④	⑤	⑥	⑦	⑧	⑨	⓪	ⓐ	ⓑ
25	①	②	③	④	⑤	⑥	⑦	⑧	⑨	⓪	ⓐ	ⓑ

解答番号	解				答					欄		
	1	2	3	4	5	6	7	8	9	0	a	b
26	①	②	③	④	⑤	⑥	⑦	⑧	⑨	⓪	ⓐ	ⓑ
27	①	②	③	④	⑤	⑥	⑦	⑧	⑨	⓪	ⓐ	ⓑ
28	①	②	③	④	⑤	⑥	⑦	⑧	⑨	⓪	ⓐ	ⓑ
29	①	②	③	④	⑤	⑥	⑦	⑧	⑨	⓪	ⓐ	ⓑ
30	①	②	③	④	⑤	⑥	⑦	⑧	⑨	⓪	ⓐ	ⓑ
31	①	②	③	④	⑤	⑥	⑦	⑧	⑨	⓪	ⓐ	ⓑ
32	①	②	③	④	⑤	⑥	⑦	⑧	⑨	⓪	ⓐ	ⓑ
33	①	②	③	④	⑤	⑥	⑦	⑧	⑨	⓪	ⓐ	ⓑ
34	①	②	③	④	⑤	⑥	⑦	⑧	⑨	⓪	ⓐ	ⓑ
35	①	②	③	④	⑤	⑥	⑦	⑧	⑨	⓪	ⓐ	ⓑ
36	①	②	③	④	⑤	⑥	⑦	⑧	⑨	⓪	ⓐ	ⓑ
37	①	②	③	④	⑤	⑥	⑦	⑧	⑨	⓪	ⓐ	ⓑ
38	①	②	③	④	⑤	⑥	⑦	⑧	⑨	⓪	ⓐ	ⓑ
39	①	②	③	④	⑤	⑥	⑦	⑧	⑨	⓪	ⓐ	ⓑ
40	①	②	③	④	⑤	⑥	⑦	⑧	⑨	⓪	ⓐ	ⓑ
41	①	②	③	④	⑤	⑥	⑦	⑧	⑨	⓪	ⓐ	ⓑ
42	①	②	③	④	⑤	⑥	⑦	⑧	⑨	⓪	ⓐ	ⓑ
43	①	②	③	④	⑤	⑥	⑦	⑧	⑨	⓪	ⓐ	ⓑ
44	①	②	③	④	⑤	⑥	⑦	⑧	⑨	⓪	ⓐ	ⓑ
45	①	②	③	④	⑤	⑥	⑦	⑧	⑨	⓪	ⓐ	ⓑ
46	①	②	③	④	⑤	⑥	⑦	⑧	⑨	⓪	ⓐ	ⓑ
47	①	②	③	④	⑤	⑥	⑦	⑧	⑨	⓪	ⓐ	ⓑ
48	①	②	③	④	⑤	⑥	⑦	⑧	⑨	⓪	ⓐ	ⓑ
49	①	②	③	④	⑤	⑥	⑦	⑧	⑨	⓪	ⓐ	ⓑ
50	①	②	③	④	⑤	⑥	⑦	⑧	⑨	⓪	ⓐ	ⓑ

〈キリトリセン〉

実戦問題集　理科　解答用紙

マーク例

良い例	悪い例
●	⊙ ⊗ ◓ ○

注意事項
1　訂正は，消しゴムできれいに消し，消しくずを残してはいけません。
2　所定欄以外にはマークしたり，記入したりしてはいけません。
3　汚したり，折りまげたりしてはいけません。
※この解答用紙は大学入試センターより公表された令和7年度共通テストマークシートをベースに作成・編集したものです。

① 受験番号を記入し，その下のマーク欄にマークしなさい。

受験番号欄					
千位	百位	十位	一位	英字	
－	0	0	0	A	A
1	1	1	1	B	B
2	2	2	2	C	C
3	3	3	3	H	H
4	4	4	4	K	K
5	5	5	5	M	M
6	6	6	6	R	R
7	7	7	7	U	U
8	8	8	8	X	X
9	9	9	9	Y	Y
－	－	－	－	Z	Z

受験番号マークチェック欄

② 氏名・フリガナ，試験場コードを記入しなさい。

フリガナ					
氏名					
試験場コード	十万位	万位	千位	百位	十位	一位

氏名等チェック欄

③
・1科目だけマークしなさい。
・解答科目欄が無マーク又は複数マークの場合は，0点となることがあります。

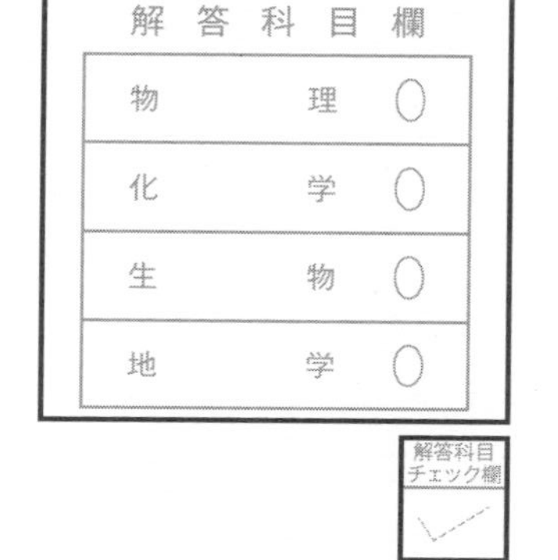

解答科目欄	
物理	○
化学	○
生物	○
地学	○

解答科目チェック欄

解答番号	解				答						欄	
	1	2	3	4	5	6	7	8	9	0	a	b
1	1	2	3	4	5	6	7	8	9	0	a	b
2	1	2	3	4	5	6	7	8	9	0	a	b
3	1	2	3	4	5	6	7	8	9	0	a	b
4	1	2	3	4	5	6	7	8	9	0	a	b
5	1	2	3	4	5	6	7	8	9	0	a	b
6	1	2	3	4	5	6	7	8	9	0	a	b
7	1	2	3	4	5	6	7	8	9	0	a	b
8	1	2	3	4	5	6	7	8	9	0	a	b
9	1	2	3	4	5	6	7	8	9	0	a	b
10	1	2	3	4	5	6	7	8	9	0	a	b
11	1	2	3	4	5	6	7	8	9	0	a	b
12	1	2	3	4	5	6	7	8	9	0	a	b
13	1	2	3	4	5	6	7	8	9	0	a	b
14	1	2	3	4	5	6	7	8	9	0	a	b
15	1	2	3	4	5	6	7	8	9	0	a	b
16	1	2	3	4	5	6	7	8	9	0	a	b
17	1	2	3	4	5	6	7	8	9	0	a	b
18	1	2	3	4	5	6	7	8	9	0	a	b
19	1	2	3	4	5	6	7	8	9	0	a	b
20	1	2	3	4	5	6	7	8	9	0	a	b
21	1	2	3	4	5	6	7	8	9	0	a	b
22	1	2	3	4	5	6	7	8	9	0	a	b
23	1	2	3	4	5	6	7	8	9	0	a	b
24	1	2	3	4	5	6	7	8	9	0	a	b
25	1	2	3	4	5	6	7	8	9	0	a	b

解答番号	解				答						欄	
	1	2	3	4	5	6	7	8	9	0	a	b
26	1	2	3	4	5	6	7	8	9	0	a	b
27	1	2	3	4	5	6	7	8	9	0	a	b
28	1	2	3	4	5	6	7	8	9	0	a	b
29	1	2	3	4	5	6	7	8	9	0	a	b
30	1	2	3	4	5	6	7	8	9	0	a	b
31	1	2	3	4	5	6	7	8	9	0	a	b
32	1	2	3	4	5	6	7	8	9	0	a	b
33	1	2	3	4	5	6	7	8	9	0	a	b
34	1	2	3	4	5	6	7	8	9	0	a	b
35	1	2	3	4	5	6	7	8	9	0	a	b
36	1	2	3	4	5	6	7	8	9	0	a	b
37	1	2	3	4	5	6	7	8	9	0	a	b
38	1	2	3	4	5	6	7	8	9	0	a	b
39	1	2	3	4	5	6	7	8	9	0	a	b
40	1	2	3	4	5	6	7	8	9	0	a	b
41	1	2	3	4	5	6	7	8	9	0	a	b
42	1	2	3	4	5	6	7	8	9	0	a	b
43	1	2	3	4	5	6	7	8	9	0	a	b
44	1	2	3	4	5	6	7	8	9	0	a	b
45	1	2	3	4	5	6	7	8	9	0	a	b
46	1	2	3	4	5	6	7	8	9	0	a	b
47	1	2	3	4	5	6	7	8	9	0	a	b
48	1	2	3	4	5	6	7	8	9	0	a	b
49	1	2	3	4	5	6	7	8	9	0	a	b
50	1	2	3	4	5	6	7	8	9	0	a	b

実戦問題集　理科　解答用紙

マーク例

良い例	悪い例
●	◉ⓧ◓○

① 受験番号を記入し，その下のマーク欄にマークしなさい。

受験番号欄				
千位	百位	十位	一位	英字
–	⓪	⓪	⓪	Ⓐ
①	①	①	①	Ⓑ
②	②	②	②	Ⓒ
③	③	③	③	Ⓗ
④	④	④	④	Ⓚ
⑤	⑤	⑤	⑤	Ⓜ
⑥	⑥	⑥	⑥	Ⓡ
⑦	⑦	⑦	⑦	Ⓤ
⑧	⑧	⑧	⑧	Ⓧ
⑨	⑨	⑨	⑨	Ⓨ
–	–	–	–	Ⓩ

A B C H K M R U X Y Z

受験番号マークチェック欄

② 氏名・フリガナ，試験場コードを記入しなさい。

フリガナ						
氏　名						
試験場コード	十万位	万位	千位	百位	十位	一位

氏名等チェック欄

注意事項

1　訂正は，消しゴムできれいに消し，消しくずを残してはいけません。
2　所定欄以外にはマークしたり，記入したりしてはいけません。
3　汚したり，折りまげたりしてはいけません。
※この解答用紙は大学入試センターより公表された令和7年度共通テストマークシートをベースに作成・編集したものです。

③
・1科目だけマークしなさい。
・解答科目欄が無マーク又は複数マークの場合は，0点となることがあります。

解答科目欄	
物　理	○
化　学	○
生　物	○
地　学	○

解答科目チェック欄

解答番号	解答欄											
	1	2	3	4	5	6	7	8	9	0	a	b
1	①	②	③	④	⑤	⑥	⑦	⑧	⑨	⓪	ⓐ	ⓑ
2	①	②	③	④	⑤	⑥	⑦	⑧	⑨	⓪	ⓐ	ⓑ
3	①	②	③	④	⑤	⑥	⑦	⑧	⑨	⓪	ⓐ	ⓑ
4	①	②	③	④	⑤	⑥	⑦	⑧	⑨	⓪	ⓐ	ⓑ
5	①	②	③	④	⑤	⑥	⑦	⑧	⑨	⓪	ⓐ	ⓑ
6	①	②	③	④	⑤	⑥	⑦	⑧	⑨	⓪	ⓐ	ⓑ
7	①	②	③	④	⑤	⑥	⑦	⑧	⑨	⓪	ⓐ	ⓑ
8	①	②	③	④	⑤	⑥	⑦	⑧	⑨	⓪	ⓐ	ⓑ
9	①	②	③	④	⑤	⑥	⑦	⑧	⑨	⓪	ⓐ	ⓑ
10	①	②	③	④	⑤	⑥	⑦	⑧	⑨	⓪	ⓐ	ⓑ
11	①	②	③	④	⑤	⑥	⑦	⑧	⑨	⓪	ⓐ	ⓑ
12	①	②	③	④	⑤	⑥	⑦	⑧	⑨	⓪	ⓐ	ⓑ
13	①	②	③	④	⑤	⑥	⑦	⑧	⑨	⓪	ⓐ	ⓑ
14	①	②	③	④	⑤	⑥	⑦	⑧	⑨	⓪	ⓐ	ⓑ
15	①	②	③	④	⑤	⑥	⑦	⑧	⑨	⓪	ⓐ	ⓑ
16	①	②	③	④	⑤	⑥	⑦	⑧	⑨	⓪	ⓐ	ⓑ
17	①	②	③	④	⑤	⑥	⑦	⑧	⑨	⓪	ⓐ	ⓑ
18	①	②	③	④	⑤	⑥	⑦	⑧	⑨	⓪	ⓐ	ⓑ
19	①	②	③	④	⑤	⑥	⑦	⑧	⑨	⓪	ⓐ	ⓑ
20	①	②	③	④	⑤	⑥	⑦	⑧	⑨	⓪	ⓐ	ⓑ
21	①	②	③	④	⑤	⑥	⑦	⑧	⑨	⓪	ⓐ	ⓑ
22	①	②	③	④	⑤	⑥	⑦	⑧	⑨	⓪	ⓐ	ⓑ
23	①	②	③	④	⑤	⑥	⑦	⑧	⑨	⓪	ⓐ	ⓑ
24	①	②	③	④	⑤	⑥	⑦	⑧	⑨	⓪	ⓐ	ⓑ
25	①	②	③	④	⑤	⑥	⑦	⑧	⑨	⓪	ⓐ	ⓑ

解答番号	解答欄											
	1	2	3	4	5	6	7	8	9	0	a	b
26	①	②	③	④	⑤	⑥	⑦	⑧	⑨	⓪	ⓐ	ⓑ
27	①	②	③	④	⑤	⑥	⑦	⑧	⑨	⓪	ⓐ	ⓑ
28	①	②	③	④	⑤	⑥	⑦	⑧	⑨	⓪	ⓐ	ⓑ
29	①	②	③	④	⑤	⑥	⑦	⑧	⑨	⓪	ⓐ	ⓑ
30	①	②	③	④	⑤	⑥	⑦	⑧	⑨	⓪	ⓐ	ⓑ
31	①	②	③	④	⑤	⑥	⑦	⑧	⑨	⓪	ⓐ	ⓑ
32	①	②	③	④	⑤	⑥	⑦	⑧	⑨	⓪	ⓐ	ⓑ
33	①	②	③	④	⑤	⑥	⑦	⑧	⑨	⓪	ⓐ	ⓑ
34	①	②	③	④	⑤	⑥	⑦	⑧	⑨	⓪	ⓐ	ⓑ
35	①	②	③	④	⑤	⑥	⑦	⑧	⑨	⓪	ⓐ	ⓑ
36	①	②	③	④	⑤	⑥	⑦	⑧	⑨	⓪	ⓐ	ⓑ
37	①	②	③	④	⑤	⑥	⑦	⑧	⑨	⓪	ⓐ	ⓑ
38	①	②	③	④	⑤	⑥	⑦	⑧	⑨	⓪	ⓐ	ⓑ
39	①	②	③	④	⑤	⑥	⑦	⑧	⑨	⓪	ⓐ	ⓑ
40	①	②	③	④	⑤	⑥	⑦	⑧	⑨	⓪	ⓐ	ⓑ
41	①	②	③	④	⑤	⑥	⑦	⑧	⑨	⓪	ⓐ	ⓑ
42	①	②	③	④	⑤	⑥	⑦	⑧	⑨	⓪	ⓐ	ⓑ
43	①	②	③	④	⑤	⑥	⑦	⑧	⑨	⓪	ⓐ	ⓑ
44	①	②	③	④	⑤	⑥	⑦	⑧	⑨	⓪	ⓐ	ⓑ
45	①	②	③	④	⑤	⑥	⑦	⑧	⑨	⓪	ⓐ	ⓑ
46	①	②	③	④	⑤	⑥	⑦	⑧	⑨	⓪	ⓐ	ⓑ
47	①	②	③	④	⑤	⑥	⑦	⑧	⑨	⓪	ⓐ	ⓑ
48	①	②	③	④	⑤	⑥	⑦	⑧	⑨	⓪	ⓐ	ⓑ
49	①	②	③	④	⑤	⑥	⑦	⑧	⑨	⓪	ⓐ	ⓑ
50	①	②	③	④	⑤	⑥	⑦	⑧	⑨	⓪	ⓐ	ⓑ

実戦問題集　理科　解答用紙

注意事項

1　訂正は，消しゴムできれいに消し，消しくずを残してはいけません。
2　所定欄以外にはマークしたり，記入したりしてはいけません。
3　汚したり，折りまげたりしてはいけません。
※この解答用紙は大学入試センターより公表された令和7年度共通テストマークシートをベースに作成・編集したものです。

マーク例

良い例	悪い例
●	⊙ ⊗ ◓ ○

①

受験番号を記入し，その下のマーク欄にマークしなさい。

受験番号欄				
千位	百位	十位	一位	英字
–	⓪	⓪	⓪	Ⓐ
①	①	①	①	Ⓑ
②	②	②	②	Ⓒ
③	③	③	③	Ⓗ
④	④	④	④	Ⓚ
⑤	⑤	⑤	⑤	Ⓜ
⑥	⑥	⑥	⑥	Ⓡ
⑦	⑦	⑦	⑦	Ⓤ
⑧	⑧	⑧	⑧	Ⓧ
⑨	⑨	⑨	⑨	Ⓨ
–	–	–	–	Ⓩ

A B C H K M R U X Y Z

受験番号マークチェック欄

②

氏名・フリガナ，試験場コードを記入しなさい。

フリガナ						
氏　名						
試験場コード	十万位	万位	千位	百位	十位	一位

氏名等チェック欄

③

・1科目だけマークしなさい。
・解答科目欄が無マーク又は複数マークの場合は，0点となることがあります。

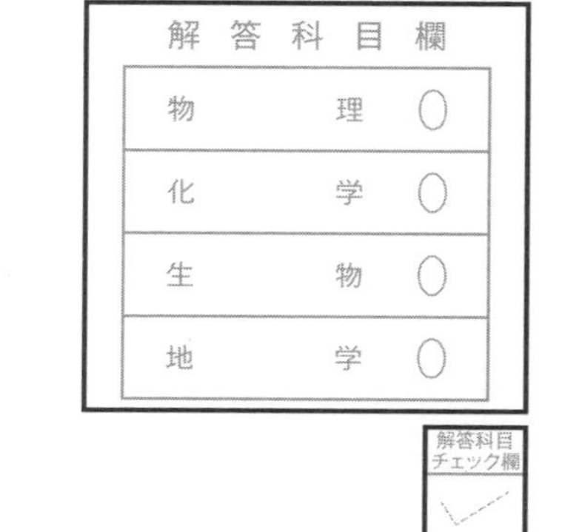

解答科目欄	
物　理	○
化　学	○
生　物	○
地　学	○

解答科目チェック欄

解答番号	1	2	3	4	5	6	7	8	9	0	a	b
1	①	②	③	④	⑤	⑥	⑦	⑧	⑨	⓪	ⓐ	ⓑ
2	①	②	③	④	⑤	⑥	⑦	⑧	⑨	⓪	ⓐ	ⓑ
3	①	②	③	④	⑤	⑥	⑦	⑧	⑨	⓪	ⓐ	ⓑ
4	①	②	③	④	⑤	⑥	⑦	⑧	⑨	⓪	ⓐ	ⓑ
5	①	②	③	④	⑤	⑥	⑦	⑧	⑨	⓪	ⓐ	ⓑ
6	①	②	③	④	⑤	⑥	⑦	⑧	⑨	⓪	ⓐ	ⓑ
7	①	②	③	④	⑤	⑥	⑦	⑧	⑨	⓪	ⓐ	ⓑ
8	①	②	③	④	⑤	⑥	⑦	⑧	⑨	⓪	ⓐ	ⓑ
9	①	②	③	④	⑤	⑥	⑦	⑧	⑨	⓪	ⓐ	ⓑ
10	①	②	③	④	⑤	⑥	⑦	⑧	⑨	⓪	ⓐ	ⓑ
11	①	②	③	④	⑤	⑥	⑦	⑧	⑨	⓪	ⓐ	ⓑ
12	①	②	③	④	⑤	⑥	⑦	⑧	⑨	⓪	ⓐ	ⓑ
13	①	②	③	④	⑤	⑥	⑦	⑧	⑨	⓪	ⓐ	ⓑ
14	①	②	③	④	⑤	⑥	⑦	⑧	⑨	⓪	ⓐ	ⓑ
15	①	②	③	④	⑤	⑥	⑦	⑧	⑨	⓪	ⓐ	ⓑ
16	①	②	③	④	⑤	⑥	⑦	⑧	⑨	⓪	ⓐ	ⓑ
17	①	②	③	④	⑤	⑥	⑦	⑧	⑨	⓪	ⓐ	ⓑ
18	①	②	③	④	⑤	⑥	⑦	⑧	⑨	⓪	ⓐ	ⓑ
19	①	②	③	④	⑤	⑥	⑦	⑧	⑨	⓪	ⓐ	ⓑ
20	①	②	③	④	⑤	⑥	⑦	⑧	⑨	⓪	ⓐ	ⓑ
21	①	②	③	④	⑤	⑥	⑦	⑧	⑨	⓪	ⓐ	ⓑ
22	①	②	③	④	⑤	⑥	⑦	⑧	⑨	⓪	ⓐ	ⓑ
23	①	②	③	④	⑤	⑥	⑦	⑧	⑨	⓪	ⓐ	ⓑ
24	①	②	③	④	⑤	⑥	⑦	⑧	⑨	⓪	ⓐ	ⓑ
25	①	②	③	④	⑤	⑥	⑦	⑧	⑨	⓪	ⓐ	ⓑ

解答番号	1	2	3	4	5	6	7	8	9	0	a	b
26	①	②	③	④	⑤	⑥	⑦	⑧	⑨	⓪	ⓐ	ⓑ
27	①	②	③	④	⑤	⑥	⑦	⑧	⑨	⓪	ⓐ	ⓑ
28	①	②	③	④	⑤	⑥	⑦	⑧	⑨	⓪	ⓐ	ⓑ
29	①	②	③	④	⑤	⑥	⑦	⑧	⑨	⓪	ⓐ	ⓑ
30	①	②	③	④	⑤	⑥	⑦	⑧	⑨	⓪	ⓐ	ⓑ
31	①	②	③	④	⑤	⑥	⑦	⑧	⑨	⓪	ⓐ	ⓑ
32	①	②	③	④	⑤	⑥	⑦	⑧	⑨	⓪	ⓐ	ⓑ
33	①	②	③	④	⑤	⑥	⑦	⑧	⑨	⓪	ⓐ	ⓑ
34	①	②	③	④	⑤	⑥	⑦	⑧	⑨	⓪	ⓐ	ⓑ
35	①	②	③	④	⑤	⑥	⑦	⑧	⑨	⓪	ⓐ	ⓑ
36	①	②	③	④	⑤	⑥	⑦	⑧	⑨	⓪	ⓐ	ⓑ
37	①	②	③	④	⑤	⑥	⑦	⑧	⑨	⓪	ⓐ	ⓑ
38	①	②	③	④	⑤	⑥	⑦	⑧	⑨	⓪	ⓐ	ⓑ
39	①	②	③	④	⑤	⑥	⑦	⑧	⑨	⓪	ⓐ	ⓑ
40	①	②	③	④	⑤	⑥	⑦	⑧	⑨	⓪	ⓐ	ⓑ
41	①	②	③	④	⑤	⑥	⑦	⑧	⑨	⓪	ⓐ	ⓑ
42	①	②	③	④	⑤	⑥	⑦	⑧	⑨	⓪	ⓐ	ⓑ
43	①	②	③	④	⑤	⑥	⑦	⑧	⑨	⓪	ⓐ	ⓑ
44	①	②	③	④	⑤	⑥	⑦	⑧	⑨	⓪	ⓐ	ⓑ
45	①	②	③	④	⑤	⑥	⑦	⑧	⑨	⓪	ⓐ	ⓑ
46	①	②	③	④	⑤	⑥	⑦	⑧	⑨	⓪	ⓐ	ⓑ
47	①	②	③	④	⑤	⑥	⑦	⑧	⑨	⓪	ⓐ	ⓑ
48	①	②	③	④	⑤	⑥	⑦	⑧	⑨	⓪	ⓐ	ⓑ
49	①	②	③	④	⑤	⑥	⑦	⑧	⑨	⓪	ⓐ	ⓑ
50	①	②	③	④	⑤	⑥	⑦	⑧	⑨	⓪	ⓐ	ⓑ

〈キリトリセン〉

実戦問題集　理科　解答用紙

マーク例

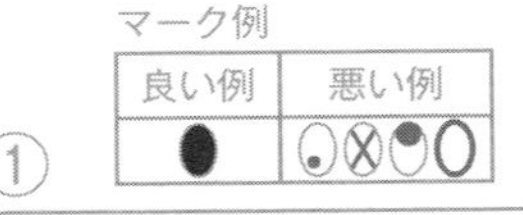

良い例	悪い例
●	⊙⊗◐○

① 受験番号を記入し，その下のマーク欄にマークしなさい。

受験番号欄				
千位	百位	十位	一位	英字
–	⓪	⓪	⓪	Ⓐ
①	①	①	①	Ⓑ
②	②	②	②	Ⓒ
③	③	③	③	Ⓗ
④	④	④	④	Ⓚ
⑤	⑤	⑤	⑤	Ⓜ
⑥	⑥	⑥	⑥	Ⓡ
⑦	⑦	⑦	⑦	Ⓤ
⑧	⑧	⑧	⑧	Ⓧ
⑨	⑨	⑨	⑨	Ⓨ
–	–	–	–	Ⓩ

A B C H K M R U X Y Z

受験番号マークチェック欄

② 氏名・フリガナ，試験場コードを記入しなさい。

フリガナ						
氏　名						
試験場コード	十万位	万位	千位	百位	十位	一位

氏名等チェック欄

注意事項

1　訂正は，消しゴムできれいに消し，消しくずを残してはいけません。
2　所定欄以外にはマークしたり，記入したりしてはいけません。
3　汚したり，折りまげたりしてはいけません。

※この解答用紙は大学入試センターより公表された令和7年度共通テストマークシートをベースに作成・編集したものです。

③ ・1科目だけマークしなさい。
・解答科目欄が無マーク又は複数マークの場合は，0点となることがあります。

解答科目欄	
物　理	○
化　学	○
生　物	○
地　学	○

解答科目チェック欄

解答番号	1	2	3	4	5	6	7	8	9	0	a	b
1	①	②	③	④	⑤	⑥	⑦	⑧	⑨	⓪	ⓐ	ⓑ
2	①	②	③	④	⑤	⑥	⑦	⑧	⑨	⓪	ⓐ	ⓑ
3	①	②	③	④	⑤	⑥	⑦	⑧	⑨	⓪	ⓐ	ⓑ
4	①	②	③	④	⑤	⑥	⑦	⑧	⑨	⓪	ⓐ	ⓑ
5	①	②	③	④	⑤	⑥	⑦	⑧	⑨	⓪	ⓐ	ⓑ
6	①	②	③	④	⑤	⑥	⑦	⑧	⑨	⓪	ⓐ	ⓑ
7	①	②	③	④	⑤	⑥	⑦	⑧	⑨	⓪	ⓐ	ⓑ
8	①	②	③	④	⑤	⑥	⑦	⑧	⑨	⓪	ⓐ	ⓑ
9	①	②	③	④	⑤	⑥	⑦	⑧	⑨	⓪	ⓐ	ⓑ
10	①	②	③	④	⑤	⑥	⑦	⑧	⑨	⓪	ⓐ	ⓑ
11	①	②	③	④	⑤	⑥	⑦	⑧	⑨	⓪	ⓐ	ⓑ
12	①	②	③	④	⑤	⑥	⑦	⑧	⑨	⓪	ⓐ	ⓑ
13	①	②	③	④	⑤	⑥	⑦	⑧	⑨	⓪	ⓐ	ⓑ
14	①	②	③	④	⑤	⑥	⑦	⑧	⑨	⓪	ⓐ	ⓑ
15	①	②	③	④	⑤	⑥	⑦	⑧	⑨	⓪	ⓐ	ⓑ
16	①	②	③	④	⑤	⑥	⑦	⑧	⑨	⓪	ⓐ	ⓑ
17	①	②	③	④	⑤	⑥	⑦	⑧	⑨	⓪	ⓐ	ⓑ
18	①	②	③	④	⑤	⑥	⑦	⑧	⑨	⓪	ⓐ	ⓑ
19	①	②	③	④	⑤	⑥	⑦	⑧	⑨	⓪	ⓐ	ⓑ
20	①	②	③	④	⑤	⑥	⑦	⑧	⑨	⓪	ⓐ	ⓑ
21	①	②	③	④	⑤	⑥	⑦	⑧	⑨	⓪	ⓐ	ⓑ
22	①	②	③	④	⑤	⑥	⑦	⑧	⑨	⓪	ⓐ	ⓑ
23	①	②	③	④	⑤	⑥	⑦	⑧	⑨	⓪	ⓐ	ⓑ
24	①	②	③	④	⑤	⑥	⑦	⑧	⑨	⓪	ⓐ	ⓑ
25	①	②	③	④	⑤	⑥	⑦	⑧	⑨	⓪	ⓐ	ⓑ

解答番号	1	2	3	4	5	6	7	8	9	0	a	b
26	①	②	③	④	⑤	⑥	⑦	⑧	⑨	⓪	ⓐ	ⓑ
27	①	②	③	④	⑤	⑥	⑦	⑧	⑨	⓪	ⓐ	ⓑ
28	①	②	③	④	⑤	⑥	⑦	⑧	⑨	⓪	ⓐ	ⓑ
29	①	②	③	④	⑤	⑥	⑦	⑧	⑨	⓪	ⓐ	ⓑ
30	①	②	③	④	⑤	⑥	⑦	⑧	⑨	⓪	ⓐ	ⓑ
31	①	②	③	④	⑤	⑥	⑦	⑧	⑨	⓪	ⓐ	ⓑ
32	①	②	③	④	⑤	⑥	⑦	⑧	⑨	⓪	ⓐ	ⓑ
33	①	②	③	④	⑤	⑥	⑦	⑧	⑨	⓪	ⓐ	ⓑ
34	①	②	③	④	⑤	⑥	⑦	⑧	⑨	⓪	ⓐ	ⓑ
35	①	②	③	④	⑤	⑥	⑦	⑧	⑨	⓪	ⓐ	ⓑ
36	①	②	③	④	⑤	⑥	⑦	⑧	⑨	⓪	ⓐ	ⓑ
37	①	②	③	④	⑤	⑥	⑦	⑧	⑨	⓪	ⓐ	ⓑ
38	①	②	③	④	⑤	⑥	⑦	⑧	⑨	⓪	ⓐ	ⓑ
39	①	②	③	④	⑤	⑥	⑦	⑧	⑨	⓪	ⓐ	ⓑ
40	①	②	③	④	⑤	⑥	⑦	⑧	⑨	⓪	ⓐ	ⓑ
41	①	②	③	④	⑤	⑥	⑦	⑧	⑨	⓪	ⓐ	ⓑ
42	①	②	③	④	⑤	⑥	⑦	⑧	⑨	⓪	ⓐ	ⓑ
43	①	②	③	④	⑤	⑥	⑦	⑧	⑨	⓪	ⓐ	ⓑ
44	①	②	③	④	⑤	⑥	⑦	⑧	⑨	⓪	ⓐ	ⓑ
45	①	②	③	④	⑤	⑥	⑦	⑧	⑨	⓪	ⓐ	ⓑ
46	①	②	③	④	⑤	⑥	⑦	⑧	⑨	⓪	ⓐ	ⓑ
47	①	②	③	④	⑤	⑥	⑦	⑧	⑨	⓪	ⓐ	ⓑ
48	①	②	③	④	⑤	⑥	⑦	⑧	⑨	⓪	ⓐ	ⓑ
49	①	②	③	④	⑤	⑥	⑦	⑧	⑨	⓪	ⓐ	ⓑ
50	①	②	③	④	⑤	⑥	⑦	⑧	⑨	⓪	ⓐ	ⓑ

〈キリトリセン〉

実戦問題集　理科　解答用紙

マーク例

良い例	悪い例
●	⦿ ⊗ ◓ ○

注意事項

1　訂正は，消しゴムできれいに消し，消しくずを残してはいけません。
2　所定欄以外にはマークしたり，記入したりしてはいけません。
3　汚したり，折りまげたりしてはいけません。

※この解答用紙は大学入試センターより公表された令和7年度共通テストマークシートをベースに作成・編集したものです。

①

受験番号を記入し，その下のマーク欄にマークしなさい。

受験番号欄					
千位	百位	十位	一位	英字	
–	0	0	0	A	A
1	1	1	1	B	B
2	2	2	2	C	C
3	3	3	3	H	H
4	4	4	4	K	K
5	5	5	5	M	M
6	6	6	6	R	R
7	7	7	7	U	U
8	8	8	8	X	X
9	9	9	9	Y	Y
–	–	–	–	Z	Z

受験番号マークチェック欄

②

氏名・フリガナ，試験場コードを記入しなさい。

フリガナ						
氏　名						
試験場コード	十万位	万位	千位	百位	十位	一位

氏名等チェック欄

③

・1科目だけマークしなさい。
・解答科目欄が無マーク又は複数マークの場合は，0点となることがあります。

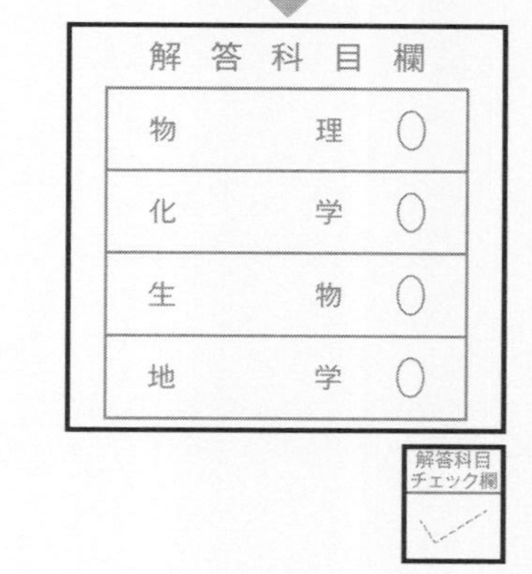

解答科目チェック欄

解答番号	1	2	3	4	5	6	7	8	9	0	a	b
1	1	2	3	4	5	6	7	8	9	0	a	b
2	1	2	3	4	5	6	7	8	9	0	a	b
3	1	2	3	4	5	6	7	8	9	0	a	b
4	1	2	3	4	5	6	7	8	9	0	a	b
5	1	2	3	4	5	6	7	8	9	0	a	b
6	1	2	3	4	5	6	7	8	9	0	a	b
7	1	2	3	4	5	6	7	8	9	0	a	b
8	1	2	3	4	5	6	7	8	9	0	a	b
9	1	2	3	4	5	6	7	8	9	0	a	b
10	1	2	3	4	5	6	7	8	9	0	a	b
11	1	2	3	4	5	6	7	8	9	0	a	b
12	1	2	3	4	5	6	7	8	9	0	a	b
13	1	2	3	4	5	6	7	8	9	0	a	b
14	1	2	3	4	5	6	7	8	9	0	a	b
15	1	2	3	4	5	6	7	8	9	0	a	b
16	1	2	3	4	5	6	7	8	9	0	a	b
17	1	2	3	4	5	6	7	8	9	0	a	b
18	1	2	3	4	5	6	7	8	9	0	a	b
19	1	2	3	4	5	6	7	8	9	0	a	b
20	1	2	3	4	5	6	7	8	9	0	a	b
21	1	2	3	4	5	6	7	8	9	0	a	b
22	1	2	3	4	5	6	7	8	9	0	a	b
23	1	2	3	4	5	6	7	8	9	0	a	b
24	1	2	3	4	5	6	7	8	9	0	a	b
25	1	2	3	4	5	6	7	8	9	0	a	b

解答番号	1	2	3	4	5	6	7	8	9	0	a	b
26	1	2	3	4	5	6	7	8	9	0	a	b
27	1	2	3	4	5	6	7	8	9	0	a	b
28	1	2	3	4	5	6	7	8	9	0	a	b
29	1	2	3	4	5	6	7	8	9	0	a	b
30	1	2	3	4	5	6	7	8	9	0	a	b
31	1	2	3	4	5	6	7	8	9	0	a	b
32	1	2	3	4	5	6	7	8	9	0	a	b
33	1	2	3	4	5	6	7	8	9	0	a	b
34	1	2	3	4	5	6	7	8	9	0	a	b
35	1	2	3	4	5	6	7	8	9	0	a	b
36	1	2	3	4	5	6	7	8	9	0	a	b
37	1	2	3	4	5	6	7	8	9	0	a	b
38	1	2	3	4	5	6	7	8	9	0	a	b
39	1	2	3	4	5	6	7	8	9	0	a	b
40	1	2	3	4	5	6	7	8	9	0	a	b
41	1	2	3	4	5	6	7	8	9	0	a	b
42	1	2	3	4	5	6	7	8	9	0	a	b
43	1	2	3	4	5	6	7	8	9	0	a	b
44	1	2	3	4	5	6	7	8	9	0	a	b
45	1	2	3	4	5	6	7	8	9	0	a	b
46	1	2	3	4	5	6	7	8	9	0	a	b
47	1	2	3	4	5	6	7	8	9	0	a	b
48	1	2	3	4	5	6	7	8	9	0	a	b
49	1	2	3	4	5	6	7	8	9	0	a	b
50	1	2	3	4	5	6	7	8	9	0	a	b

生物

解答・解説

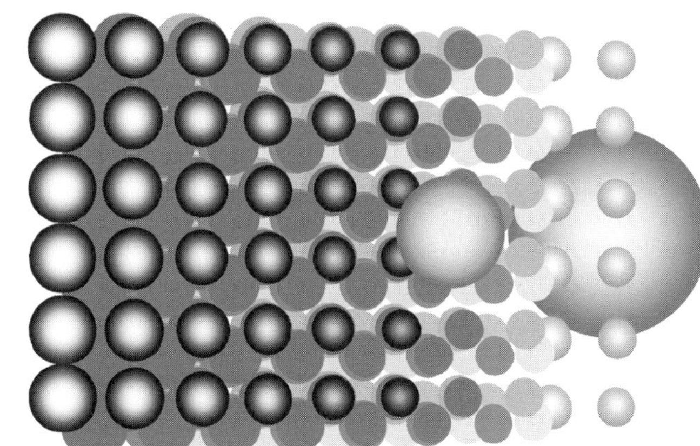

代々木ライブラリー

第1回　解答と解説

問題番号(配点)	設問		解答番号	正解	(配点)	自己採点
第1問(13)	1		1	1	(各3)	
	2		2	1		
			3	0		
	3		4	2	(4)	
自己採点小計						
第2問(18)	A	1	5	3	(3)	
		2	6	6	(4)	
	B	3	7	7	(3)	
		4	8	3	(各4)	
			9	1		
自己採点小計						
第3問(18)	1		10	4	(各3)	
	2		11	1		
	3		12	6	(各4)	
	4		13	2，6(順不同)		
			14			
自己採点小計						

問題番号(配点)	設問	解答番号	正解	(配点)	自己採点
第4問(17)	1	15	5	(各3)	
	2	16	4		
	3	17	3	(各4)	
	4	18	4		
	5	19	3	(3)	
自己採点小計					
第5問(21)	1	20	4	(各3)	
	2	21	1		
	3	22	3		
		23	6	(各4)	
	4	24	4		
	5	25	3		
自己採点小計					
第6問(13)	1	26	2	(4)	
	2	27	6	(各3)	
	3	28	4		
	4	29	1		
自己採点小計					

自己採点合計

解　説

第１問（動物の行動，生態）

出題のねらい

昆虫を主なテーマに，動物の行動，生態などの分野から出題した。問２のミツバチの８の字ダンスの問題について，本模試ではダンスの方向と時刻，餌場の位置の関係を設問文中で与えたが，入試本番までにこれらの対応関係は覚えて使えるようにしておきたい。問３は，相変異により病原菌への抵抗性が変化する現象を考察させる問題とした。現役生には相変異を未学習の者もいることを考慮して，前提知識がなくても解ける問題とした。

問１　cAMP は環状構造になった AMP(アデノシン一リン酸)で，1 個のリン酸と塩基のアデニン，および糖としてリボースを持つヌクレオチドの一種である。したがって，①は正しい。ルビスコ(リブロースビスリン酸カルボキシラーゼ／オキシゲナーゼ)は，光合成のカルビン・ベンソン回路において，リブロース 1，5－ビスリン酸と CO_2 からホスホグリセリン酸を合成する働きを持つ酵素である。主成分はタンパク質であり，糖は含まない。したがって，②は誤り。グルタミン酸は生物のタンパク質を構成する 20 種類のアミノ酸のうちの一種であり，糖ではない。したがって，③は誤り。ロドプシンは桿体細胞に含まれ，非常に弱い光にも反応することができる視物質である。その構成要素は，タンパク質であるオプシンと，ビタミン A をもとに合成されたレチナールであり，いずれも糖は含まない。したがって，④は誤り。

［1］…①

問２　ミツバチの８の字ダンスは，直進する動きと右回りおよび左回りに回転する動きから構成されている。鉛直方向の上方が太陽の方向を示し，ダンスの直進方向が，餌場の方向に対応する。図 2 では，ミツバチは鉛直上向きから時計回りに 30° の方向に向かって直進している。時刻は 12 時なので太陽は南中しており，餌場の位置は真南から時計回りに 30° の方向にあることが分かる。図 3 において，ミツバチは鉛直上向きから反時計回りに 120° の方向に向かって直進している。14 時の太陽は真南から時計回りに 30° の方角に位置する。したがって，餌場は 14 時の太陽の方向から反時計回りに 120° に位置する a にある。図 4 において，ミツバチは鉛直上向きから時計回りに 90° の方向に向かって直進している。このとき，餌場は図 1 の Y に位置する。したがって，太陽の方向は Y から反時計回りに 90°，つまり真南から時計回りに 60° の方向であることが分かる。リード文中に，太陽が 1 時間に 15° 移動し，正午に南中していることが示されている。よって 12 時から 4 時間後で，16 時となる。

☞ **cAMP（環状アデノシン一リン酸）**

細胞膜受容体によって活性化させられた酵素によって ATP から合成され，情報伝達物質として働くセカンドメッセンジャーとしての機能を持つ。

☞ **グルタミン酸**

代表的な働きとして，植物の窒素同化の際にアンモニウムイオンとともにグルタミンの合成に用いられる。

解答のポイント

ミツバチの8の字ダンスにおいて，鉛直方向の上方を太陽の方向とすると，ミツバチの直進方向は餌場のある方向を示す。図3，図4におけるミツバチのダンスに方角を当てはめると，以下のようになる。

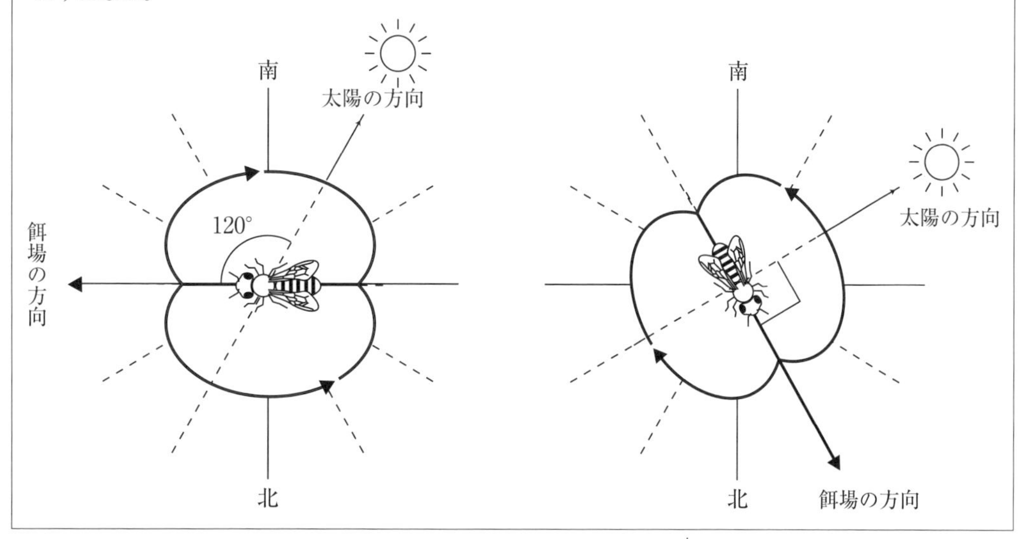

2 …①，3 …⓪

問3 **実験1**では，アワヨトウの幼虫の個体群密度がどのように体色に影響を及ぼすかを調べており，1匹で飼育した場合はⅠ型の体色が，20匹で飼育した場合はⅢ～Ⅴ型の体色がそれぞれ出現しやすくなっている。この結果から，個体群密度が低い場合は緑色の，個体群密度が高い場合は黒色の体色になりやすいと考えられる。**実験2**では，それぞれの飼育密度で飼育された幼虫が表皮に塗布された病原菌N由来の懸濁液に対し，どのように応答するかを調べており，20匹で飼育した幼虫の方が死亡率は低く，塗布してから死亡に至るまでの日数も長くなっている。この結果から，個体群密度が高いと病原菌Nへの抵抗性が高くなるのではないかと考えられる。したがって，ⓑは正しい。また，それぞれの個体群密度で育った幼虫は，体色に傾向こそ見られるものの，数種類の体色型の個体が混在しているため，体色と死亡率の関係はこれらの実験からはっきりと分からない。しかし，個体群密度が高い場合は黒色の体色になりやすいことと，病原菌Nへの抵抗性が高くなることを合わせて考えると，ⓐは誤り。**実験3**では，それぞれの飼育密度で飼育された幼虫が体内に接種された病原菌N由来の懸濁液に対し，どのように応答するかを調べており，どちらの幼虫も最終的にほとんどの個体が抵抗性を示さず死亡している。したがって，個体群密度の違いは，体内に侵入した病原菌Nへの抵抗性に対して，影響を及ぼさないと考えられる。したがって，ⓒは誤り。これと**実験2**より，集団飼育されたアワヨトウの幼虫は，表皮において生体防御機能に何らかの違いが生まれているのではないかと考えられる。

4 …②

第２問（気孔）

出題のねらい

Aでは，気孔の開閉を調節する要因をテーマに，主に知識を問う問題を出題した。植物の代謝や調節に関する基礎知識を隅々まで理解しているかどうかが試される。Bでは気孔の分化をテーマに出題した。共通テスト本番ではこのように見慣れないテーマや実験が出題されることもあるが，リード文や問題文中にヒントが書かれている場合も多いため，落ち着いて文章を読んで取り組みたい。

問１　アブシシン酸は種子中の水分の脱水を促進することによって，発芽を抑制し，種子が乾燥耐性を獲得できるようにする。したがって，①は誤り。アブシシン酸は葉の老化に関わる植物ホルモンであるが，その役割は老化の促進である。老化の抑制はサイトカイニンなどの働きである。したがって，②は誤り。低温や塩などのストレスを受けた植物ではアブシシン酸の含有量が増え，それによってストレス抵抗に関わる遺伝子の発現が誘導される。したがって，③は正しい。傷害を受けた植物ではジャスモン酸の含有量が増え，タンパク質消化の阻害剤の発現が促進されるが，アブシシン酸は関与していない。したがって，④は誤り。エチレンは細胞壁分解酵素の発現を促進し，これにより果実の熟成を促進する働きを持つ。アブシシン酸はこのときエチレンの合成を誘導するが，直接は作用しない。したがって，⑤は誤り。

〈主要な植物ホルモン名と作用〉

ホルモン名	主な作用
オーキシン	細胞の伸長，細胞分裂の促進，果実の成長，落葉の抑制，頂芽優勢
ジベレリン	細胞の縦方向の伸長，種子の休眠の打破，花粉・胚珠の形成阻害，果実の肥大，長日植物の花芽形成促進
サイトカイニン	側芽の成長促進，葉の老化抑制
アブシシン酸	発芽抑制，気孔の閉鎖，休眠の維持，環境ストレス応答
エチレン	果実の成熟，離層形成の促進，傷害応答，細胞の横方向への伸長
ブラシノステロイド	細胞の縦方向への伸長
フロリゲン	花芽形成促進
ジャスモン酸	傷害応答

5 …③

問２　ベンソンの実験における，CO_2と明暗の条件を考える問題。ベンソンは，CO_2のない明条件の後CO_2のある暗条件に植物を移したとき，短時間だけCO_2吸収が行われたことから，光合成を進めるのは光を受容することそのものではなく，光によって植物体内で合成された何らかの物質(ATPやNADPH)であることを明らかにした。ベンソンの実験の内容を覚えていなくても，光合成において葉緑体で何が起こっているかを正確に理解していれば，解答できるだろう。

☞**ベンソンの実験**

カルビン・ベンソン回路の発見者の一人であるベンソンが行った実験。植物を明暗条件とCO_2条件の異なる区画に静置し，CO_2吸収速度を測定した。

まず，3番目の条件において，CO_2吸収速度は一定の値まで上昇し，その速度を保ち続けている。これは，継続的に光合成が行われていることを表しているので，光もCO_2も存在する条件Aが当てはまる。次に，1番目と2番目の条件について，1番目の条件では植物のCO_2吸収速度は常に0であり，2番目の条件では一度CO_2吸収速度が上昇した後，再び低下している。これは，2番目の条件で何らかの理由によって一時的にカルビン・ベンソン回路(カルビン回路)が働きCO_2が吸収されたが，途中でカルビン回路が働かなくなったためCO_2の吸収速度も低下したと考えられる。CO_2の吸収は，当然CO_2のある条件でなければ起こらない。したがって，1番目の条件は条件C，2番目の条件は条件Bである。つまり，1番目の条件で光化学系によって合成されたATPやNADPHが，2番目の条件で消費され新たに合成されなかったと考えられる。

〈 光合成の反応過程 〉

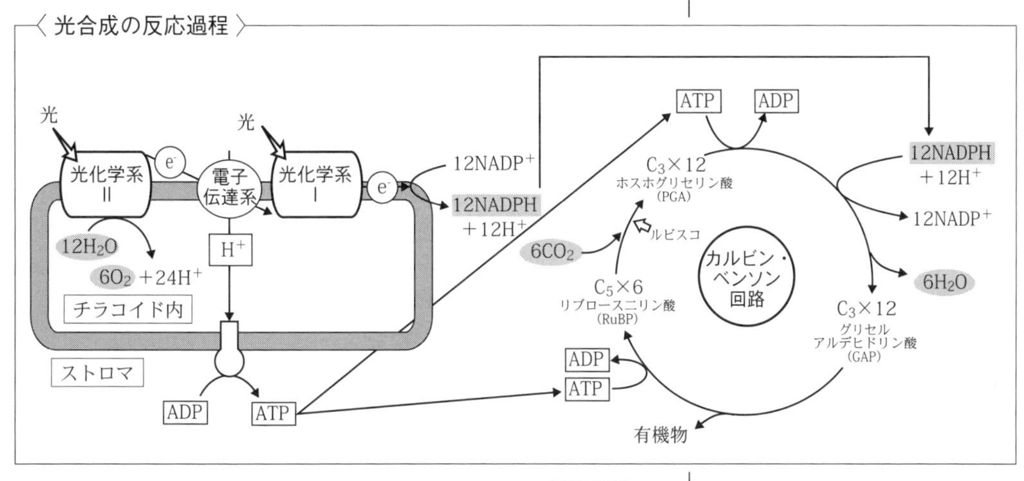

6 …⑥

問3 気孔の開口に関わる光受容体は，ア<u>フォトトロピン</u>である。フォトトロピンが青色光を受容し，活性化すると，イ<u>プロトンポンプ</u>(H^+-ATPase)がATPをADPに分解し，そのエネルギーで水素イオン(ウ<u>H^+</u>，プロトンともいう)を細胞外に能動輸送する。すると，細胞膜の外側と内側で電位差が生じ，これによって電位依存性カリウムチャネルが開くことによってカリウムイオンが細胞内エ<u>に流入</u>する。それにより浸透圧が上昇し，吸水が起こって膨圧が高まることで細胞の外側が伸びて湾曲し，気孔が開口する。また，フォトトロピンが光屈性にも関係していることも，重要なので覚えておきたい。フォトトロピンが青色光を受容すると，茎におけるオーキシン輸送タンパク質の分布が変わり，オーキシンの光が当たらない側への移動が促進される。オーキシンは移動した側の成長を促進し，植物の茎は光の当たる側に向かって湾曲する。

☞**光受容体の種類と機能**

・フィトクロム

Pr型とPfr型の2種類が存在し，Pr型は赤色光を，Pfr型は遠赤色光をそれぞれ吸収し，その後それぞれ反対の型に構造変化する。

光発芽種子の発芽や茎の伸長成長の促進および抑制，花芽形成における光周性，葉の老化の調節に働く。

・フォトトロピン

青色光を受容する光受容体。光屈性と気孔の開口，葉緑体の定位運動に働く。

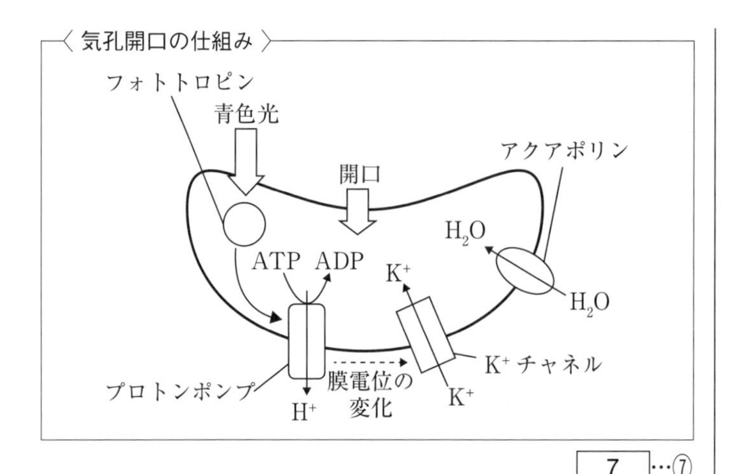

・クリプトクロム
青色光を受容する光受容体。茎の伸長成長の抑制と光周性の花芽形成に働く。

☞**アクアポリン**
水分子が通るチャネルで，浸透圧差が生じたときに水の受動輸送を行う。

| 7 | …⑦

問4　リード文より，タンパク質Sが発現しないと気孔幹細胞が形成されず，非対称分裂も起こらない。タンパク質Tが発現しないと気孔幹細胞の分裂が停止せず，孔辺母細胞への分化も起こらない。したがって，いずれか一方のタンパク質しか発現していない⑤と⑥はどちらの植物にも当てはまらない。また，同じくリード文より，3つのタンパク質はS→T→Uの順に発現する。したがって，タンパク質Tが先に発現している②と④はどちらの植物にも当てはまらない。①では，タンパク質Sの発現量が上昇した直後にタンパク質Tの発現量が上昇している。この場合，タンパク質Sによって気孔幹細胞が形成された直後にタンパク質Tによって分裂が停止され，孔辺母細胞が分化すると考えられる。したがって，植物Qに当てはまるのは①である。③では，タンパク質Sの発現量が上昇してからしばらくした後にタンパク質Tの発現量が上昇している。この場合，タンパク質Sによって気孔幹細胞が形成され，しばらくの間非対称分裂を行った後，タンパク質Tによって分裂が停止されたと考えられる。したがって，植物Pに当てはまるのは③である。

解答のポイント

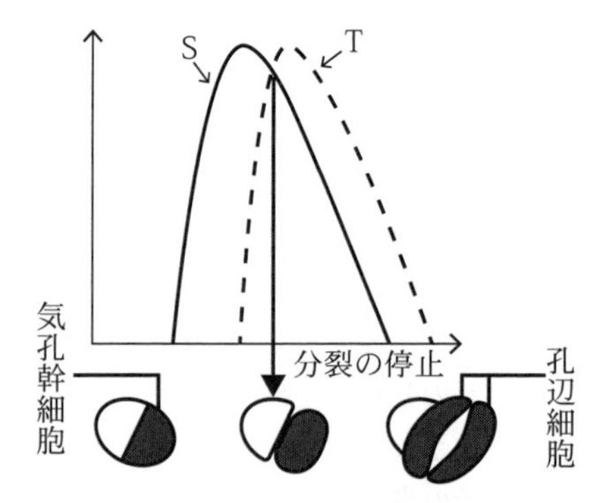

植物Qのタンパク質発現と
孔辺細胞の分化

植物Qは気孔幹細胞が分裂せず，そのまま気孔母細胞を経て気孔に分化するため，タンパク質Sの発現量が増えるとすぐにタンパク質Tの発現量も増えると考えられる。

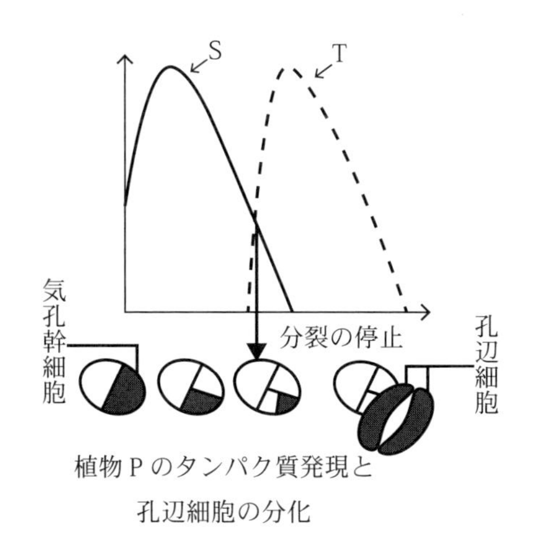

植物Ｐのタンパク質発現と
孔辺細胞の分化

植物Ｐは気孔幹細胞が何度も分裂を繰り返して気孔が形成されるため，タンパク質Ｓの発現量が増えてからタンパク質Ｔの発現量が増え，細胞分裂が停止されるまでの時間が長いと考えられる。

8 …③， 9 …①

第３問（細胞小器官，輸送）

出題のねらい

細胞内の構造について，細胞小器官と細胞骨格の相互作用や細胞内の物質輸送による情報伝達に関する考察問題を出題した。細胞内の構造は名称や役割などの覚えなければならないものが多いが，単なる用語の暗記だけでなく，それぞれの役割や相互作用を通してどのように生命現象を形作っているかを理解しよう。考察問題では複雑な実験設定や長めの選択肢としたが，共通テストでも文章量が多い問題が出題されるので，制限時間内に要点をおさえる練習をしよう。

問１　細胞膜などの細胞の膜は生体膜と呼ばれ，その構造は流動モザイクモデルで説明されている。流動モザイクモデルはリン脂質でつくられた膜にタンパク質が埋め込まれた構造であり，一部のタンパク質には糖鎖が結合しているが糖鎖のみが埋め込まれているわけではない。したがって，①は誤り。全ての生物は遺伝情報としてDNAを持つ。したがって，②は誤り。リボソームは膜構造を持たない細胞小器官で，mRNAの塩基配列に基づきタンパク質を合成する。合成されたタンパク質はゴルジ体で修飾され，分泌される。したがって，③は誤り。小胞体は一重の生体膜からなる構造体で，リボソームが付着した粗面小胞体と，リボソームが付着しない滑面小胞体があり，後者は核膜と融合している。したがって，④は正しい。リソソームは一重の生体膜からなる構造体で，内部に各種の分解酵素を多く含み，エンドサイトーシスで取り込んだ物質や不要になった細胞小器官の分解を行うが，消化酵素の分泌は行わない。したがって，⑤は誤り。

☞タンパク質の修飾と輸送

小胞によるタンパク質の輸送は細胞外への分泌のほか，細胞膜上への輸送と一重の膜でできた細胞小器官への輸送がある。

一方，核やミトコンドリア，葉緑体への輸送は翻訳の際に特定のアミノ酸配列がつけられており，細胞内で拡散した後に目的の器官でこの配列を手がかりにして取り込まれる。

10 …④

問2　細胞における物質輸送には，輸送タンパク質を介した細胞内外の物質の出入り，小胞を介した細胞内外の物質の出入りと細胞内の輸送，細胞骨格とモータータンパク質による細胞内の輸送の3つと，特殊な構造を必要としない小分子や疎水性分子の透過がある。このうち，前者3つの輸送は細胞が必要に応じて特定の物質を選択的に取り込み，利用するための仕組みである。

物質の出入りに関わる輸送タンパク質には，受動輸送に関わるチャネルや担体と，能動輸送に関わるポンプがある。チャネルによる受動輸送では，輸送される物質の濃度勾配に依存し，高濃度側から低濃度側へ物質が輸送される。細胞内外の濃度差がほとんどない場合にはチャネルを通る流入量と流出量がほぼ等しくなり，見かけ上輸送が無いように見えるが，チャネル自体は開いている。よって，①は誤り。一方，ポンプによる能動輸送では，物質の濃度勾配に逆らって低濃度側から高濃度側へ物質を輸送するため，輸送にはATPのエネルギーを必要とする。よって，②は正しい。

小胞を介した輸送には，エキソサイトーシスによる分泌，エンドサイトーシスによる流入と，細胞内の小胞輸送がある。これらは独立した現象ではなく，エンドサイトーシスで取り込まれた物質が小胞に包まれて細胞内を移動したり，ゴルジ体から分離した分泌小胞が輸送され，細胞膜と融合することで小胞の内容物が分泌される。分泌される物質には消化酵素やペプチドホルモンがあり，消化吸収や細胞間の情報伝達に小胞輸送が関わっている。よって，③は正しい。

モータータンパク質を介した物質の輸送は主に細胞内での細胞小器官の輸送に関わり，一部の植物細胞ではその様子が原形質流動（細胞質流動）として観察できる。よって，④は正しい。モータータンパク質にはアクチンフィラメントと相互作用をするミオシンと，微小管と相互作用をするダイニンとキネシンがある。微小管には向きがありダイニンとキネシンはそれぞれ逆向きに物質の輸送を行う。よって，⑤は正しい。

☞担体による輸送

担体による物質輸送はエネルギーの消費を伴わないため受動輸送とされることが多いが，一部の担体はほかの輸送タンパク質と共同で働くことで，ATPのエネルギーを用いず，ほかの物質で生じた濃度勾配を利用して濃度勾配に逆らう輸送を行うことがある。

11 …①

問3　それぞれの実験で測定しているものと，実験の結果から，色素体と細胞骨格の相互作用について分かることをまとめていこう。

実験1では，細胞骨格の合成阻害剤で処理することによるストロミュールの長さの変化を調べており，アクチンフィラメントの合成阻害剤と微小管の合成阻害剤のどちらで処理をしてもストロミュールは短くなっている。また，対照実験でもストロミュールは短くなっているが，その変化は細胞骨格の合成阻害剤で処理をした方が約20％大きく，細胞骨格が合成できないとストロミュールが形成しにくくなると考えられる。したがって，①は誤り。また，この実験では細胞骨格の合成とストロミュールの長さの増減の関係しか分からず，ミオシンとの関係や，ストロミュールの形成の仕組みは不明なので，②，⑤は誤り。

☞ストロミュール

葉緑体などの色素体の一部が伸びて生じる管状構造。ほかの細胞小器官に結合することで，タンパク質などを輸送するが，DNAやリボソームは輸送されない。病原体への応答などに関わることも示されているが，まだ未知の役割があるとされている。

実験2では，細胞骨格の合成阻害剤による処理が色素体の移動量に与える影響について調べている。この実験から，アクチンフィラメント合成阻害剤で処理すると色素体の移動量が減少し，微小管合成阻害剤で処理すると移動量が増加したという対照的な結果が得られた。したがって，アクチンフィラメントは色素体の移動を促進し，微小管は色素体の移動を抑制していると考えられる。したがって，④は誤りで⑥は正しい。

また，両方の実験より，細胞骨格の合成阻害剤処理で色素体の移動量が増減のどちらの方向に変化してもストロミュールの長さは短くなっているため，色素体の移動量とストロミュールの長さは比例関係にないことが分かる。したがって，③は誤り。

12 …⑥

問4 アグロバクテリウムを用いた植物への遺伝子導入の方法と，実験結果を合わせて考察を進める。また，この設問で利用しているタグは防御応答に影響しない対照実験であることに注意する。

実験3では，アグロバクテリウムを用いて遺伝子を導入することで，防御応答に影響しないポリペプチド(タグ)と，防御応答を引き起こすウイルス由来のタンパク質(タグ－P)を植物自身に発現させている。アグロバクテリウムに対する応答が主な要因なら，タグ導入個体とタグ－P導入個体でストロミュールの数が変化しないと考えられる。したがって，①は誤り。

実験4では，タグとタグ－Pが誘導する防御因子の量を調べることで，導入されたタグ－Pが防御応答を誘発することを確かめている。対照実験であるタグ導入個体の防御因子の量がほぼ一定であるのに対し，タグ－P導入個体では接種後約25～30時間で防御因子の量が大きく増えていることから，この時間で防御応答が始まると考えられる。したがって，②は正しい。また，設問文中に，タグは防御に影響しないとある。したがって，③は誤り。

実験5では，防御応答の一環として考えられたストロミュールの誘導と，防御応答に直接関わる防御因子の相互作用を観察することで，ストロミュールが防御応答に関与していることを示している。実験結果と設問文の「感染細胞が細胞死することでウイルスを閉じ込める防御応答」から，核へ移行した防御因子が何らかの作用を持つことで，感染細胞の細胞死が誘導されると考えられるが，これらの実験では防御因子の実際の作用までは調べていないので，細胞死を引き起こす仕組みは分からない。したがって，④，⑤は誤り。また，実験結果に「防御因子は核に向かって伸長したストロミュールを通り，核へと移行していた」とあることから，ストロミュールが形成できないと防御因子が核へ移行できず，防御応答が生じなくなると考えられる。したがって，⑥は正しい。

☞タグ導入に比べて，タグ－Pを導入したことでストロミュールが増えたことから，図2で見られるストロミュールの増加は植物が発現したタグ－Pに対する防御応答だと考えられる。

☞**過敏感反応**

植物は病原体に感染した際に感染細胞が細胞死を起こすことによって，感染の拡大を防ぐ反応を示す。これを過敏感反応という。

過敏感反応は過酸化水素などの活性酸素の生成後，液胞に蓄積されたタンパク質分解酵素が細胞質中に放出されることで引き起こされることが明らかにされている。

解答のポイント

タグを導入した個体が対照実験であることに注意して，それぞれの処理における防御因子やストロミュールの変化を整理していこう。

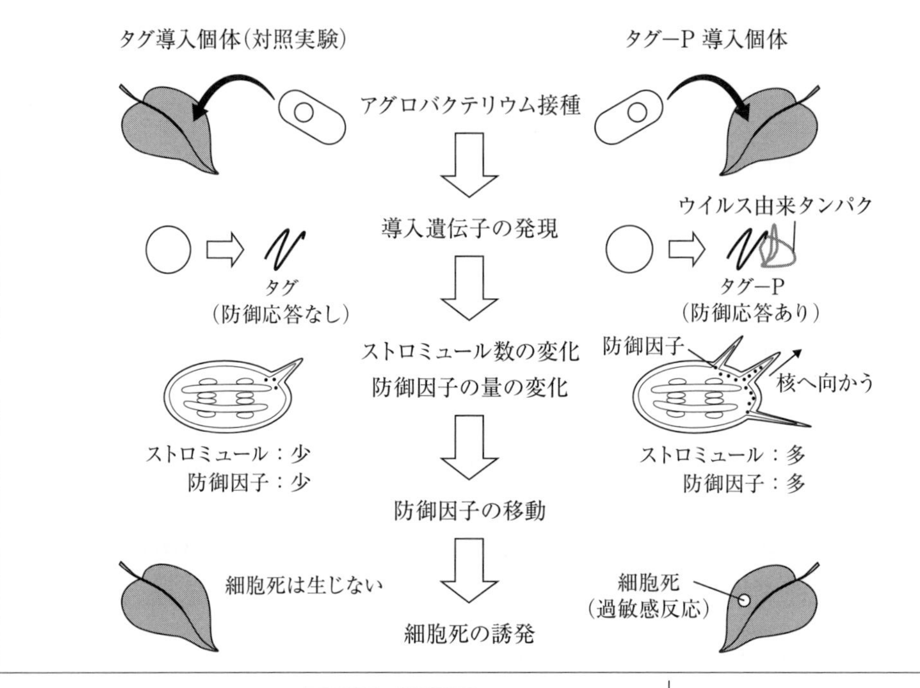

13 ・ 14 …②・⑥(順不同)

第４問（植物の発生，遺伝）

出題のねらい

植物の発生と形態形成をテーマとし，遺伝子の発現調節や，遺伝についての計算問題を出題し，基本的な知識の定着とその応用力を試した。高校生物では植物の発生は動物の発生に比べて扱いが小さいが，発生の仕組みや器官形成の仕組みは動物と大きく異なるので，類似点と相違点を確実に押さえてほしい。遺伝の計算は少々複雑な内容で出題したが，基本的な遺伝の組合せで解くことができるので，計算方法の復習をしておこう。

問１　減数分裂によって形成される細胞数は，花粉母細胞からは4つの花粉，胚のう母細胞からは1つの胚のう細胞と，動物の減数分裂と同様である。したがって，①は誤り。その後，花粉はさらに体細胞分裂により花粉管細胞と雄原細胞を形成し，胚のう細胞は同様に7つの細胞からなる胚のうを形成する。したがって，③は誤り。減数分裂では，二価染色体の分離により異なる対立遺伝子構成の配偶子ができるほか，遺伝子の組換えも生じる。したがって，②は誤り。胚乳が退化し消失するのは無胚乳種子である。したがって，④は誤り。受精卵は不均等な細胞分裂を経て胚球と胚

☞**重複受精**

被子植物では花粉管内で雄原細胞が分裂してつくられた2つの精細胞が，それぞれ卵細胞と中央細胞と受精する。

柄を形成する。胚球は発生が進行すると胚を形成するが，胚柄は発生の初期に胚を支持する構造となり，発生が進むと消失する。したがって，⑤は正しい。

〈 植物の配偶子形成・胚発生 〉

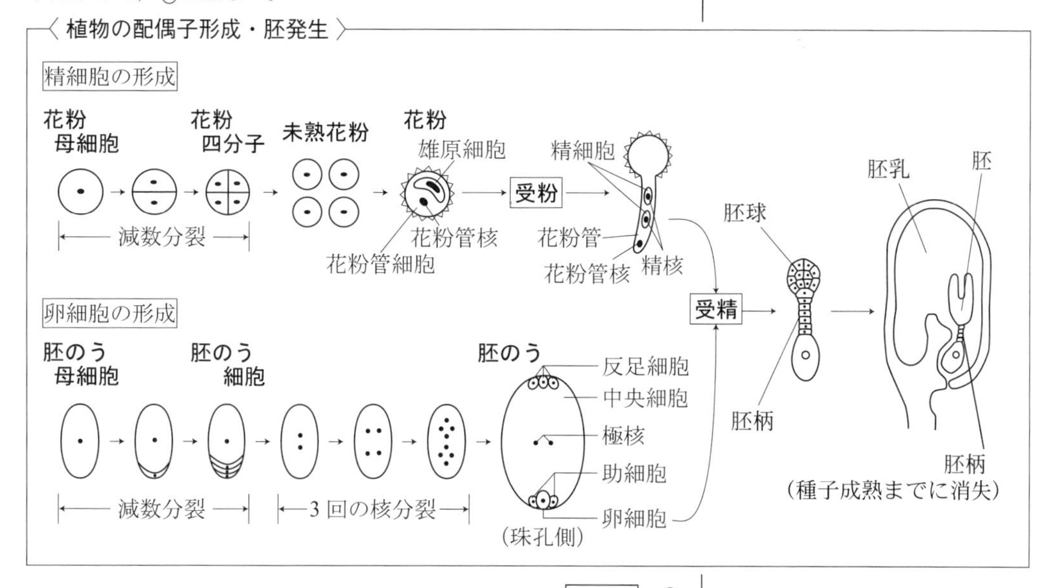

15 …⑤

問2 胚発生の段階で全体の器官が形成される動物とは異なり，植物では茎の先端にある茎頂分裂組織と根の先端にある根端分裂組織において細胞が分裂することで，新たな器官を形成しながら成長していく。これらの分裂組織の位置は頂芽や側芽の先端部と根の先端部であり，縁にはないので，①は誤り。また，双子葉植物の根において主根と側根には根端分裂組織が存在するが，根毛は一つの細胞であり，分裂組織は存在しないので，③は誤り。

地上部の器官形成については，まず葉は茎頂分裂組織で分裂した細胞が茎の成長とともに茎頂分裂組織の周辺部に移行し，遺伝子発現の変化によって葉の原基に分化することによる。花芽形成の時期には植物ホルモンであるフロリゲンの影響により，遺伝子発現が変化して，葉原基からなる芽の代わりに花になる花芽が分化する。したがって，②は誤り。花芽の形成過程には，A，B，C で表される3種類のホメオティック遺伝子がつくるタンパク質が関わっている。これを ABC モデルという。そのため，正常な遺伝子を持っていない個体や，正常な遺伝子を持っていても RNA 干渉などで遺伝子発現を阻害された個体では，正常な花芽形成を行うことができなくなる。したがって，④は正しく，⑤は誤り。

☞ **RNA 干渉(RNAi)**

短い2本鎖 RNA が特定のタンパク質と結合した後に解離し，1本鎖 RNA とタンパク質の複合体(RISC)を生じる。RISC は自身の持つ RNA と相補的な配列を持つ mRNA に結合し，翻訳を阻害する。このような翻訳制御を RNA 干渉という。

RNA 干渉は2本鎖 RNA を持つウイルスに対する防御として進化してきたと考えられている。また，遺伝子の発現量を減らすことで遺伝子の機能解析にも使われている。

〈 ABC モデル 〉

これらのホメオティック遺伝子が働かなくなると器官の分化に異常が生じ，めしべとおしべのみからなる花など，異常な形態の花になる。遺伝子の発現と花器官の形成は下図のような関係を持っており，発現する遺伝子の組合せで形成される器官が変化する。

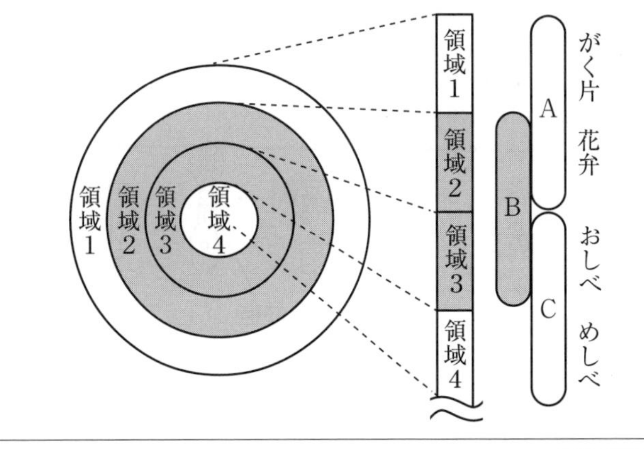

16 …④

問3　真核生物においては，転写の際に$_{ア}$RNA ポリメラーゼが単独でDNA のプロモーターに結合することができず，$_{イ}$基本転写因子と呼ばれる複数のタンパク質と複合体を形成してプロモーターに結合する。RNA ポリメラーゼと基本転写因子が形成した転写複合体が，離れた位置にある転写調節領域に結合した調節タンパク質の影響を受けて，転写が調節される。調節タンパク質には結合すると転写が促進される転写活性化因子と，結合することで転写を抑制する転写抑制因子(リプレッサー)がある。本問では調節タンパク質が分解されることによって転写が促進されることから，DNA に結合しているのは$_{ウ}$リプレッサーである。

17 …③

問4　**実験1**におけるアブラナでの結果と**実験2**におけるシロイヌナズナでの結果を比較し，共通点と相違点をまとめていこう。

実験1において，物質B，C，Dによりアブラナの物質Aの働きを様々な方法で阻害することで，正常な子葉が形成されなくなることから，アブラナの葉の形成に物質Aが必要であることが分かる。また，物質Eでの処理は対照実験である。物質Aで処理を行うと正常な胚の割合が減少することから，高濃度の物質Aは発生に悪影響があると考えられる。したがって，①は誤り。物質Bと物質Cは細胞外への排出と細胞内への流入という逆の輸送を阻害しているが，設問文に物質Aは「細胞内を通ってほかの器官に輸送される」とあることから，どちらも目的の細胞への輸送を妨げることでその細胞内の物質Aの濃度が下がった結果，同じ異常が生じていると考えられる。したがって，②は誤り。また，**実験1**で用いているのは胚であり，すでに減数分裂を終えているため，物質Dによる発生の阻害は減数分裂への影響ではない。したがって，③は誤り。

実験 2 ではシロイヌナズナの胚における物質 A の輸送と器官形成の関わりを調べている。この実験から，将来の子葉の先端部や胚の基部に物質 A が輸送されることで器官形成や軸の決定が行われていることが分かる。したがって，④は正しい。

また，**実験 1** では物質 D により物質 A の受容を阻害すると，胚全体が発生せず，**実験 2** では物質 A の輸送体に変異があるシロイヌナズナにおいて，子葉に加えて胚軸の形態形成に異常が生じていることから，物質 A は子葉のほかに茎や根の形成にも影響を持っていると考えられる。したがって，⑤は誤り。

18 …④

問 5 連鎖している遺伝子 X，Y の組と，遺伝子 Z の 2 つに分けて考える。F_1 は遺伝子型 XXYYZZ の個体と遺伝子型 $xxyyzz$ の個体を交配して得ているため，連鎖している遺伝子は X と Y(x と y) である。遺伝子 X と遺伝子 Y の間の組換え価は 25% なので，F_1 が生じる配偶子の遺伝子型と分離比は XY：Xy：xY：xy＝3：1：1：3 である。このうち，遺伝子型 $xxyyzz$ の個体の配偶子と受精して X と Y がともに劣性(潜性)ホモになるものは遺伝子型 xy のものだけなので，その割合は $\frac{3}{8}$ となる。また，遺伝子 Z については，F_1 の遺伝子型は Zz なので，配偶子は Z：z＝1：1 であり，遺伝子型 z の配偶子の割合は $\frac{1}{2}$ である。したがって，遺伝子型 xyz の配偶子ができる確率は $\frac{3}{8}\times\frac{1}{2}=\frac{3}{16}$ となる。

解答のポイント

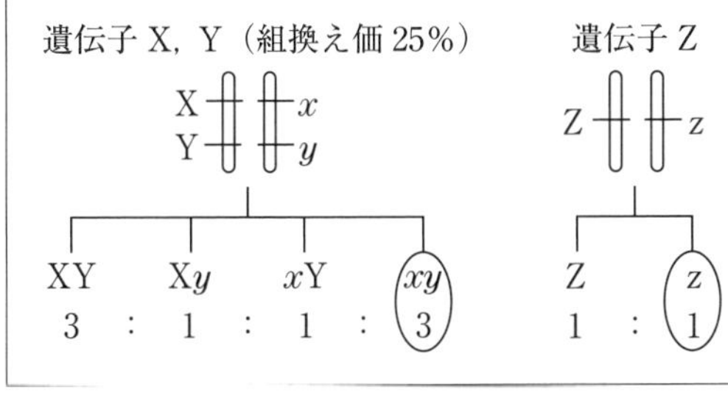

遺伝子 X，Y と遺伝子 Z は独立なので，
遺伝子型 xyz の配偶子ができる確率
＝(遺伝子型 xy の配偶子ができる確率)
×(遺伝子型 z の配偶子ができる確率)
$=\frac{3}{8}\times\frac{1}{2}=\frac{3}{16}$

19 …③

第５問 (ヒトの環境応答)

出題のねらい

刺激の受容と筋収縮の仕組みに関する知識の定着と考察力を試した。問１は刺激を受けた感覚が中枢に伝わるまでの一連の流れや仕組みについて，問２はホルモンの種類や受容の仕組みについて，理解を試した。問３はサルコメアの構造と筋収縮の仕組みに関する基本的な知識を基に，サルコメアの長さと張力の関係について考えさせた。問４・問５は複数のグラフを比較し，追加実験の結果を予測する問題とした。

問１　受容器は刺激の種類ごとに決まった感覚細胞を持ち，適刺激だけに反応する。したがって，ⓐは正しい。

〈ヒトの主な受容器と適刺激〉

受容器		適刺激	感覚
眼	網膜	光(可視光)	視覚
耳	コルチ器	音(可聴音)	聴覚
耳	半規管	体の回転	平衡覚
耳	前庭	体の傾き	平衡覚
鼻	嗅上皮	空気中の化学物質	嗅覚
舌	味覚芽(味蕾)	液体中の化学物質	味覚
皮膚	圧点(触点)	接触による圧力	圧覚(触覚)
皮膚	痛点	強い刺激(圧力・熱・化学物質)	痛覚
皮膚	温点	高温	温覚
皮膚	冷点	低温	冷覚

刺激は複数の感覚ニューロンによって中枢神経系へ伝えられる。弱い刺激の場合は，閾値の低い敏感な感覚ニューロンだけが興奮し，強い刺激の場合は閾値の高い感覚ニューロンも興奮するようになるので，刺激が強いほど興奮する感覚ニューロンの数が多くなる。また，１つ１つの感覚ニューロンは全か無かの法則にしたがうため，閾値以上に刺激を強くしても興奮の大きさ(活動電位の振幅)は変わらないが，強い刺激では興奮の頻度が高くなる。したがって，ⓑは正しい。

大脳の外側にあり細胞体が集まっている部分である大脳皮質(灰白質)には，特に大きく発達している新皮質と，新皮質に対して古皮質・原皮質と呼ばれる大脳辺縁系とがある。新皮質には，視覚や聴覚など多くの感覚の中枢や随意運動の中枢，記憶・思考・理解などの精神活動の中枢がある。大脳辺縁系には，嗅覚の中枢，記憶の形成や学習に関わる海馬，欲求や感情など動物の基本的な生命活動に関係した扁桃体などがある。したがって，ⓒの記述の前半は正しいが，後半は誤り。

20 …④

☞**適刺激**

それぞれの受容器で受容することができる特定の刺激。

☞**全か無かの法則**

ニューロンは，刺激の強さを閾値以上になると活動電位を生じるが，それ以上刺激を強くしても，活動電位の大きさ(振幅)は変わらないという性質。

問2　ア　ホルモンの種類と働きは生物基礎で学習している。生物の試験でも出題される可能性はあるので確認しておこう。チロキシンは甲状腺から分泌されるホルモンで，代謝を促進させる働きを持つ。すい臓のランゲルハンス島B細胞から分泌されるインスリンは，筋細胞へのグルコースの取り込みや，肝臓におけるグリコーゲンの合成を促進させることによって，血糖値を低下させる。脳下垂体後葉から分泌されるバソプレシンは，腎臓の集合管での水の再吸収を促進させることによって，尿量を減少させるとともに体液の塩分濃度を低下させる。脳下垂体前葉から分泌される成長ホルモンは，タンパク質の合成や骨の発育を促進させることによって体全体を成長させる。

イ・ウ　酸素や二酸化炭素などの非常に小さな分子や，比較的小さな脂溶性の分子は細胞膜を通過できるが，極性のある水分子やアミノ酸，糖，イオンなどは細胞膜を通過しにくい。よって，糖質コルチコイドなどのステロイドホルモンやチロキシンなどの脂溶性ホルモンは，細胞膜を通過できるので受容体は細胞内に，アドレナリンやペプチドホルモンのように細胞膜を通過できない水溶性のホルモンの受容体は細胞膜上に存在する。

21 …①

問3　サルコメアの模式図のうち，アクチンフィラメント，ミオシンフィラメント，Z膜がどの部分を示すかという基礎知識と，筋収縮の際にサルコメアがどのように変化するかという基本的な理解を活用して，それぞれの長さでサルコメアがどのような状態であるかを考えよう。

・サルコメアの長さが 1.6 μm

設問文の「サルコメアの長さが 1.6 μm のときにミオシンフィラメントとZ膜が衝突するため」より，サルコメアは次のような状態である。ここから，ミオシンフィラメントの長さが 1.6 μm であることが分かる。

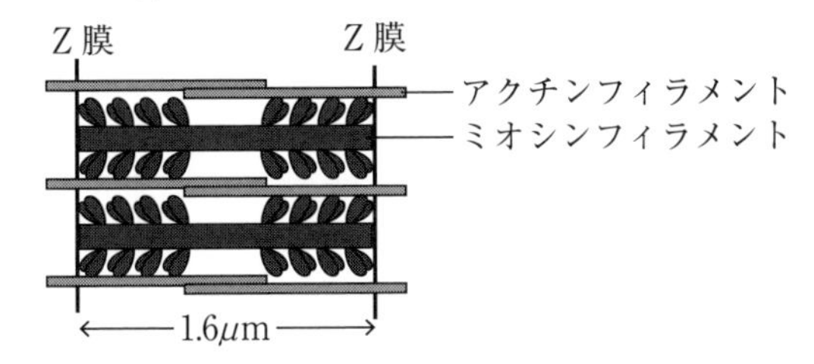

・サルコメアの長さが 2.0 μm

設問文の「2.0 μm 以下ではサルコメアの両側のアクチンフィラメントどうしが重なった」より，サルコメアは次のような選択肢①の状態である。ここから，サルコメアのアクチンフィラメントの長さが 2.0 μm(1.0 μm × 2)であることが分かる。

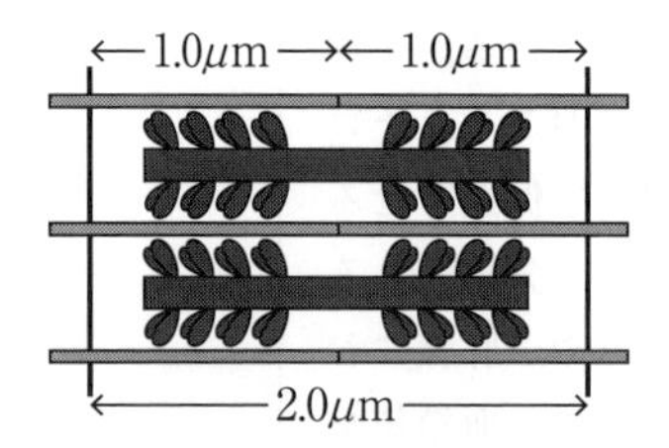

・サルコメアの長さが 2.4 μm

リード文最後の「筋の張力はアクチンフィラメントに結合しているミオシン頭部の数に比例する」および設問文の「サルコメアの長さが 2.0 ～ 2.4 μm で張力は最大値を示した」より，サルコメアの長さが 2.0 ～ 2.4 μm の範囲ではアクチンフィラメントに結合しているミオシン頭部の数が最も多いことが分かる。よって，2.4 μm では次のような選択肢②の状態である。

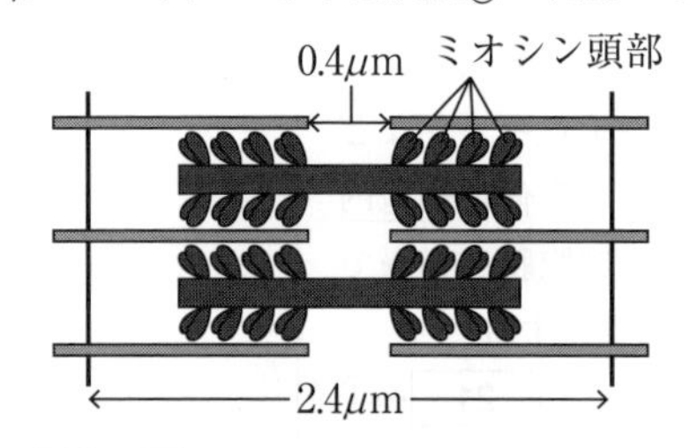

・サルコメアの長さが図 1 のⅠ

サルコメアが 2.4 μm より長くなると，アクチンフィラメントに結合しているミオシン頭部の数が減るため，張力も数に比例して減少する。サルコメアの長さがⅠの時点では，図 1 より張力が最大値の約半分になっているため，サルコメアの状態は次のような選択肢③の状態であると考えられる。

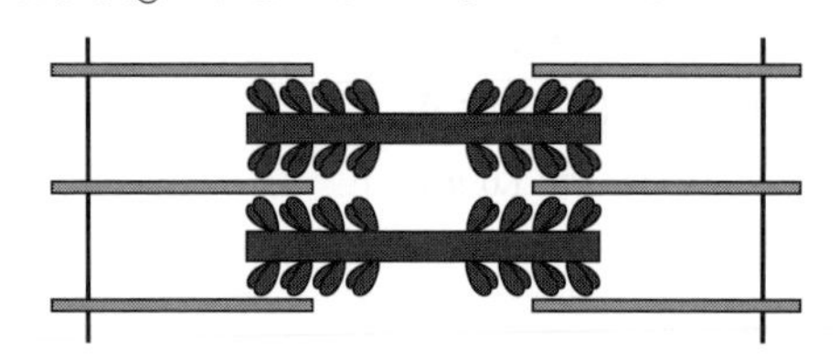

22 …③

・サルコメアの長さが図 1 のⅡ

図 1 よりサルコメアの長さがⅡのときの張力は 0 なので，アクチンフィラメントに結合しているミオシン頭部の数が 0，つまり選択肢④の状態である。ここに，これまでに分かったミオシンフィラメントの長さ 1.6 μm とアクチンフィラメントの長さ 2.0 μm(1.0 μm×2)を描き加えると，Ⅱの長さは 1.6＋2.0＝3.6 μm であることが分かる。

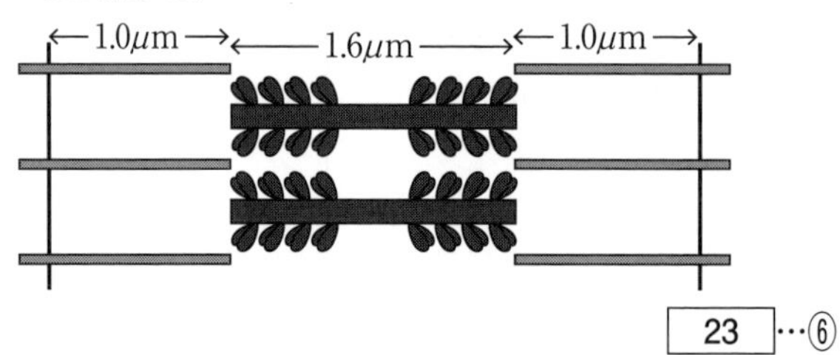

23 …⑥

☞ミオシン頭部

ミオシン分子の頭部は ATP 分解酵素（ATP アーゼ）として働く。筋収縮は，ATP を分解して生じるエネルギーを用いてミオシンフィラメントがアクチンフィラメントを内側へたぐり寄せることによって起こる。

問 4　トロポニンの働きについて，まずは高校生物で学習する内容を確認しておこう。本問では**実験 1** の文章と図 2 の解析によって解答できるが，以下の知識があれば思考を補うことができる。

〈 トロポニンの働き 〉

弛緩時は，ミオシン頭部とアクチンフィラメントの結合を妨げる位置にトロポミオシンがあり，筋収縮を抑制している。運動神経の興奮が筋繊維に伝わると，筋小胞体から放出されたカルシウムイオン(Ca^{2+})がトロポニンに結合することにより，トロポミオシンの位置が変化する。すると，ミオシン頭部がアクチンフィラメントに結合できるようになり，筋収縮が起こる。

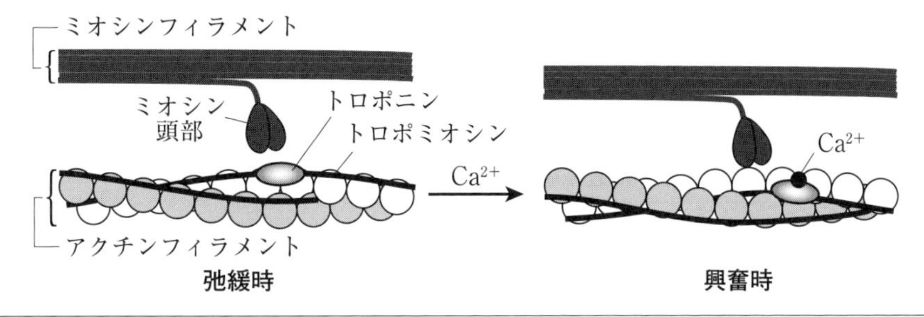

まず，図 2 の無処理(左)とトロポニン A のみを除去(中央)のグラフを比較しよう。すると，トロポニン複合体があると Ca^{2+} 存在下で張力が発生することが分かる。したがって，トロポニン A は Ca^{2+} 存在下で筋収縮を起こすのに必要な働きを持つといえる。また，トロポニン A のみを除去したものはトロポニン B は残っているにもかかわらず張力が発生していないので，トロポニン B には筋収縮を起こす働きがないことも分かる。次に，トロポニン A のみを除去(中央)と，トロポニン A とトロポニン B を両方除去(右)のグラフを比較しよう。すると，トロポニン複合体がないと Ca^{2+} 非存在下でも Ca^{2+} 存在下でも張力が発生することが分かる。よって，トロポニン B は Ca^{2+} の有無にかかわらず，筋収縮を阻害しているといえる。

以上を合わせて考えると，トロポニン B は筋収縮を阻害する働きを持ち，トロポニン A は Ca^{2+} 存在下でトロポニン B の働きを抑制することによって，筋収縮を起こさせる働きを持つことが読み取れる。

24 …④

問 5　トロポニン B を除去すると，そもそも筋収縮の阻害が起こらないため，残るトロポニン A も働かない。よって，Ca^{2+} の有無にかかわらず張力が発生する，つまり図 2 のトロポニン A とトロポニン B を両方除去(右)のグラフと同様の結果になる。

25 …③

第6問（生物の多様性）

出題のねらい

学校の裏山の生物多様性をテーマとした出題である。「生態と環境」の分野が題材ではあるが，「生命現象と物質」の分野とも関連付け，未学習者でも取り組める問題とした。問1はDNA，問2は塩基置換に関する基本的な理解を試し，問3・問4は生息地の分断化による生物多様性への影響について，資料の読み取りと考察で解答できる問題とした。

共通テストでは，基本的な知識を基に，初見の実験や資料を分析・考察させる問題が頻出である。未学習範囲に見える問題でも，これまで身につけた知識と生物学的な知見によって解答できる内容になっているので，諦めずに取り組んでもらいたい。

問1　本問は，ミトコンドリアDNAに関する出題ではあるが，PCR法の原理に関する基本的な理解，および，原核細胞と真核細胞の構造に関する基本的な知識を基に解答できる。

ミトコンドリアDNAは小さな環状DNAで，進化の研究をするのに有効な特徴を持っている。1つ目は，ミトコンドリアDNAの数の多さである。通常，1個の細胞に核は1つ，そこに含まれる核DNAも1つであるが，ミトコンドリアは数百個含まれており，ミトコンドリア1個にミトコンドリアDNAが複数個あるため，細胞当たりでは千個以上も存在することになる。試料から大量に抽出することができるため，分析しやすいのである。よって，ⓐは正しい。2つ目は，ミトコンドリアDNAは核DNAに比べて塩基置換の起こる速度が5～20倍速いことである。例として，ヒトと，ヒトに最も近縁なチンパンジーのDNAの塩基配列を比較すると，核DNAではわずか1%しか違いがないのに対し，ミトコンドリアDNAでは約9%も異なっている。この特徴によって，比較的短い時間で生じたDNAの変異を効率よく測ることができるのである。よって，ⓒは正しい。

3つ目は，ミトコンドリアDNAは母親のものだけが子供に伝わるということである。両親から伝わる核DNAから祖先を辿ろうとすると，父系と母系両方の祖先を辿ることになる。例えば，あるヒトのある染色体の由来を調べたいとき，10世代前に遡ると$2^{10}=1024$人がその染色体の由来である可能性があるため，どの祖先に由来するのかを特定することはほぼ不可能である。一方，ミトコンドリアDNAでは，母系のみを辿ればその由来が分かるため，10世代前に遡っても確実にその由来である人物を特定することができる。

残りの2つの選択肢についてPCR法の1サイクルで増幅できるDNA量は鎖状の核DNAと変わらない。よって，ⓑは後半部分が誤り。ミトコンドリアは原核生物には含まれず，真核生物のみに含まれる細胞小器官なので，ミトコンドリアDNAが含まれるのも真核生物のみである。よって，ⓓは誤り。

☞ミトコンドリアDNAが環状であることは，細胞内共生説の証拠の一つと考えられている。

☞少なくとも，ミトコンドリアが細胞内に複数あることは理解できるだろう。

26 …②

問2 DNA の遺伝情報は，基本的には細胞から細胞へ，親から子へと正確に受け継がれる。しかし，DNA 複製や細胞分裂の際のエラー，薬剤や紫外線などの影響によって，突然変異を起こすことがある。突然変異には染色体レベルのものから1塩基単位のものまで様々なものがあるが，本問ではそのうち塩基置換に関する理解を試した。進化の仕組みを学ぶ上で突然変異の原理や影響に関する理解は欠かせない。この機会にあらゆる突然変異について再確認してもらいたい。

ア DNA の遺伝情報が発現する際，転写された mRNA の塩基配列にしたがってアミノ酸配列が決まり，塩基3つの並び(コドン)が1つのアミノ酸を指定する。タンパク質に含まれるアミノ酸は 20 種類，コドンは $4^3=64$ 種類なので，1種類のアミノ酸に対応するコドンが複数存在するものが多い。そのため，塩基置換が起こっても発現するタンパク質のアミノ酸は変化しないことがある。例えば，グリシンのコドンは GGU，GGC，GGA，GGG である。このようにコドンに相当する DNA 配列のうち，3番目の塩基がほかの塩基に置き換わった場合，指定するアミノ酸が変わらないことが多い。これを同義置換という。

イ 「生命活動に必須な酵素の遺伝子」に変異が起きて機能が失われてしまった場合，生存できなくなる。よって，機能が失われるような変異が起こった場合は，その変異遺伝子が次世代に伝わることは基本的にはない。よって，生存や生殖に重要な遺伝子であるほど，機能に影響する非同義置換は集団から排除されるため，その数は少ないと考えられる。

☞**突然変異の影響**

(1塩基が変化した場合)

・同義置換：影響なし

・非同義置換：アミノ酸が1つ変化したタンパク質が発現。終止コドンが生じた場合は途中で翻訳が終了する。

・挿入，欠失：コドンの読み枠がずれ(フレームシフト)，以降のアミノ酸配列が大きく変化する。

27 …⑥

問3 生物多様性に関する問題だが，与えられた資料を読み取ることで解答できる。各選択肢の内容を，表1の数値を比較しながら丁寧に検討しよう。

① 例えば，面積は公園Ⅰ(8.4×10^4(m^2)) < 公園Ⅱ(1.9×10^5(m^2))に対し，多様度指数は公園Ⅰ(0.75) > 公園Ⅱ(0.64)である。よって，公園の面積が大きい方が多様度指数が大きくなっていない例があるので，誤り。

一般に，同じ地域では生息地の面積が大きいほど生物多様性が大きくなる傾向があるが，表1からはそれを読み取ることができないので注意しよう。

② **調査2**中に「学校の裏山から近い順に公園Ⅰ，公園Ⅱ，公園Ⅲ，公園Ⅳ，とした。」とある。例えば，裏山への近さは公園Ⅱ > 公園Ⅲに対し，多様度指数は公園Ⅱ(0.64) < 公園Ⅲ(0.66)である。よって，学校の裏山に近いほど多様度指数が大きくなっていないので，誤り。

③ 調査した個体数は，公園Ⅰが8，公園Ⅱが10，公園Ⅲが10，公園Ⅳが8であり，多様度指数との相関関係は認められないことが分かるので，誤り。

☞**生物多様性**

遺伝子，種，生態系の3つの視点が重要である。遺伝的多様性，種多様性，生態系多様性は互いに影響し合っている。

これも①と同様，一般的な傾向としてはありうることなので注意しよう。

④ DNA 型の種類の数は，公園Ⅰが4，公園Ⅱが4，公園Ⅲが3，公園Ⅳが3なので，公園Ⅰと公園Ⅱ，または公園Ⅲと公園Ⅳを比較する。例えば，各 DNA 型の個体数は，公園Ⅰは均等(2，2，2，2)で公園Ⅱは不均等(1，5，3，1)に対し，多様度指数は公園Ⅰ(0.75)＞公園Ⅱ(0.64)である。DNA 型の種類の数が同じ場合では，各 DNA 型の個体数のばらつきが少ない方が多様度指数は大きくなっているので，正しい。

⑤ 調査した個体数は③の通りなので，公園Ⅰと公園Ⅳ，または公園Ⅱと公園Ⅲを比較する。例えば，DNA 型の種類の数は公園Ⅱ(4)＞公園Ⅲ(3)だが，多様度指数は公園Ⅱ(0.64)＜公園Ⅲ(0.66)である。DNA 型の種類の数が多い方が多様度指数が大きくなっていないので，誤り。

多様度指数の式から，DNA 型の種類が多いだけでは多様度指数は高くならないことを確認しよう。④と合わせて考察すると，DNA 型の種類が多く，かつ，各 DNA 型の個体数のばらつきが少ないときにより高い多様度指数を示すことが分かる。

☞**多様度指数の式**

$$多様度指数＝1－\frac{(p_a^2+p_b^2+p_c^2+p_d^2+p_e^2)}{総個体数^2}$$

28 …④

問4 本問の調査により，生息域が分断された公園では多様性が低下していたので，公園どうしをつないで分断を解消することで多様性の回復が期待できる。よって①は正しい。実際に，道路建設などで分断化された森林どうしをトンネルなどでつなぎ，野生動物が行き来できるようにすることによって，生物の多様性を守ろうとしている例がある。また，本問はリスの多様度指数を考える内容だが，遺伝的多様性を守るためには種多様性も守らなくてはならない。リスの餌となる昆虫や植物のみを大量に運び入れると，リスや同じ餌を利用する他種の個体数だけが増え，種間競争などにより種多様性に影響を与える可能性もあるため，②は適当とはいえない。**問3**より，多様度指数を高くするために必要なのは，DNA 型の種類が多く，かつ，各 DNA 型の個体数が均等であることである。例えば，DNA 型 a の個体を全て公園Ⅰに，その他の DNA 型の個体を別の公園に移動させた場合の公園Ⅰの多様度指数を計算してみよう。すると，0になってしまう。したがって，この対策は悪影響である。よって，③は誤り。同様に，特定の DNA 型を駆除することはかえって多様度指数を下げることになるので，④も誤り。

☞種多様性が高いと様々な環境や個体群間の相互作用が生まれる。

このような環境や相互作用に対応して，遺伝的多様性が増加する。

29 …①

第2回　解答と解説

<table>
<tr><th>問題番号(配点)</th><th>設問</th><th>解答番号</th><th>正解</th><th>(配点)</th><th>自己採点</th></tr>
<tr><td rowspan="5">第1問
(17)</td><td>1</td><td>1</td><td>4</td><td rowspan="3">(各3)</td><td></td></tr>
<tr><td>2</td><td>2</td><td>8</td><td></td></tr>
<tr><td>3</td><td>3</td><td>1</td><td></td></tr>
<tr><td rowspan="2">4</td><td>4</td><td rowspan="2">3, 6
(順不同)</td><td rowspan="2">(各4)</td><td></td></tr>
<tr><td>5</td><td></td></tr>
<tr><td colspan="5">自己採点小計</td><td></td></tr>
<tr><td rowspan="6">第2問
(20)</td><td>A 1</td><td>6</td><td>3</td><td rowspan="2">(各3)</td><td></td></tr>
<tr><td>A 2</td><td>7</td><td>4</td><td></td></tr>
<tr><td>A 3</td><td>8</td><td>4</td><td>(4)</td><td></td></tr>
<tr><td>B 4</td><td>9</td><td>2</td><td rowspan="2">(各3)</td><td></td></tr>
<tr><td>B 5</td><td>10</td><td>1</td><td></td></tr>
<tr><td>B 6</td><td>11</td><td>5</td><td>(4)</td><td></td></tr>
<tr><td colspan="5">自己採点小計</td><td></td></tr>
<tr><td rowspan="4">第3問
(15)</td><td>1</td><td>12</td><td>3</td><td>(4)</td><td></td></tr>
<tr><td>2</td><td>13</td><td>4</td><td>(3)</td><td></td></tr>
<tr><td>3</td><td>14</td><td>2</td><td rowspan="2">(各4)</td><td></td></tr>
<tr><td>4</td><td>15</td><td>4</td><td></td></tr>
<tr><td colspan="5">自己採点小計</td><td></td></tr>
</table>

<table>
<tr><th>問題番号(配点)</th><th>設問</th><th>解答番号</th><th>正解</th><th>(配点)</th><th>自己採点</th></tr>
<tr><td rowspan="4">第4問
(15)</td><td>1</td><td>16</td><td>5</td><td>(3)</td><td></td></tr>
<tr><td>2</td><td>17</td><td>3</td><td rowspan="3">(各4)</td><td></td></tr>
<tr><td>3</td><td>18</td><td>2</td><td></td></tr>
<tr><td>4</td><td>19</td><td>2</td><td></td></tr>
<tr><td colspan="5">自己採点小計</td><td></td></tr>
<tr><td rowspan="5">第5問
(19)</td><td>1</td><td>20</td><td>3</td><td>(3)</td><td></td></tr>
<tr><td>2</td><td>21</td><td>5</td><td rowspan="4">(各4)</td><td></td></tr>
<tr><td>3</td><td>22</td><td>1</td><td></td></tr>
<tr><td>4</td><td>23</td><td>6</td><td></td></tr>
<tr><td>5</td><td>24</td><td>2</td><td></td></tr>
<tr><td colspan="5">自己採点小計</td><td></td></tr>
<tr><td rowspan="4">第6問
(14)</td><td>1</td><td>25</td><td>5</td><td>(4)</td><td></td></tr>
<tr><td>2</td><td>26</td><td>1</td><td rowspan="2">(各3)</td><td></td></tr>
<tr><td rowspan="2">3</td><td>27</td><td>2</td><td></td></tr>
<tr><td>28</td><td>7</td><td>(4)</td><td></td></tr>
<tr><td colspan="5">自己採点小計</td><td></td></tr>
</table>

自己採点合計

解　説

第１問 (環境問題)

出題のねらい

環境問題を題材として，生態系，代謝などの内容の出題を行った。問４は，多くの資料をもとに，選択肢の内容を吟味する必要のある問題である。このような問題が最初に出題されると，試験時間のペース配分がうまくいかなくなるかもしれない。しかし，共通テストでは，複数の表やグラフを読み取る問題が頻出である。落ち着いて取り組むことと，日頃からリード文や問題文を読解する練習を行うことを心がけていこう。

問１　光合成の反応は $6CO_2 + 12H_2O \rightarrow C_6H_{12}O_6 + 6O_2 + 6H_2O$ である。CO_2 の分子量が44，$C_6H_{12}O_6$ の分子量が180であり，問題文から「蓄積する有機化合物は全て $C_6H_{12}O_6$ である」ので，吸収される二酸化炭素の質量：蓄積する有機化合物の質量＝$6 \times 44 : 180$ となる。よって，森林の1ha当たりの4.8tの有機化合物蓄積量は$(4.8 \times 6 \times 44) \div 180 = 7.04$ tの二酸化炭素に換算される。すなわち，一人の日本人が１年間で放出する9tの二酸化炭素を吸収するためには，$9 \div 7.04 = 1.27 \cdots \fallingdotseq 1.3$ haの森林が必要ということになる。

1 …④

問２　問題文にあるように，ピルビン酸から乳酸を生成する酵素の遺伝子を酵母に導入することで，乳酸発酵を行わせることができる。このとき，アルコール発酵を抑制するために，アルコール発酵にあって乳酸発酵にない反応過程で機能する酵素の遺伝子をノックアウトしておく。また，培養環境中の酸素濃度が高いとピルビン酸以降の呼吸の反応が進行し，乳酸発酵が行われにくくなる(☞)ので，酸素濃度を低くする。

〈アルコール発酵・乳酸発酵〉

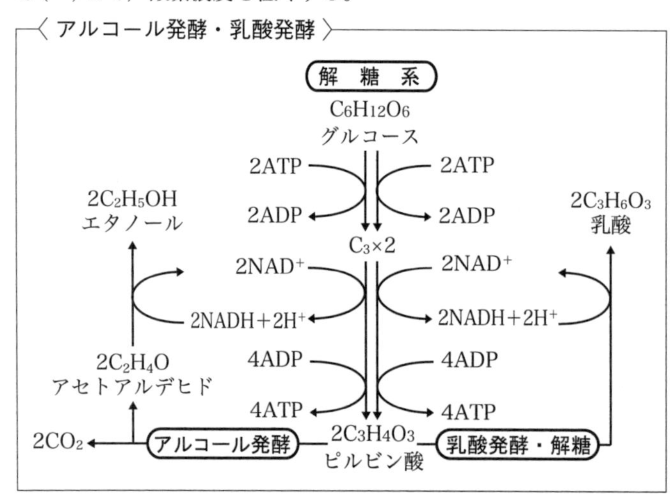

☞ **パスツール効果**

環境中の酸素濃度が高いと呼吸のみを行い，酸素濃度が下がるに従ってアルコール発酵の割合が増す現象のこと。ここでは，アルコール発酵の代わりに乳酸発酵の割合が増す。

2 …⑧

問3 生物多様性は大きく「生態系多様性」「種多様性」「遺伝的多様性」の三つの階層に分けることができる。生態系多様性とは，地球上に存在する様々な環境に対応した多様な生態系が存在することである。また，種多様性とはある生態系における種の多様さのことで，一般にその生態系に含まれる種が多様で**優占度**(☞)に偏りがない場合に種多様性が高いと評価される。多様な生態系に適応した種の優占度に偏りがない場合，地球全体としての種多様性は高いと考えられる。よって，①は正しい。遺伝的多様性とは，同種内における遺伝子の多様性のことであり，その地域における遺伝的多様性が高いと，有害遺伝子も存在するが環境の変化に適応できる遺伝子も存在する可能性が高くなる。よって，②，③は誤り。攪乱(かくらん)はその地域の生態系に属するどの種にもダメージを与え，種間競争に抑制的に働くが，攪乱の規模や強度が大きすぎると絶滅する種が増えるため，強い攪乱や弱い攪乱では種多様性は低くなる。つまり，中規模で適度な攪乱が起こる状況で種多様性が高くなるということになり，この考え方を**中規模攪乱説**(☞)という。よって，④は誤り。生態系における上位の捕食者でその生態系のバランスを保つ種のことをキーストーン種といい，キーストーン種の存在により種多様性が高く保たれる。よって，⑤は誤り。

3 …①

問4 **実験1**の表1から**アメリカザリガニ**(☞)は水生昆虫Cを摂食しておらず，水生昆虫Cがアメリカザリガニを摂食しているかどうかは不明なので，①は誤り。また，魚類Aと水生昆虫Cについても同様なので，②も誤り。

実験2において，人工池Pと人工池Q(水草あり)のうち，人工池Pにアメリカザリガニを移入したので，この二つの人工池の比較から，水草や他の動物に対するアメリカザリガニの影響を考えることができる。以上から，③は正しい。また，人工池Rと人工池S(人工水草あり)のうち人工池Rにアメリカザリガニを移入したので，隠れ場所がある場合の，他の動物に対するアメリカザリガニによる影響を考えることができるが，アメリカザリガニの生存に与える影響は分からない。以上から，④は誤りである。

実験3において，池干しを行ったため池Tでは，ため池Uよりもアメリカザリガニの生物量が多くなっており，水草や水生昆虫C，魚類A，魚類Bの生物量は0になっている。これは生物多様性が低下したといえるので，⑥は正しい。また，アメリカザリガニは池干しで駆除できなかったので，⑤は誤りである。

4 ・ 5 …③・⑥(順不同)

☞ **優占度(相対優占度)**

その地域に存在する種の個体数や現存量が，その地域の生態系のなかで占める割合のこと。

☞ **中規模攪乱説**

サンゴ礁のサンゴの種数は適度な攪乱によって多く保たれているという研究から提唱された，中規模で適度な攪乱が起こる状況で種多様性が高くなるという考え方のこと。

☞ **アメリカザリガニ**

2023年から条件付き特定外来生物に指定された淡水生の甲殻類で，水草や水生昆虫など，様々な生物を食害する。また，水草については摂食するだけでなく，茎や葉を切断するため，他の生物に与える影響が大きいとされる。

第２問（膜タンパク質）

出題のねらい

Ａは生体膜と膜タンパク質の機能について，Ｂはグルコース輸送体をテーマとし，細胞膜で働くタンパク質について，様々な問題を出題した。特に，細胞膜上で働くタンパク質であるポンプ，チャネル，輸送体については，この問題を通して理解を深めてほしい。

問１　細胞膜を含む生体膜は，リン脂質分子の脂質二重層で構成されている。リン脂質分子は分子内に疎水部と親水部を持つが，生体内は水が多い環境なので，膜の外側に親水部，内側に疎水部を向けた状態となる。

〈細胞膜の構造〉

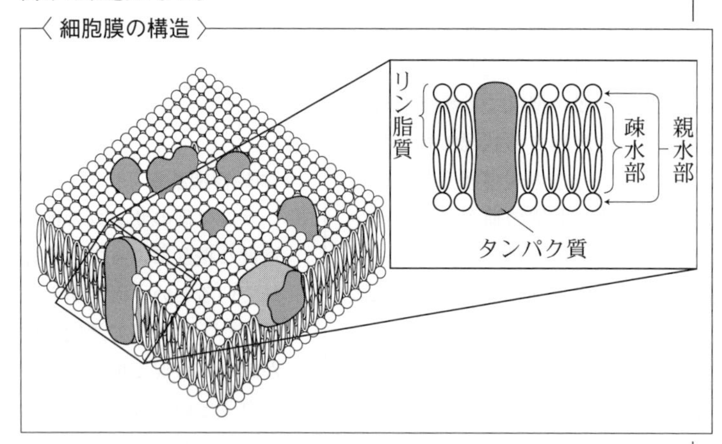

6 …③

問２　水分子を透過させるチャネルはアクアポリンと呼ばれ，細胞種ごとに発現する量が異なっている。例えば，カエルでは赤血球などの体内の細胞では多くのアクアポリンが発現しているが，卵などの直接外液と接する細胞ではアクアポリンの発現がみられない。よって，①は正しい。イオンを透過させるイオンチャネルには，常にイオンを透過させるもの（ニューロンの軸索にある一部のカリウムチャネルなど）や，化学物質の刺激で開閉するもの（ニューロンの樹状突起や細胞体にある神経伝達物質依存性チャネルなど），電位変化によって開閉するもの（ニューロンの軸索にあるナトリウムチャネルなど）がある。よって，②は正しい。カルシウムチャネルは，ニューロンの軸索の末端の細胞膜上などに存在する。よって，③は正しい。イオンチャネルは，全てATPのエネルギーを消費しない受動輸送に関わるので，④は誤りである。

7 …④

問３　浸透圧は水溶液の濃度が上がると高くなる。消化管の内容物に含まれる糖などの栄養は小腸で消化吸収されるはずだが，**ラクトース**（☞）を消化できないヒトでは，大腸の内容物にラクトースが多く含まれることになる。これによって大腸内容物の浸透圧が高くなってしまう。細胞膜は半透性に近い性質を持ち，本来であ

☞**ラクトース**
　一般には乳糖と呼ばれる二糖類であり，分解されるとグルコースとガラクトースになる。

れば，浸透圧の低い大腸内容物から浸透圧の高い大腸内壁の細胞へと水が移動するはずなのだが，前述のようにラクトースのせいで大腸内容物の浸透圧が高くなってしまうと，水の吸収が円滑に行われない。このため，下痢や腹痛の症状が現れることになる。

8 …④

問4 動物の細胞で働いているグルコース輸送体は，その多くがグルコースを濃度勾配に従って移動させる。その輸送速度は，問題文中に示されたように周囲のグルコース濃度によって変化する。「酵素の反応速度が基質濃度によって変化するのと同じ仕組み」とあるので，グルコース濃度が低い場合には輸送体がグルコースと接触しにくいが，グルコース濃度が高くなると輸送体とグルコースが接触しやすくなって輸送速度が高くなり，グルコース濃度が十分に高くなると，全てのグルコース輸送体が常にグルコースと接触し輸送している状態になり，輸送速度が最大になると考えられる。グラフの形状から，阻害剤 α が存在する場合の反応速度が，競争的阻害の作用を受けた場合の反応速度と似ていることに気付くだろう。

〈 酵素反応の阻害 〉

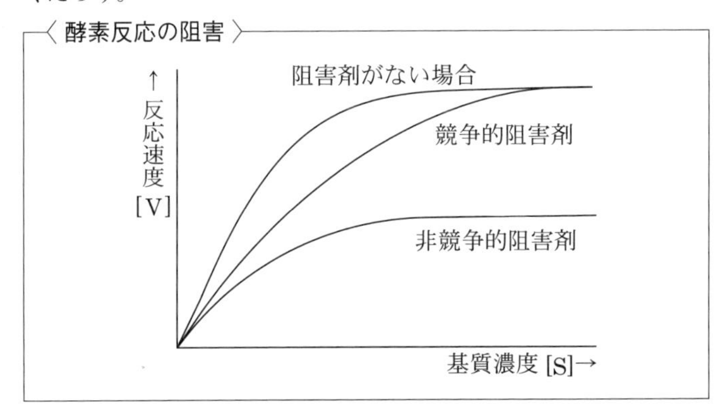

よって，阻害剤 α の作用が競争的阻害(輸送体のグルコース結合部に結合するタイプ)と同じ仕組みであると考えると，輸送体Aへの結合は可逆的であると考えられる。

9 …②

問5 ニューロンや赤血球の細胞膜上に存在する $Na^+ - K^+$ATPアーゼは，細胞内にATP分解酵素として働く部位を持ち，ATPの分解で生じたエネルギーを用い，3個の Na^+ を細胞外へ，2個の K^+ を細胞内へと濃度勾配に逆らって輸送する。$Na^+ - K^+$ATPアーゼが細胞内でATP分解酵素として働くことは，ATPが細胞内で合成されることを考慮すれば理解できるだろう。このような働き，もしくは $Na^+ - K^+$ATPアーゼ自体をナトリウムポンプという。この作用によって，動物の体内の細胞は，常に細胞内液よりも細胞外液の Na^+ 濃度が高い状態に保たれている。

10 …①

問6 $Na^+ - K^+$ATPアーゼは細胞外へと Na^+ を輸送するので，②，③，⑥，⑦のような細胞内に Na^+ が輸送される向きではない。

また，小腸では消化管内腔に存在する栄養が吸収されるので，⑦，⑧のようにグルコース輸送体が小腸内腔側へとグルコースを輸送することもない。よって，①と⑤から考えればよい。ここで，輸送体Bが機能できるかどうかに着目する。Na^+は細胞内に少ないので，①では，濃度勾配に従ったNa^+の細胞外への移動は起こらず，輸送体Bが働くことはできない。消化管内容物には食物や消化液由来のNa^+がある程度含まれる，⑤であれば，小腸内腔側から細胞内へのNa^+の移動が起こるので，輸送体Bによって効率よくグルコースが移動することになる。

解答のポイント

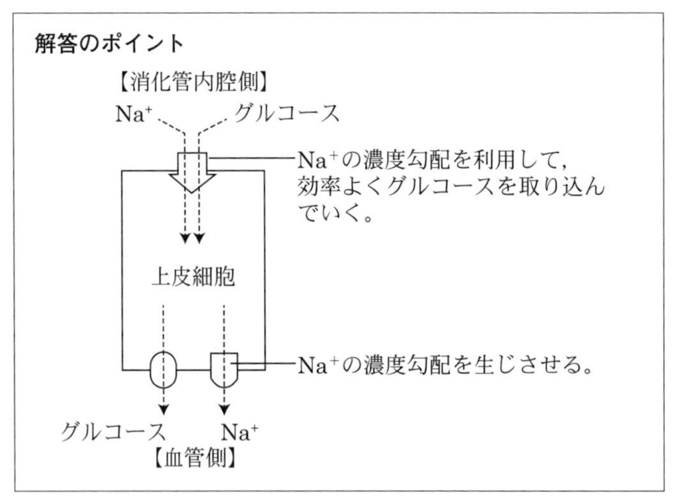

11 …⑤

第３問 (生命現象と物質)

出題のねらい

代謝の分野について，窒素同化や窒素固定，化学合成などについての理解を試す出題を行った。また，関連する事柄として，土壌中の窒素の変化や，マメ科植物と根粒菌の共生についても出題した。問３では下水処理場のシステムについて出題したが，共通テストでは，身近な事柄と教科書の内容のつながりを問うような出題もみられる。授業で習う事柄が，自分の身の回りのどのようなものと関わるのかを考えながら理解を深めるとよいだろう。

問１　問題文から，シグナルS1は葉の細胞で受容され，シグナルS2は根の細胞で受容されるということが分かる。変異体M1はシグナルS1の受容体を持たないので，葉のS1受容体を持たないが，根のS2受容体は持つ。一方で，変異体M2はシグナルS2の受容体を持たないので，葉のS1受容体を持つが，根のS2受容体を持たないことが分かる。よって，野生型の地上部分と変異体M1の根の組合せの ア と，変異体M2の地上部分と変異体M1の根の組合せの ウ はS1受容体とS2受容体をともに持つと考えられる。

また，野生型の地上部分と変異体M2の根の組合せの［ イ ］はS1受容体を持つが，S2受容体を持たない。

以上より，［ イ ］の場合のみシグナルS2を受容できずに根粒が過剰に形成されるが，［ ア ］と［ ウ ］については正常な数の根粒が形成されると考えられる。

［12］…③

問2 亜硝酸菌や硝酸菌はまとめて硝化菌(硝化細菌)と呼ばれる。また，鉄細菌，水素細菌，硫黄細菌などとともに化学合成細菌と呼ばれる。これらの細菌は，無機物を酸化して得られるエネルギーを用い，**炭酸同化**(☞)を行う。

［13］…④

☞炭酸同化
二酸化炭素から有機物を合成する働きで炭素同化ともいう。光合成と化学合成が含まれる。

問3 図1の反応式から，亜硝酸菌も硝酸菌も，酸素を用いて硝化の反応を進行させていることが確認できる。下水処理場では，この働きを促進するため，曝気槽(ばっきそう)で空気を送り込んでいる。沈殿の内部では有機物の分解のために酸素が消費され，酸素が不足した状態となるので，硝化の反応は進みにくい。

［14］…②

問4 酵素Ⅰ(グルタミン合成酵素)，酵素Ⅱ(グルタミン酸合成酵素)，酵素Ⅲ(アミノ基転移酵素)が失われると，どのような種類の無機窒素化合物を与えられても，有機窒素化合物が合成できなくなるため，植物は生育できない。よって，失われた酵素は酵素Ⅳ(亜硝酸還元酵素)と酵素Ⅴ(硝酸還元酵素)のいずれか，またはその両方ではないかと考えられる。表1中の下線で示された物質は全てアンモニウムイオンを生じる物質なので，「硝酸イオンを吸収してもアンモニウムイオンへと還元できないため，アンモニウムイオンを与えないと枯死する」ということが推測できる。そして，枯死した変異体において「亜硝酸イオンの蓄積がみられた」ということなので，酵素Ⅴは機能していると考えられ，酵素Ⅳのみを失っているということが分かる。

［15］…④

第4問 (生殖と発生)

出題のねらい

生殖と発生の分野について，有性生殖，遺伝，受精などに関する理解を確かめる問題を出題した。問3は精子と卵では細胞質の量が大きく異なること，初期発生では受精卵内の遺伝子はほとんど発現しないことなどを理解していないと，正解にたどりつくことは難しいだろう。リード文中の母性因子に関する記述や，問2の下線部(b)の内容などがヒントになっていることに気付いてほしい。

問1 受精の過程では，「精子が卵のゼリー層に接することで起こる先体反応→精子が卵の細胞膜に接することで起こる表層反応→卵黄膜(卵膜)から受精膜への変化」の順に反応が起こる。受精膜は他の精子が卵に進入すること(多精)を防ぐために働く。

〈 ウニの受精 〉

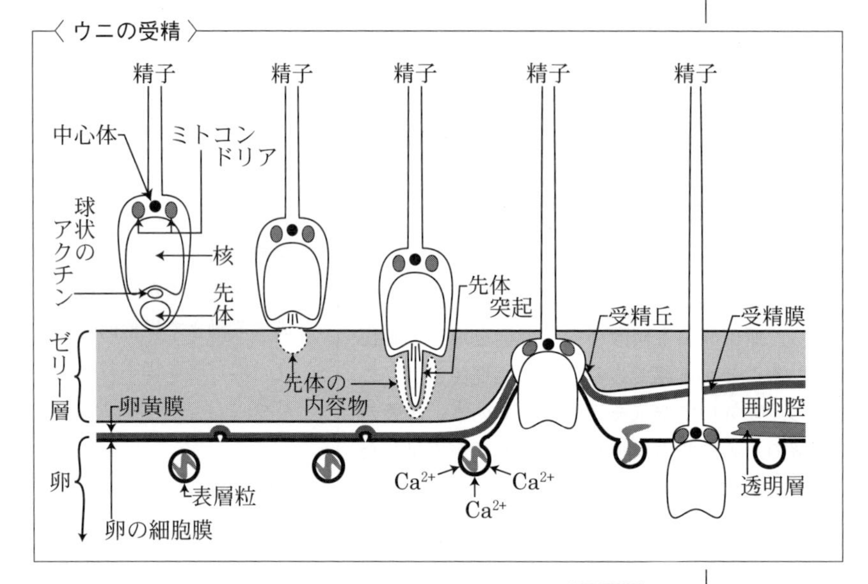

16 …⑤

問2 受精の際には，精子を構成する成分は核と中心体を除き，ほとんど卵には入らない。核とともに卵に進入した中心体は，精子星状体と呼ばれる構造物になる。両生類において，精子星状体は微小管を伸長させ，モータータンパク質のキネシンの働きで表層回転を引き起こす。ここでは，中心体が微小管の伸長に関与することに思いいたれば，正解を導くことが容易だっただろう。

17 …③

問3 問題文にGFPマウスは常染色体上の特定の位置に一つだけGFP遺伝子が導入されていることが示されている。導入されたGFP遺伝子をG，GFP遺伝子が導入されていない遺伝子座を＊とし，GFP遺伝子が組み込まれたマウスの遺伝子型をG＊として考えていく。このとき，GFPマウスの雄と野生型マウスの雌の交配で生じる子の遺伝子型比は理論上，G＊：＊＊＝1：1となるはずである。問題文中に示された「出生した個体は，全身の細胞で蛍光が観察された個体と，蛍光が観察されなかった個体が1：1の比であった」という内容は，これに矛盾しない。では，「初期胚では全ての胚の細胞で検出可能な量の蛍光は観察されなかった」のはなぜか。これは，リード文中の「発生初期には，受精卵自身が合成した遺伝子産物ではなく」や，「雄親由来の細胞質成分は，子にはほとんど受け継がれない」から理由が判明する。すなわち，受精卵には精子に由来するGFP遺伝子があるものの，初期胚では発現していない。また，精子の細胞質成分は受精卵にはほとんど入らないため，検出可能な量の蛍光がみられなかったということである。

GFP マウスの雌と野生型マウスの雄を交配した場合では，GFP マウスの雌において発現した GFP が卵に含まれることになるので，初期胚においては蛍光が観察される。また，卵に含まれていた GFP は全身の細胞へと分配されることで濃度が低下したり，時間経過に伴って分解されて蛍光が検出されなくなると考えられるため，遺伝子型 G ＊の個体では出生後も GFP が発現する一方で，遺伝子型＊＊の個体では GFP が発現しないので，出生後は，蛍光が観察される個体とされない個体が 1：1 の比となる。

18 …②

問 4　複製された後，**乗換え**(☞)を起こさずに娘細胞に分配されるのであれば，4 つの娘細胞の遺伝子構成は ABC，ABC，abc，abc となるので，その種類は 2 種類となる。一方，AB 間で乗換えが起こると，次の図のようになる。

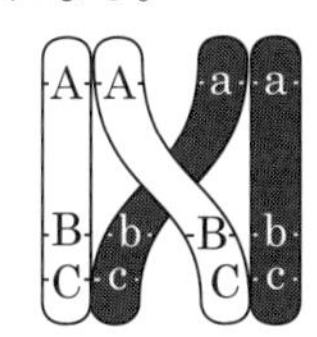

この場合，娘細胞の染色体構成は ABC，Abc，aBC，abc の 4 種類となる。また，AB 間と BC 間の両方で乗換えが起こった場合は，ABC，AbC，aBc，abc の 4 種類となるが，このとき，A(a)と C(c)のみに注目すると，AC と ac の 2 種類しかないことに気付くだろう。つまり，AB 間と BC 間の両方で乗換えが起こると，A と C は組換えを起こさないということになる。

19 …②

☞**乗換えと組換え**

乗換えは相同染色体間での部分的な交換のことであり，組換えは連鎖している遺伝子の組合せが変わることである。

第 5 問 (植物の環境応答)

出題のねらい

環境に対する植物の反応について，特に発芽に関する事柄を中心として出題した。光受容体のフィトクロム，植物ホルモンのアブシシン酸とジベレリンについて，この機会に理解を深めておこう。問 2 では，受容体タンパク質を失った変異体の実験が示されている。受容体が失われれば反応が消失すると考えられるが，本問で示したアブシシン酸受容体のように，複数の受容体が存在する場合は，そのうちの一つが失われても反応が消失しない場合が多い。一つ一つの変異体について，失われている受容体と，現れた反応を整理して考えよう。

問 1　フィトクロムには Pr 型(P_R 型・赤色光吸収型)と Pfr 型(P_{FR} 型・遠赤色光吸収型)があり，赤色光を吸収すると Pr 型から Pfr 型へ，遠赤色光を吸収すると Pfr 型から Pr 型へと変化する。本問では，「光発芽種子においては，Pfr 型のフィトクロムがジベレリンの合成を促進する」とあるので，ア と イ を補うときのヒントになるだろう。光の強さに応じた葉緑体の配置の変化，明るいときの気孔の開口はいずれもフォトトロピンが光受容体となって起こる。被陰された環境での茎の伸長成長を早める反応は，クリプトクロムとフィトクロムの両方が光受容体となって起こる。

20 …③

問2 遺伝子A～Cに由来するタンパク質を，それぞれタンパク質a～cとし，野生型およびそれぞれの変異体が持つタンパク質と，アブシシン酸による発芽抑制効果が現れたかどうかをまとめると，次の表のようになる。なお，○がタンパク質の存在あり，または抑制あり，×がタンパク質の存在なし，または抑制なしを示す。

	タンパク質			抑　制
	a	b	c	
野生型	○	○	○	○
変異体Ⅰ	×	×	○	○
変異体Ⅱ	×	○	×	×
変異体Ⅲ	○	×	×	○
変異体Ⅳ	×	×	×	×

この結果から考えると，タンパク質a，タンパク質cは，アブシシン酸受容体として働き，それぞれ独立に発芽を抑制していると考えられる。なお，タンパク質a～cの全てが変異した個体で，アブシシン酸による発芽抑制効果が現れていないことから，これらのタンパク質以外の受容体の存在を考える必要はないと分かる。

21 …⑤

問3・4 ジベレリンが糊粉層（こふんそう）に作用すると，糊粉層の細胞でアミラーゼ遺伝子が発現し，アミラーゼが合成される。アミラーゼは胚乳のデンプンや寒天中のデンプンに作用し，デンプンを糖へと分解する。ヨウ素液はデンプンがある場合に青紫色に変化するので，アミラーゼが合成されずデンプンの分解が起こらないと考えられる寒天ⅱでは，全体が青紫色になると推測できる。一方，寒天ⅰと寒天ⅲでは，それぞれ胚で合成された，または寒天に含まれるジベレリンの影響で糊粉層においてアミラーゼが合成されるので，どちらも種子断片の周囲ではデンプンが分解されており，種子断片の周囲以外が青紫色に変化すると推測できる。

22 …①，23 …⑥

問5 図2からは，遺伝子Xの mRNA の増加の後，アミラーゼ遺伝子の mRNA が増加していることが読み取れる。遺伝子Xがどのようなタンパク質の情報を持つかは示されていないが，アミラーゼ遺伝子の発現に対して促進的に作用していると推測することはできる。具体的には，遺伝子Xの発現によって作られるタンパク質が「アミラーゼ遺伝子の発現を促進する調節タンパク質として機能する」「アミラーゼ遺伝子の発現を抑制する調節タンパク質の機能を失わせる」といった可能性が考えられるので，①は誤りで②は正しいということになる。一方，図2から分かるのはmRNAの量の変化であり，アミラーゼそのものの変化ではないので，アミラーゼを分解する酵素との関わりを推測することはできず，③と④はいずれも誤りということになる。

24 …②

第6問 (進化と系統)

出題のねらい

進化と系統のやや詳細な知識の定着を試した。覚えることの多い分野ではあるが，教科書に記載されている内容はもれなく身に付けておこう。問3の系統樹を用いた考察問題では，系統樹の形から推測される種分化の様子と，それに伴う食性の変化を考える問題となっている。塩基やアミノ酸の置換数について問われることも多いが，様々な系統樹の問題に対応できるよう，理解を深めておいてほしい。

問1　示されている2つの学名 *Meretrix lusoria*(ハマグリ)と *Macridiscus melanaegis*(コタマガイ)はいずれも**二名法**(☞)によって表記されており，「*Meretrix*」と「*Macridiscus*」が属名，「*lusoria*」と「*melanaegis*」が種小名である。これらの動物は「見た目はよく似ている」とあるが，属の段階で別のグループに分けられている別種であることが分かる。有性生殖を行う生物の種の定義は，「自然条件で交配し，生殖能力のある子孫をつくることのできる生物の集団」である。学名から別種であることが分かるハマグリとコタマガイどうしは交配しないか，交配しても生殖能力のある子孫を残すことはできないと考えられるため，ⓐは正しい。また，学名は属名と種小名で構成され，命名者の名前を知ることはできないため，ⓑは誤りである。なお，学名の命名者名を記す場合，種小名の後に記す。ヒトの学名は「*Homo sapiens*」であり，属名は「*Homo*」なので，ⓒは正しい。

25 …⑤

問2　古生代(☞)のカンブリア紀には，中国のチェンジャン動物群やカナダのバージェス動物群にみられるような水中に生息する動物の種数が爆発的に増大した。これをカンブリア紀の大爆発という。カンブリア紀の大爆発では，現在みられるほとんどの動物の門が誕生した。よって，①は正しく，②は誤り。なお，エディアカラ生物群とは，オーストラリアで発見された先カンブリア時代の化石生物群のことをいう。爬虫(はちゅう)類は古生代の石炭紀に出現し，中生代に繁栄した。よって，③は誤り。中生代の白亜紀には被子植物が出現し，新生代の乾燥地や寒冷地の拡大に伴って繁栄した。シダ植物の出現は古生代のシルル紀である。よって，④，⑥は誤り。

☞二名法

18世紀の中頃，リンネにより考案された，属名と種小名を併記する方法。

☞古生代

カンブリア紀
↓
オルドビス紀
↓
シルル紀
↓
デボン紀
↓
石炭紀
↓
ペルム紀(二畳紀)

なお，裸子植物はデボン紀に出現したと考えられている。鳥類の出現は中生代のジュラ紀である。よって，⑤は誤り。

26 …①

問3　図1からは，8種の鳥類が**単系統群**(☞)に属していることが分かる。この場合，それぞれの種の祖先種の食性は同じであったが，種分化の過程で変化したと考えられる。祖先種の食性が種子食・昆虫食・サボテン食である場合の最少の変化回数を考えてみよう。

【祖先種が種子食の場合】

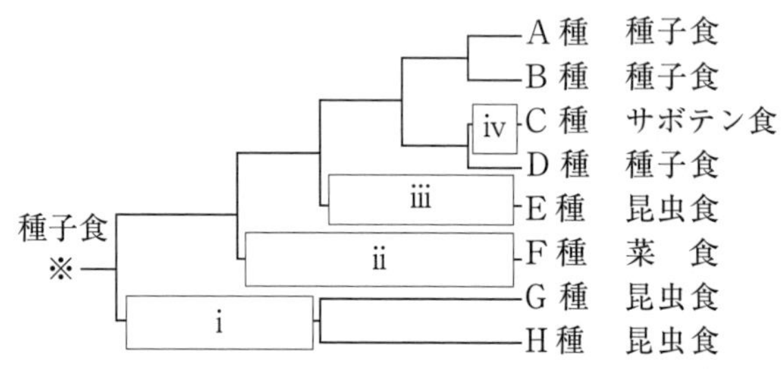

上の図に示したように，ｉとiiiの期間で種子食→昆虫食，iiの期間で種子食→菜食，ivの期間で種子食→サボテン食という，4回の食性の変化が最少と考えられる。

【祖先種が昆虫食の場合】

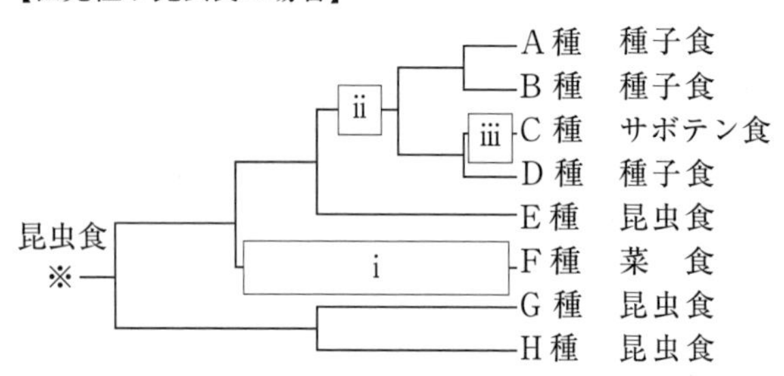

上の図に示したように，ｉの期間で昆虫食→菜食，iiの期間で昆虫食→種子食，iiiの期間で種子食→サボテン食という，3回の食性の変化が最少と考えられる。

【祖先種がサボテン食の場合】

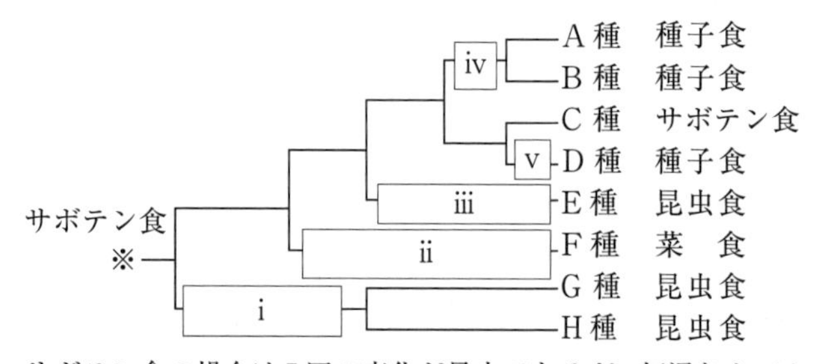

サボテン食の場合は5回の変化が最少であるが，何通りかパターンが考えられる。例えば上の図で示した場合，ｉの期間でサボテン食→昆虫食，iiの期間でサボテン食→菜食，iiiの期間でサボテン食→昆虫食，ivとｖの期間で独立してサボテン食→種子食という食性の変化が考えられる。

☞**単系統群**

ある一つの共通祖先から分岐したグループ全体のこと。単一の祖先と，その全ての子孫を示す。

【祖先種が菜食の場合】

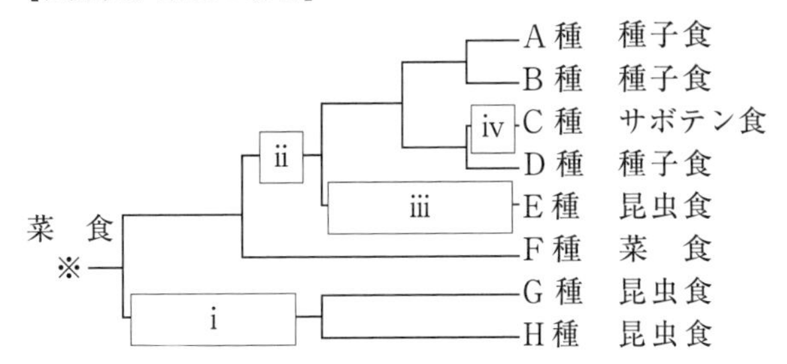

上の図に示したように，ⅰの期間で菜食→昆虫食，ⅱの期間で菜食→種子食，ⅲの期間で種子食→昆虫食，ⅳの期間で種子食→サボテン食という，4 回の食性の変化が最少と考えられる。

以上から，祖先種は昆虫食であったと推測される。また，最少の食性の変化は 3 回と考えられる。

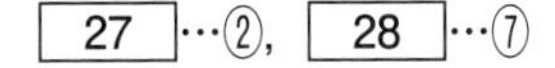

第3回　解答と解説

問題番号(配点)	設問	解答番号	正解	(配点)	自己採点
第1問(14)	1	1	2	(2)	
	2	2	2	(各4)	
	3	3	3		
	4	4	1		
自己採点小計					
第2問(21)	A 1	5	5	(2)	
	2	6	6	(各4)	
	3	7	2		
	4	8	4	(3)	
	B 5	9	6	(各4)	
	6	10	3		
自己採点小計					
第3問(20)	1	11	6	(3)	
	2	12	3	(各4)	
	3	13	6		
	4	14	4	(各3)	
	5	15	3, 4 (順不同)		
		16			
自己採点小計					

問題番号(配点)	設問	解答番号	正解	(配点)	自己採点
第4問(15)	1	17	1	(3)	
	2	18	2	(各4)	
	3	19	3		
	4	20	5		
自己採点小計					
第5問(15)	1	21	4	(3)	
	2	22	7	(各4)	
	3	23	5		
	4	24	2		
自己採点小計					
第6問(15)	1	25	2	(3)	
	2	26	4	(各4)	
	3	27	3		
	4	28	3		
自己採点小計					

自己採点合計

解　説

第1問（酵母の代謝）

酵母を題材として，代謝，系統分類，生態系などの分野横断的な出題を行った。問1では系統分類についての基本的な知識の定着を試した。問2では物質生産について，問3では呼吸とアルコール発酵について，それぞれ知識を前提としたグラフや表の読解力を試した。問4は遺伝の法則についての理解を試した。

問1　3ドメイン説は1990年にウーズらによって提唱された説で，生物をリボソームRNAの塩基配列に基づいて真核生物ドメイン，古細菌（アーキア）ドメイン，細菌（バクテリア）ドメインの三つに分ける。酵母を含む菌類は真核生物ドメインに属する。シアノバクテリアや大腸菌は細菌ドメインに属し，褐藻類やべん毛虫類は真核生物ドメインに属する。五界説は20世紀になってからホイッタカーによって提唱され，その後マーグリスらにより修正された。

[1] … ②

問2　「移動量」は結果的な増減量なので，表1と表2の上段の数値は，大気中のCO_2の減少量，つまり生産者の光合成によるCO_2吸収量（総生産量）と全ての生物のCO_2放出量（各表の下段の値）の差である。

移動量＝総生産量－放出量　　より

総生産量＝移動量＋放出量

なので，各表の上段の値と下段の値の合計が各森林の総生産量に対応する。よって，①は誤り。上段の値が負の月も，下段との合計は必ず正になるので，②は正しい。大気中のCO_2を減少させる能力は，森林へのCO_2移動量の合計に相当する。表の上段の数値の年間の合計は森林Pが110，森林Qが175なので，③は誤り。下段の数値は，表1の方が年間を通してあまり変動せず高い。よって，森林Pが熱帯多雨林，森林Qが夏緑樹林と考えられるので，④は誤り。熱帯多雨林は気温が高く一年を通じて光合成が盛んだが，分解者の働きが大きいため，「二酸化炭素を減少させる能力」は低くなる。一方，夏緑樹林は落葉により冬の光合成量が減少する。

[2] … ②

問3　呼吸でもアルコール発酵でもCO_2は放出されるが，エタノールはアルコール発酵でしか放出されない。この違いを利用して，呼吸で放出されたCO_2とアルコール発酵で放出されたCO_2の量（分子数）の比を読み取っていこう。

〈異化の反応〉

呼吸…$C_6H_{12}O_6 + 6O_2 + 6H_2O \rightarrow 6CO_2 + 12H_2O$

ATP：最大38分子

アルコール発酵…$C_6H_{12}O_6 \rightarrow 2C_2H_5OH + 2CO_2$

ATP：2分子

1分子のグルコースを分解すると呼吸では6分子，アルコール発酵では2分子のCO_2が発生することに注意しよう。

アルコール発酵では，生じるエタノールの分子数とCO_2の分子数は等しいので，グラフの破線，エタノールの発生速度はアルコール発酵で生じたCO_2の発生速度と等しい。よって，二つのグラフの差が呼吸で生じたCO_2の分子数を表す。これを踏まえ，各選択肢を検討していく。発酵液の温度が50℃に達するのは60分の時点だが，このとき呼吸の反応は起こらずアルコール発酵しか行われていない。ここから，発酵に関わる酵素は呼吸の酵素より失活しにくいことが分かる。よって，①は誤り。

解答のポイント

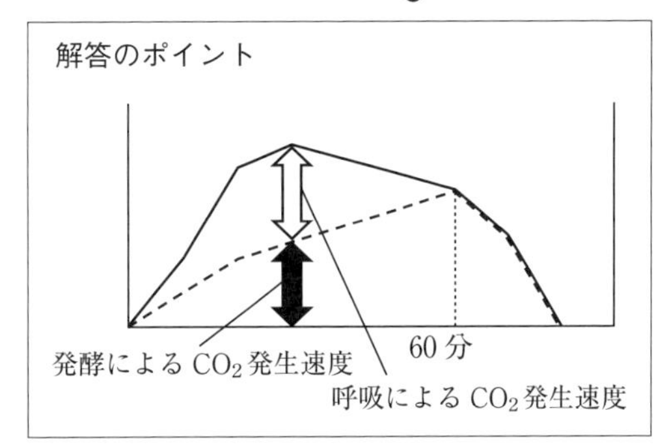

発酵液の温度が20～35℃となるのは0～30分の範囲である。この範囲では，呼吸で生じたCO_2の分子数は，アルコール発酵で生じたCO_2と同じか，最大でも1.3倍程度である。分解されるグルコースの分子数は，呼吸ではCO_2の$\frac{1}{6}$，アルコール発酵では$\frac{1}{2}$なので，

$$呼吸：発酵 = \frac{1 \sim 1.3}{6} : \frac{1}{2} = (1 \sim 1.3) : 3$$

となり，呼吸よりもアルコール発酵で分解されたグルコースの方が多いといえる。よって，②は誤り。

発酵液の温度が25℃となるのは10分の時点

である。このとき，呼吸で生じたCO_2の分子数とアルコール発酵で生じたCO_2の分子数は等しくなっている。同量のCO_2が生じた場合のATP合成量の比は

$$呼吸：発酵=\frac{最大38ATP}{6}:\frac{2ATP}{2}$$

$$=最大38ATP:6ATP$$

となり，呼吸の方がアルコール発酵よりATP合成量が多いといえる。③は正しい。

図1のグラフは横軸が時間，縦軸が発生速度なので，「発生速度×時間＝発生総量」より，面積が発生したCO_2の総量を示す。CO_2の総量ですでに発酵の方が多いので，②と同様，呼吸よりもアルコール発酵で分解されたグルコースの方が多いといえる。よって，④は誤り。

解答のポイント

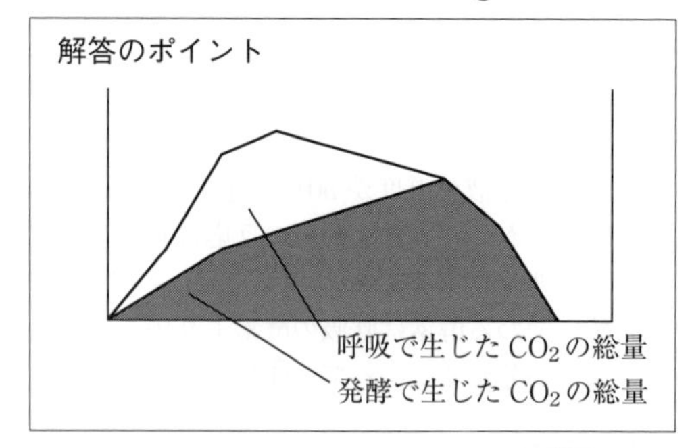

3 …③

問4　一倍体はゲノムを1組しか持たず，接合して二倍体になるとゲノムを2組持つようになる。β株とγ株が接合するとアスパラギン酸からアルギニンを合成できるようになったのは，アスパラギン酸からアルギニノコハク酸を合成する酵素の遺伝子(Aとする)が変異して機能しない株と，アルギニノコハク酸からアルギニンを合成する酵素の遺伝子(Bとする)が変異して機能しない株が接合して，互いに足りない遺伝子を補い合うことができたためであると考えられる。

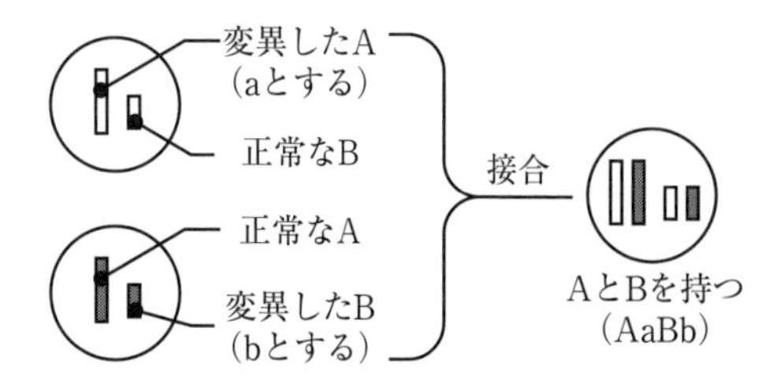

一方，α株がβ株やγ株と接合してもアスパラギン酸からアルギニンを合成できるようにならなかったのは，両方の株と変異している遺伝子が重なっていた，つまり両方の酵素の遺伝子が変異していた(遺伝子型がabだった)からであるといえる。

β株とγ株の接合で生じた二倍体は，上図の通り遺伝子型AaBbとなり，AとBは独立の関係にあるので，減数分裂を行うと，一倍体はAB，Ab，aB，abが1：1：1：1の比で生じる。よって，野生型であるABとなる確率は25%である。

4 …①

第2問（小胞体に関する総合問題）

細胞小器官のうち，特に小胞体に焦点を当て，細胞内で起こっている分子レベルの現象について様々な問題を出題した。問2ではカタラーゼ遺伝子の内部にGFP遺伝子を挿入し，問6ではタンパク質の一部のみを発現させるなど，タンパク質分子内の特定の部分の機能を調べる実験を出題した。このような技術は入試問題でもよく出題されるので，問題文をよく読み，知っている知識のどの内容と関連するものなのかを考えながら解いていこう。

問1　ゴルジ体は1枚の生体膜からなる袋状の構造が，複数重なった形状を持つ。一方，リボソームはリボソームRNAとタンパク質からなる粒子であり，中心体は複数の微小管から構成された粒子である。この二つは生体膜を持たない細胞小器官である。

5 …⑤

問2　となり合うアミノ酸のアミノ基とカルボキシ基の間でペプチド結合する。よって，ポリペプチドの両端にはペプチド結合に使われなかったアミノ基とカルボキシ基がある。タンパク質合成の際はアミノ基側から順に結合していく。よって，翻訳の際は，最初に開始コドンに対応するメチオニンのカルボキシ基と次のアミノ酸のアミノ基がペプチド結合する。

〈翻訳時のポリペプチド〉

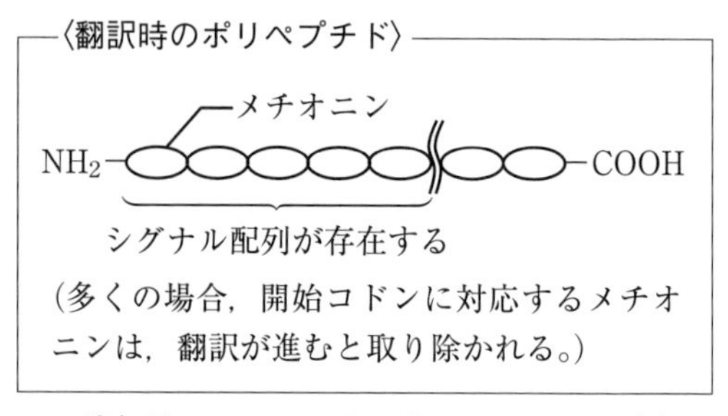

(多くの場合，開始コドンに対応するメチオニンは，翻訳が進むと取り除かれる。)

遺伝子X～Zは，それぞれカタラーゼ遺伝子内の開始コドン側，中央付近，終止コドン側にGFP遺伝子が挿入されている。このうち，遺伝

子Xのカタラーゼ-GFP複合体のみがペルオキシソームに運ばれていない。これは，シグナル配列は開始コドン側から翻訳されたタンパク質のN末端側に存在するが，遺伝子XではそのN末端側にGFPが結合しているため，シグナル配列が機能しなくなったからである。

6 …⑥

問3　ゴルジ体から放出された小胞は，エキソサイトーシスと同様に細胞膜に融合する。このとき，小胞の内側が細胞膜の外側を向くので，細胞膜上のホルモン受容体は，ホルモンとの結合部位が小胞の内側，細胞内で働く部位が小胞の外側を向いて配置されている。

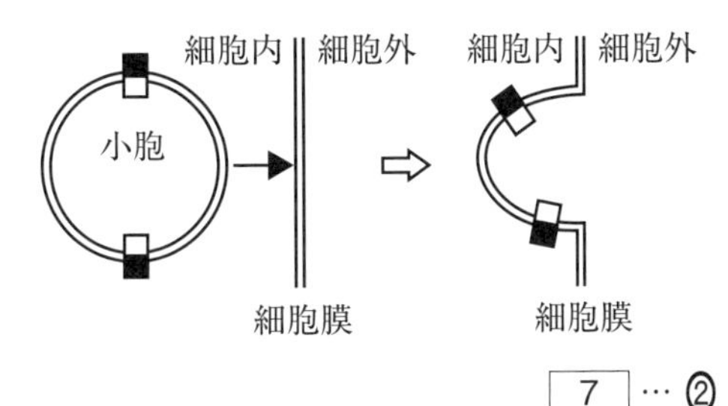

7 …②

問4　選択肢の内容から，このイオンがカルシウムイオン(Ca^{2+})であることは分かるだろう。滑面小胞体にはCa^{2+}を貯蔵する働きがある。筋肉に存在する筋小胞体は滑面小胞体の一種で，筋収縮時にCa^{2+}を放出する。Ca^{2+}はアクチンフィラメントのトロポニンに結合し，トロポミオシンの構造を変化させてアクチンとミオシンの結合を可能にする。よって，①は正しい。ニューロンの軸索の末端(神経終末)には，電位依存性カルシウムチャネルがあり，興奮が軸索の末端まで伝導するとCa^{2+}を細胞内へと流入させる。Ca^{2+}濃度の上昇をきっかけとし，シナプス小胞のエキソサイトーシスにより神経伝達物質が放出される。よって，②は正しい。血管が傷ついた際，トロンビンという酵素がフィブリノーゲンをフィブリンに変えて血ぺいを形成させるが，トロンビンは前駆体のプロトロンビンからトロンビンに変化するとき，Ca^{2+}を必要とする。よって，③は正しい。細胞接着のうち，Ca^{2+}と結合したカドヘリンどうしの結合によるのは接着結合である。よって，④は誤り。

8 …④

問5　リード文より，肥満マウスの肝細胞は正常マウスの肝細胞の約2倍の体積であることに注意しよう。分かりづらければ，肥満マウスの割合を合計200%に換算するとよい。

解答のポイント

図2の割合(概算値)をまとめる。

マウス	正常	肥満	肥満(換算)
合計	100%	100%	**200%**
小胞体	20%	約10%	**約20%**
脂肪滴	約5%	30%以上	**60%以上**

両者の小胞体はほぼ同じ体積であり，脂肪滴の体積は少なくとも6倍以上違うといえる。よって，ⓓは誤りでⓔは正しい。図3より，正常マウスでも肥満マウスでも小胞体の体積の合計は4000 μm^3程度でほぼ等しい(上述の図2の考察と合致する)が，肥満マウスでは滑面小胞体の比率が大きくなっている。また，脂肪滴の体積が大きいことから，脂肪の合成が盛んであると考えられる。そのため，肥満マウスでは脂肪を合成する酵素の量が多くなっている可能性は高いと考えられる。よって，ⓕは正しい。Aのリード文にも滑面小胞体が脂質の合成に関わることが書かれており，裏付ける内容となっている。

9 …⑥

問6　実験3より，正常マウスではタンパク質Pとタンパク質Qが1：1で結合して複合体を形成し膜上に存在すると考えられる。しかし肥満マウスではQのみでも膜上に存在するので，Qが膜に組み込まれる性質を持ち，Pは膜上のQと結合して複合体を形成していると考えられる。実験5でPとQを過剰に発現させた場合，粗面小胞体の体積の増加がみられる。したがって，正常な複合体P-Qは粗面小胞体の体積を増加させると推測できる。実験4より，PとQ，およびPと領域Q1の組合せは複合体を形成しており，これは表2における粗面小胞体の発達に必要であることが分かる。一方，領域P2とQ，およびP2とQ1の組合せは複合体を形成できるが，表2において粗面小胞体の体積増加がみられない。したがって，領域P1は粗面小胞体の体積を増加させる働きに必須であり，P2はQ(実際は領域Q1)との結合に関わっていると推測される。

10 …③

第3問 (生命現象と物質)

光呼吸という発展的な内容を題材とし，呼吸や光合成などの代謝についての理解を試す出題を行った。特に考察問題では，リード文や問題文をしっかり読み，示されている資料の中に隠されているヒントを，注意深く探していこう。

問1　光合成に有効な光は赤色光(660 nm 付近)と青紫色光(430 nm 付近)であり，赤外線(700 nm 以上)は光合成色素にはあまり吸収されない。紫外線(380 nm 以下)は吸収はされるが，葉緑体を損傷するので光合成にはあまり用いられないので，ⓐは誤り。緑色硫黄細菌や紅色硫黄細菌などの光合成細菌は，水の代わりに硫化水素を用いて光合成を行うので，ⓑは誤り。陸上植物は光合成色素としてクロロフィル a・b を持つので，ⓒは正しい。光合成細菌やシアノバクテリアは葉緑体を持たないが光合成を行うことができるので，ⓓは正しい。

11 … ⑥

問2　各選択肢のグラフは，縦軸が CO_2「放出」速度である。強光下(△よりも前)で光合成速度が高いと，見かけ上 CO_2 は「吸収」されるので，グラフは負の値となる。一方，光照射を停止し(△よりも後)，呼吸速度の方が高くなると，見かけ上 CO_2 は「放出」されるので，グラフは正の値になる。以上より，③が正しい。光照射を停止した後光呼吸は短時間持続するので，光照射の停止直後は，光呼吸による CO_2 の放出が記録されていると推測できる。

解答のポイント

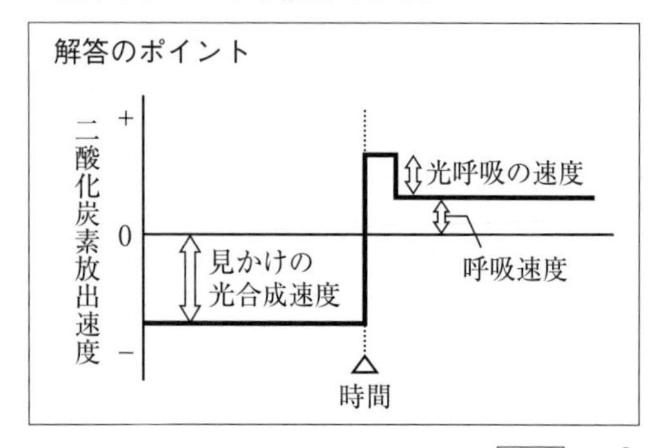

12 … ③

問3　問題文中に，「競争的阻害と同様」とある。競争的阻害は基質と似た構造を持つ阻害剤が，酵素の活性部位に結合してしまうために酵素反応速度が低下するもので，基質濃度を十分に高くするとその影響が小さくなる。ここでは，基質が CO_2，阻害剤が O_2 と考えればよいので，CO_2 濃度を上げると阻害剤の効果は弱まる。大気中の CO_2 濃度は約 0.04% である。光合成を行う生物が現れた頃の大気中の CO_2 濃度は現在の 1000 倍程度で，O_2 濃度はほぼ 0 であったと考えられており，RuBP からグリコール酸を生成する反応はほとんど起こらなかったと推測される。その後，大気中の CO_2 濃度の低下と O_2 濃度の上昇により，こちらの反応が増え，植物はそのグリコール酸の処理のために，光呼吸の反応系を発達させたのではないかと考えられている。

13 … ⑥

問4　正常な光合成反応では，ルビスコによって1分子の RuBP と1分子の CO_2 から2分子の PGA が生じる。しかし，光呼吸の反応では1分子の RuBP から1分子の PGA しか生じないので，光呼吸が起こらなかった場合と比べて PGA が1分子減ったことになる。

14 … ④

問5　問4から合成される有機物が減少することが分かり，さらに図2から光呼吸の反応のためにエネルギーが消費されることが分かる。これにより光合成反応の効率を低下させることになる。また，光合成ではチラコイドの反応で ATP や NADPH が合成され，カルビン回路(カルビン・ベンソン回路)において，PGA から RuBP が生成する過程で消費される。CO_2 の欠乏は，PGA の生成量を減少させるため，カルビン回路全体の進行も滞る。そのため，ATP や NADPH の消費量も減少する。

15 ・ 16 … ③・④(順不同)

発展

CO_2 が不足すると，チラコイドで生成した ATP や NADPH が飽和する一方，吸収した光エネルギーにより水の分解反応(光化学系Ⅱ)は進行し，活性酸素などのエネルギーの高い物質やイオンが生じ，細胞に損傷を与える原因となる。光呼吸はエネルギーを消費してこのような損害を回避する役割がある。

図2を補足すると以下のようになる。

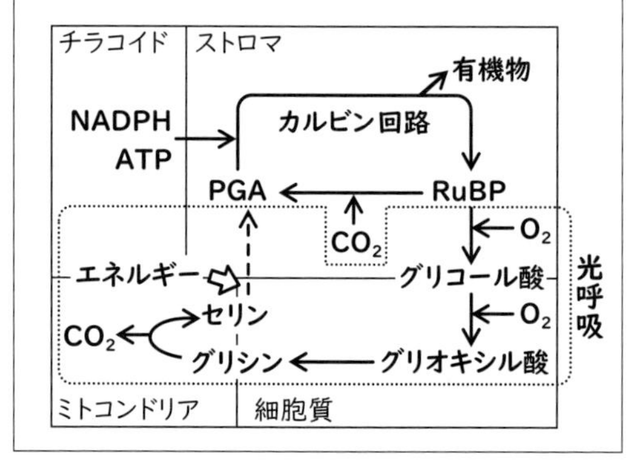

第4問 (生殖と発生)

両生類の発生を題材として，中胚葉誘導や神経誘導といった重要な事象についての理解を確かめる問題を出題した。**問1**のような基本事項，**問2**のようなやや詳細な内容について，自身の知識の定着度を確認してほしい。また，**問4**は実験の結果から各選択肢を吟味して正誤を判断する問題となっている。資料の内容を理解し，考えて解く問題の練習として取り組んでほしい。

問1　卵割において，動物極と植物極を通る面で分割されることを経割，両極を通る軸(卵軸)に垂直な面で分割されることを緯割という。両生類の発生では，第一卵割から第三卵割までは，「経割で等割→経割で等割→緯割で不等割」という順序で卵割が起こる。

17 … ①

問2　神経誘導では，原腸胚期に陥入した中胚葉の細胞がノギン，コーディンというタンパク質を放出する。これらは外胚葉の細胞が分泌したBMP(骨形成因子)というタンパク質と結合することで，外胚葉の細胞が持つ BMP 受容体への BMP の結合を阻害する。外胚葉の細胞は BMP を受容した場合，表皮に分化するが，BMP を受容しなかった場合は神経に分化するので，ノギンやコーディンの濃度が高い部分の外胚葉のみが神経へと分化することになる。

〈神経誘導〉

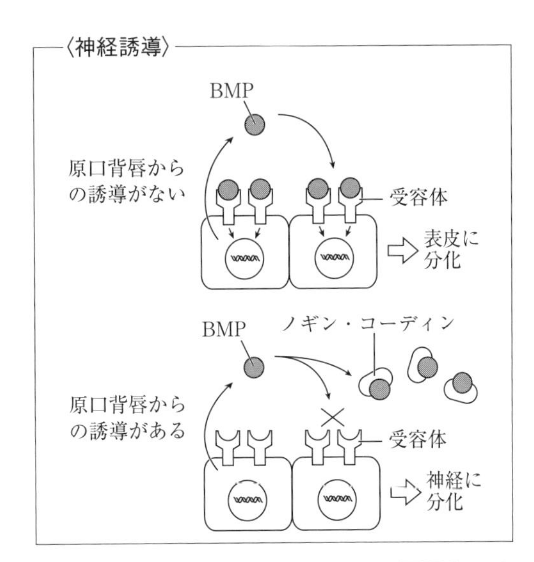

18 … ②

問3　実験1に，「対照実験では，全て外胚葉の細胞に分化した」とあるので，「A 層の細胞が外胚葉以外に分化した」原因を明らかにするのが本実験の目的である。A 層の細胞はもともと予定外胚葉の細胞なので，A 層の細胞が中胚葉へ分化したのは，D 層の細胞からの誘導によると考えられる。したがって，対照実験は，「D 層の細胞による作用がない状態では A 層の細胞が中胚葉へ分化しない」ことを確認できればよい。

19 … ③

問4　まず，表1で分化した組織を胚葉の種類で分類しておこう。1個の胚由来の A 層の細胞から複数の組織に分化することがある点に注意しよう。

〈ウニとカエルの卵割〉

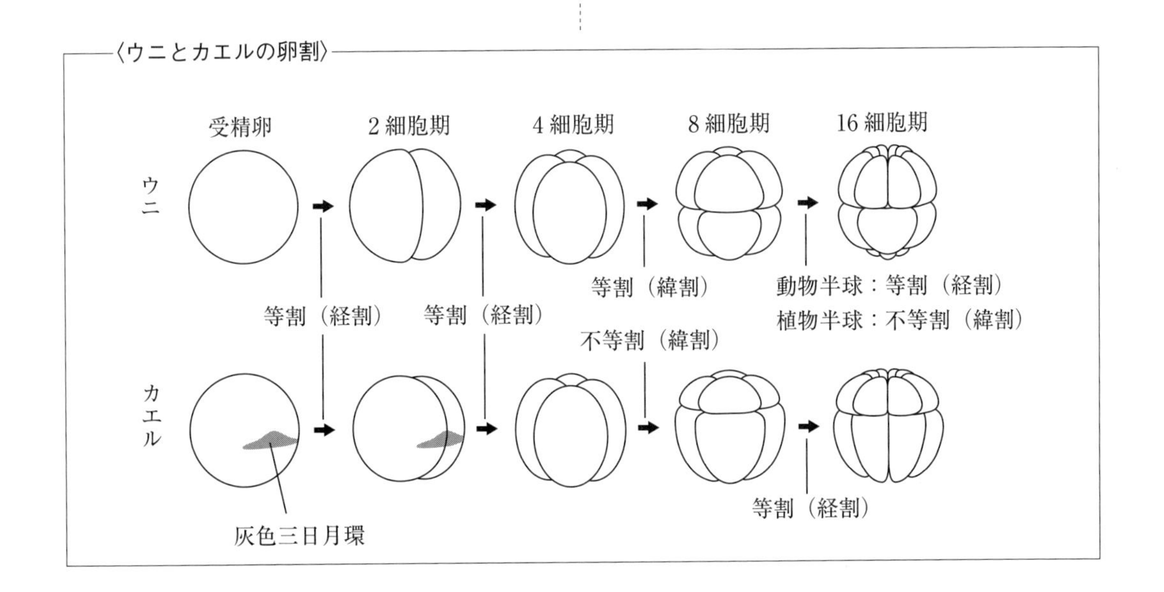

〈胚葉と組織〉

外胚葉…表皮，神経管，神経堤
中胚葉…脊索 → その後退化する。
　　　　体節 → 骨格筋，脊椎骨など
　　　　腎節 → 腎臓など
　　　　側板 → 平滑筋，心臓，血管など
内胚葉…呼吸器，消化管など

D1～D4 の全ての割球により A 層の中胚葉への分化がみられるので，ⓓは正しい。しかし，一つの A 層から分化した組織の組合せは表 1 からは分からず，例えば神経の分化がみられた A 層は，神経(外胚葉)のみに分化したのか，中胚葉の分化もみられたのかは分からない。よって，ⓐとⓒは正しいとはいえない。ただし，D4 については，20 個全ての A 層が筋肉に分化している。よって，ⓑは正しい。

20 … ⑤

第5問 (植物の環境応答など)

環境に対する植物の反応を中心に出題を行った。問1はオーキシンについての基本的な知識を確かめる問題としたが，それぞれの植物ホルモンは複数の働きを示すので，それらをもれなく覚えておく必要がある。また，発見の経緯や農業への応用などが問われることもあるため，この機会に各植物ホルモンについての知識を整理しておこう。

問1　リード文の「幼葉鞘の先端部などで合成され，極性移動によって基部へと運ばれて細胞の伸長を制御する」という部分から，植物ホルモン A はオーキシンであることが分かる。オーキシンは茎や根の光屈性を起こす際，光の当たらない側での濃度が高くなるので，❶は正しい。その際，細胞からオーキシンを排出する PIN タンパク質が細胞膜の基部側に局在することで極性移動が起こるので，❷は正しい。天然のオーキシンはインドール酢酸(IAA)であり，人工のオーキシンとしてナフタレン酢酸や 2,4-D が利用されているので，❸は正しい。頂芽から下降してきたオーキシンは，側芽付近でサイトカイニンの合成を抑制することで頂芽優勢が成立するので，❹は誤り。オーキシンは落葉の抑制，果実の成長促進，根の分化促進などの作用があるので，❺と❻は正しい。

〈果実の形成と落果〉

・果実の形成にはオーキシンやジベレリンが関与する。
　→ジベレリンは単為結実(種なしブドウ)や種子の発芽にも関与する。
・落葉，落果はアブシシン酸の刺激により合成されたエチレンにより起こる。
　→落葉，落果については，オーキシンは抑制的に働く。
　→アブシシン酸は種子の発芽は抑制する。

「オーキシン・ジベレリンは成長促進，アブシシン酸・エチレンは老化促進」と単純にとらえず，他の働きについても復習しよう。

21 … ④

問2　輸送体は特定の物質と結合してから構造を変化させ，物質を膜の反対側へと輸送するタンパク質である。一方，チャネルは特定のイオンなどを透過させる孔であり，アクアポリンは輸送体ではなくチャネルの一種である。

植物の細胞壁の主成分はセルロースであり，このセルロースでできた繊維が，細胞壁の変形しにくい性質を担っている。孔辺細胞では，気孔側の細胞壁が厚く，反対側の細胞壁が薄いので，吸水により膨圧が生じると，反対側がより膨らみ，湾曲することで気孔が開く。

22 … ⑦

問3　実験1で，植物ホルモン A(オーキシン)を添加せずとも，植物自身が合成していると考えられるため，実験1，2とも植物ホルモン A が存在しない状態とはいえない。よって，ⓐは正しいとはいえない。図1において，植物ホルモン A を添加した場合には pH が大きく低下している。よって，ⓑは正しい。植物ホルモン A の濃度については，添加の有無しか検討しておらず，濃度と pH の細かい関係は検証されていない。よって，ⓒは正しいとはいえない。図2において，pH 3 のとき，2 時間以降幼葉鞘が短くなっているのが分かる。よって，ⓓは正しい。これは細胞膜が正常な状態を保つことができず，細胞の内容物が流出してしまったことによると思われる。

23 … ⑤

問4　PCR 法では，2 種類のプライマーに挟まれた範囲が増幅される。普通系統では，プライマーとしてⅠとⅡを用いた場合には 240 塩基対の DNA 断片が増幅されるが，プライマーⅢは結合する配列がなく機能しないため，ⅠとⅢを用いても増幅されない。一方，硬肉系統では，ⅠとⅡを用いた場合には 240＋2600＝2840 塩基対，ⅠとⅢを用いた場合には 120＋(2600－2580)＝140 塩基対の領域が PCR の対象になるが，「1000 塩基対より長い DNA 断片は増幅できない」ので，140 塩基対の DNA 断片のみが増幅される。また，F_1 は普通系統と硬肉系統の両方の DNA を持つ。

以上より，レーン 1 は挿入のない塩基配列のみが増幅されたので普通系統，レーン 3 は挿入のある塩基配列のみが増幅されたので硬肉系統，レーン 2 は両者とも増幅されたので F_1 であると分かる。

24 … ②

第6問 (生態と環境・生物の進化と系統など)

生態と環境，生物の進化と系統に加え，問３や問４では生殖と発生の分野も含め，分野横断型の出題を行った。生物の学習では，それぞれの分野を個別に理解するだけではなく，分野間のつながりも意識して学習してほしい。

問１　木村資生は，遺伝的変異は生存に有利でも不利でもないものが多く，そのような変異は主として自然選択よりも遺伝的浮動によって頻度が変化すると考え，中立説を提唱した。よって，ⓐは正しい。一方，生存に有利な遺伝子は遺伝的浮動よりも自然選択によってその頻度が高くなっていく。よって，ⓑは誤り。遺伝的浮動とは，有性生殖を行う際の配偶子の偶然の偏りにより起こり，集団の個体数が少ないほど効果が大きくなりやすい。よって，ⓒは正しい。共進化は自然選択により起こる現象である。よって，ⓓは誤り。

〈共進化の例〉

ある種のラン(一般に「ダーウィンのラン」と呼ばれる)は，蜜をためる距(きょ)(花弁やがくで形成された細長いつぼ状の構造)が長い方が，ガに花粉を付着しやすいので，自然選択により距の長いものが増加した。このランの蜜を吸うガは，それに合わせて口器の長いものが自然選択によって増加した。

25 … ②

問２　昆虫は節足動物門，センチュウは線形動物門，ミミズは環形動物門に属する。節足動物門と線形動物門は成長過程で脱皮を行い，脱皮動物としてまとめられる。これらに加え，扁形動物門，輪形動物門，軟体動物門，環形動物門の生物は原口が口になり，旧口動物としてまとめられる。

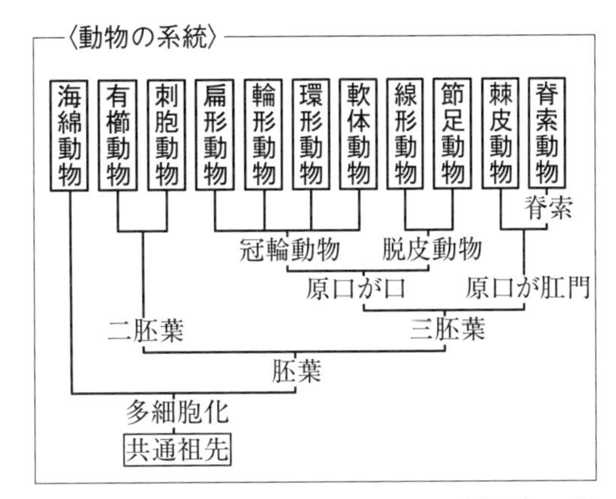

26 … ④

問３　ハチの多くの種とアリ，シロアリのほとんどの種は社会性昆虫であり，カーストと呼ばれる生まれつきの分業がみられるコロニーを形成している。ハチやアリの雄は未受精卵から生じる一倍体である。そのため，ハチやアリの雄は母親の遺伝子しか持たず，父親から遺伝子を受け継ぐことはないので，遺伝的な父親がいない。よって，①は正しい。すると，ハチやアリの雄は，自身の遺伝子を，次世代の女王となる娘を通じて孫へと受け継ぐことになる。よって，②は正しい。二倍体の個体の配偶子形成では，減数分裂が起こる。減数分裂では相同染色体の一方のみが無作為に娘細胞に分配されるため，多様な染色体構成の娘細胞ができる。そのため，未受精卵から発生する雄も遺伝子構成は多様であり，クローンではない。よって，③は誤り。シロアリは雌雄とも受精により生じるので，両親に由来する遺伝子を１組ずつ持つ。よって，④は正しい。シロアリでは雄も減数分裂を行うので，ワーカーが受け継ぐ遺伝子は両親とも２組のうちの一方である。一方，アリやハチでは，父親が持っていた１組のゲノムをそのまま受け継ぐことになる。したがって，アリやハチでは，父親由来の遺伝子は全てのワーカーで同じものとなり，ワーカーどうしの遺伝子の共通している割合が高いといえる。よって，⑤は正しい。相同染色体の１組だけを図示すると，次図のようになる。

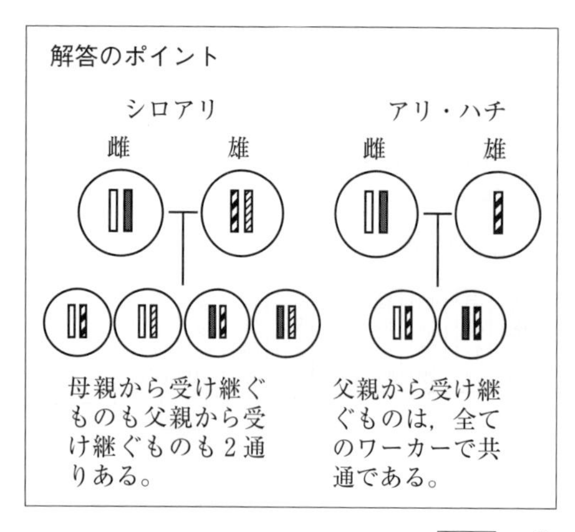

27 … ③

問４　女王が複数の雄と交尾したとしても，女王の遺伝子の半分がワーカーに受け継がれることは変わらない。一方，ワーカーどうしに関しては，父親が異なる場合には同じ遺伝子を持つ可能性は母親由来の遺伝子のみとなり，確率は半減する。しかし，女王が複数の雄と交尾し，コロニー内のワーカーの遺伝子が多様になると，感染症や寄生虫，環境の変化に耐えられる個体が出現する確率が高くなる。特に社会性昆虫の場合，ハチの巣を見れば分かるように，ワーカーは非常に密な状態で生活している。このような状態で細菌やウイルスに感染すると，あっという間にコロニー全体に感染が拡大し，全滅する危険性が高い。多様な遺伝子を持つワーカーが存在すれば，全滅を防ぐことができる可能性が高まるのである。

28 … ③

第4回　解答と解説

問題番号(配点)	設問	解答番号	正解	(配点)	自己採点
第1問 (16)	1	1	4	(各3)	
	2	2	2		
	3	3	3		
	4	4	2		
	5	5	2	(4)	
				自己採点小計	
第2問 (15)	1	6	4	(3)	
	2	7	4	(各4)	
	3	8	1		
	4	9	1		
				自己採点小計	
第3問 (16)	1	10	4	(3)	
	2	11	2	(4)	
	3	12	7	(各3)	
	4	13	2, 5 (順不同)		
		14			
				自己採点小計	
第4問 (11)	1	15	1	(3)	
	2	16	5	(各4)	
	3	17	3		
				自己採点小計	

問題番号(配点)	設問		解答番号	正解	(配点)	自己採点
第5問 (22)	A	1	18	7	(各3)	
		2	19	5		
	B	3	20	1		
		4	21	6		
		5	22	5		
		6	23	5	(4)	
		7	24	5	(3)	
					自己採点小計	
第6問 (20)	A	1	25	3	(各3)	
		2	26	3		
		3	27	1		
		4	28	3		
	B	5	29	2	(各4)	
		6	30	4		
					自己採点小計	

自己採点合計

解　説

第１問（タンパク質の分泌）

出題のねらい

細胞でのタンパク質の合成・輸送・分泌をテーマにした出題である。高校生物の「細胞と分子」を中心に，「遺伝情報の発現」，および高校生物基礎の「体内環境の維持」の内容もからめて分野横断的に出題した。生体物質や細胞に関する知識は，全ての分野の土台となる。生物基礎で学んだ内容と合わせて丁寧に学習しよう。

☞共通テストでは，複数の分野にまたがって分野横断的に出題される。

問１　酸素や二酸化炭素など極性のない非常に小さな分子や，比較的小さな脂溶性の分子は細胞膜の脂質二重層を通過できるが，極性のある水分子やアミノ酸，糖，イオンなどは細胞膜を通過しにくく，細胞膜にあるチャネルやポンプなどの輸送タンパク質によって輸送される。大きい分子であるタンパク質などは，輸送タンパク質も通過することができないため，小胞に包み込まれて，小胞と細胞膜が融合または分離することによって細胞を出入りする。

☞**細胞膜の構造**

リン脂質が疎水性の部分を内側に，親水性の部分を外側に向けて並んだリン脂質二重層でできている。

〈 小胞による物質の出入り 〉

○　**エキソサイトーシス(開口分泌)**

細胞内で合成したタンパク質などの物質を含んだ小胞が細胞膜と融合することによって，物質を細胞外に分泌する仕組み。

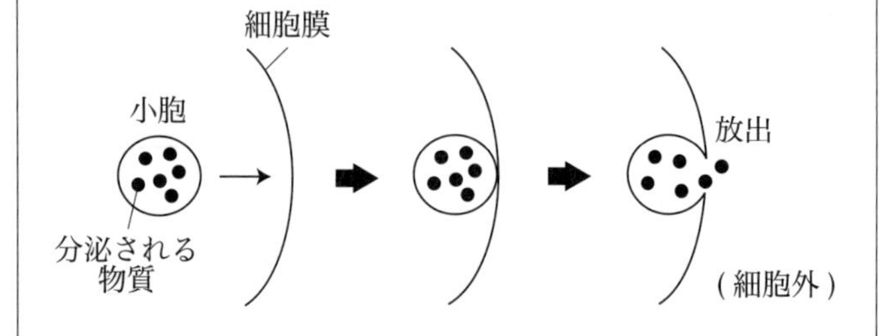

☞エキソサイトーシスで細胞外に分泌するタンパク質の例としては，インスリンなどのペプチドホルモンや消化酵素などがあげられる。

○　**エンドサイトーシス(飲食作用)**

細胞膜の一部が陥入し，物質を外液ごと含んだ小胞が分離することによって，物質を細胞内に取り込む仕組み。取り込んだ物質は，様々な分解酵素を含むリソソームと小胞が融合することによって分解されたりする。

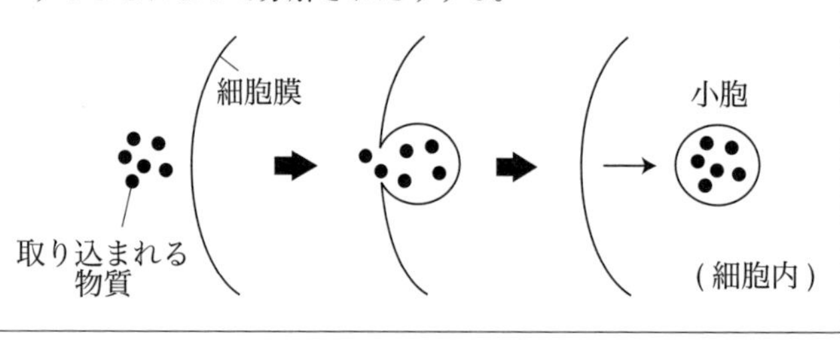

☞マクロファージなど特定の細胞が大きな粒子を取り込む場合を**食作用**，液体などを取り込む場合を**飲作用**という。

| 1 | …④ |

問2　インスリンは，血糖量が上昇する$_{イ}$食事の後に分泌されて，筋肉でのグルコースの取り込みと分解を促進させたり，肝臓でのグリコーゲンの合成を促進させることによって，血糖量を下げる働きをもつ。インスリンの内分泌腺はすい臓ランゲルハンス島の$_{ウ}$B 細胞。

ホルモンの種類と働きは生物基礎の範囲だが，生物の試験でも出題される可能性があるので確認しておくこと。

[2]…②

問3　ホルモンは内分泌腺から血液中に分泌されて運ばれ，離れた標的細胞に作用を示す。よって③・④のどちらかである。脂質ホルモンや分子が小さいホルモンなど，細胞膜を通過できるホルモンの受容体は細胞内に，ペプチドホルモンのように細胞膜を通過できないホルモンの受容体は細胞膜に存在する。リード文を読めばわかる通り，インスリンはタンパク質でできているペプチドホルモンなので，③を選ぶことになる。

なお，①のような情報伝達は樹状細胞がＴ細胞に抗原提示を行う際などにみられ，②のような情報伝達はニューロンのシナプスなどでみられる。

[3]…③

問4　タンパク質はDNAの遺伝情報をもとに合成される。まず核内でDNAの遺伝子情報が転写されてmRNAがつくられ，mRNAは核膜孔を通って細胞質基質のリボソームで翻訳されてタンパク質ができる。

細胞外に分泌されるタンパク質は粗面小胞体上のリボソームで合成され，粗面小胞体から小胞輸送によってゴルジ体に運ばれ，エキソサイトーシスによって細胞外へ分泌される。問題中の突然変異体Ⅰは「タンパク質Ｐが小胞体に蓄積」していることから，小胞体からゴルジ体への小胞輸送が起こらなくなっていることがわかる。突然変異体Ⅱは「タンパク質Ｐがゴルジ体に蓄積」していることから，ゴルジ体から細胞膜への小胞輸送が起こらなくなっていることがわかる。よって，二重変異体の場合は，小胞体からゴルジ体への小胞輸送も，ゴルジ体から細胞膜への小胞輸送も，両方とも起こらない。ここで，タンパク質分泌の流れ(小胞体→ゴルジ体→細胞膜→細胞外)がわかっていれば，二重変異体ではタンパク質Ｐが小胞体に蓄積する，すなわち突然変異体Ⅰと同様の分布になると考えられるであろう。

☞核やミトコンドリアなどの細胞内で働くタンパク質は細胞質基質中に遊離しているリボソームで合成される。合成されたタンパク質には輸送先を指示するアミノ酸配列があり，各細胞小器官に取り込まれる。

〈 タンパク質の合成・輸送・分泌 〉

粗面小胞体上のリボソームでタンパク質が合成される
→タンパク質は粗面小胞体内へ入る
→小胞を通じてゴルジ体へ運搬される
→ゴルジ体内で一様でない様々な糖類の修飾(付加)を受ける
→さらにゴルジ体内で濃縮され複合タンパク質の分泌顆粒が形成される
→分泌顆粒は小胞を通じて細胞膜へ運ばれ，膜融合して細胞外へ放出(エキソサイトーシス)される

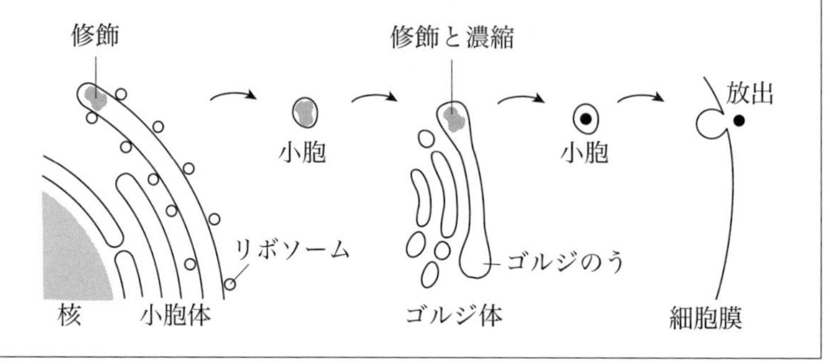

4 …②

問5　電気泳動法の結果から考えていく。

解答のポイント

① 図1より，HA－1は3種類の断片ができる→患者ⅠとⅢである。HA－2とHA－3は4種類の断片ができる→患者ⅡかⅣである。
② 図2で，短い断片は上の方まで流れ，長い断片は下の方に留まる。
③ 最も短い断片は，患者Ⅳでみられる→HA－2である。
よって，患者Ⅱ→HA－3である。

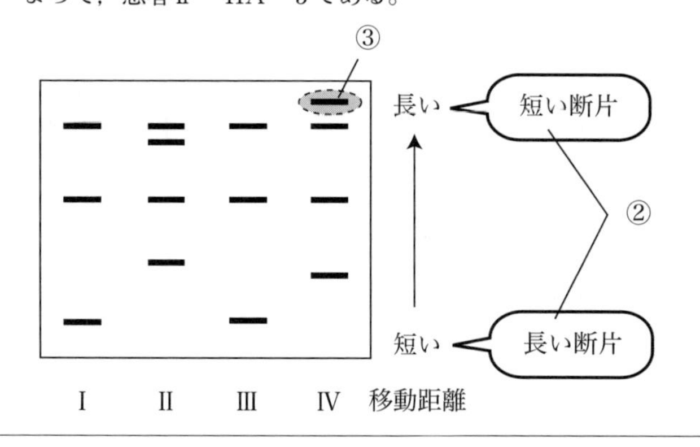

5 …②

第2問 (性決定の仕組み)

出題のねらい

入試生物において性決定は近年頻出のテーマの1つである。本問では性染色体についての基本的な理解を確認したうえで，性染色体とは無関係に孵(ふ)卵温度やからだの大きさによって性が決定する例を取り上げ，考察力を試した。生殖と発生の分野は実験考察の出題が多いため，まずは基本的な用語を整理して確実にしたうえで，考察問題にも早期に取り組んでおきたい。

問1　個体を構成する細胞には，両親それぞれに由来する染色体のセットが1つずつ，同じ大きさと形をもった染色体が対になって合計2セット存在し，この対になった染色体を**相同染色体**という。相同染色体は配偶子形成の際，減数分裂第一分裂の前期で**対合**して**二価染色体**を形成する。X染色体とY染色体が大きさや形が異なるにもかかわらず相同染色体とみなされているのは，減数分裂時に対合するためである。よって④が適当。

① ヒトのX染色体には色覚に関する遺伝子など性決定には関係しない様々な遺伝子が存在する。一方，Y染色体にはほとんど遺伝子が存在しないが，性決定に重要な役割を果たす *SRY* 遺伝子が存在する。よって誤り。

② 連鎖とは1つの染色体上に複数の遺伝子がある様子を示す用語なので，誤り。

③ DNAの複製は分裂前の全ての染色体で行われるため，適当ではない。

⑤ 相同染色体どうしは別の配偶子に分配されるので，誤り。

[6]…④

問2・問3　複数の実験結果を考察したり，複数の資料を解析する問題では，1つずつ内容を整理するとよい。

解答のポイント　実験のまとめ

実験1　孵卵温度が28～31℃，35℃では雌に，33℃前後では雄になる。

実験2　アロマターゼの活性を抑制すると，本来は全て雌になるはずの30℃，35℃で孵卵しても半数以上が雄になった。よって，アロマターゼは雌化を促進する働きをもつと考察できる。

実験3　アロマターゼの活性を促進しても，33℃で孵卵した場合は雌化せずに全て雄になった。ここから，33℃ではアロマターゼがそもそも合成されないか機能しないと考察できる。

問2は雌化を促進する内容の選択肢を選ぶ。①・②は逆に雄化を促進する内容なので誤り。X染色体には性決定に関与する遺伝子がなく不活性化しても性別は変わらないので③は誤り。なお，ミシシッピーワニは性染色体とよべるような染色体はない。よって，雄性ホルモンから雌性ホルモンを合成するという内容の④を選ぶことになる。**問3**は，33℃ではアロマターゼが合成されないとする①を選ぶことになる。

7 …④，8 …①

問4　図4のグラフは配偶子の数ではなく「1個体が残せると期待される子の数」となっていることに注意。つまり，縄張りの大きさや異性の獲得のしやすさなど様々な要因を総合した結果ということである。性決定様式は，種全体としてより多くの子を残せるような仕組みになっているはずである。

夫婦間の子の数は，一夫多妻制の場合は雄になった個体の，一妻多夫制の場合は雌になった個体の「1個体が残せると期待される子の数」になる。一夫一妻制の場合は，雌雄のうち期待される子の数が少ない方に合うことになる。図4は，からだの大きさが大きくなると雄の期待される子の数が極端に増えているので，からだの大きい個体が雄となり，その雄と数匹の雌とで一夫多妻の夫婦になれば，最も多くの数の子を期待できるとわかるであろう。なお，一夫一妻制では，雌雄での期待される子の数に差が出ると，互いにとって不利になってしまう。

9 …①

第3問（神経細胞の伝達）

出題のねらい

神経細胞について，「発生」の分野から神経の分化についての基礎知識を確認したうえで，「動物の刺激の受容と反応」の分野からシナプスにおける空間的加重について考察問題を出題した。

問1　次のまとめの通り，①の毛および③の水晶体は外胚葉の表皮領域から，②の真皮は中胚葉の体節領域から，④の眼の網膜は外胚葉の神経管領域から，⑤の小腸の上皮細胞は内胚葉から，⑥の血管は中胚葉の側板領域から，それぞれ分化する。特に眼の誘導は細かい部分まで問われることが多いので確認しておこう。

〈 器官形成 〉

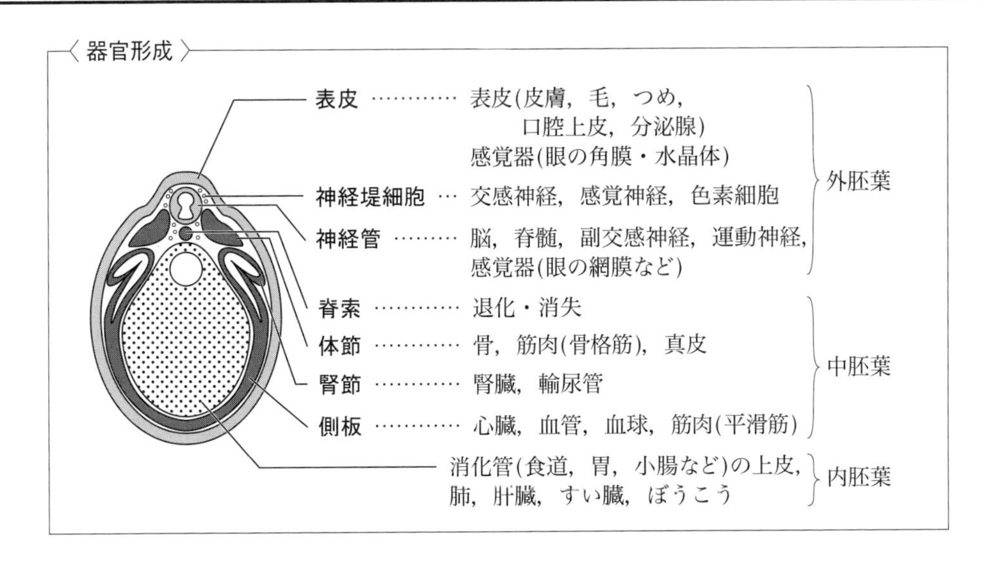

〈 眼の誘導 〉

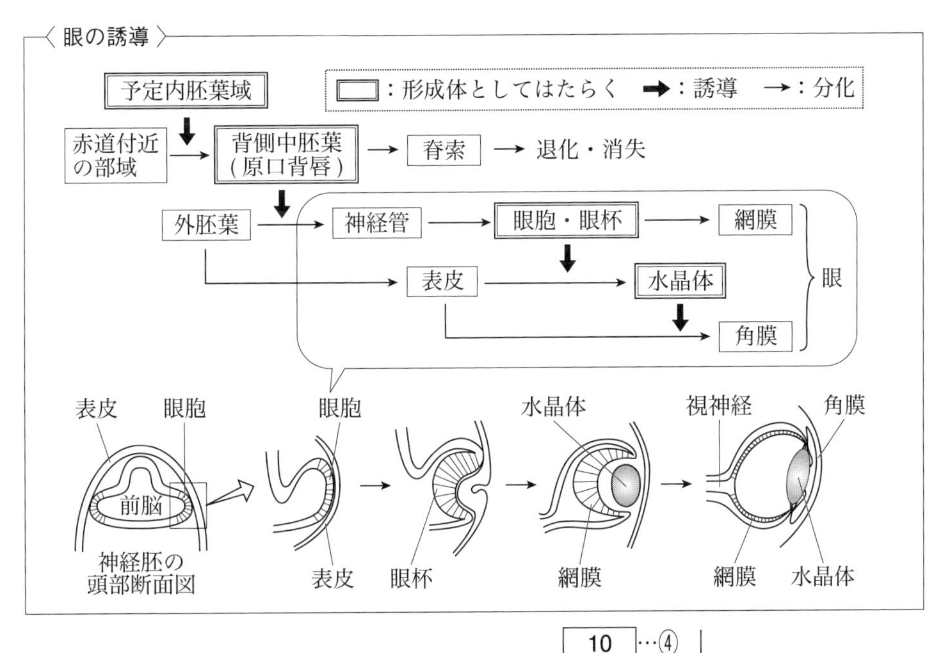

10 …④

問 2　リード文で説明されている通り，シナプスにはシナプス後細胞の膜電位を上昇させる**興奮性シナプス後電位**(EPSP)と膜電位を低下させる**抑制性シナプス後電位**(IPSP)を生じさせるものとがあり，図 2 のⓐは EPSP，ⓑは IPSP による膜電位の変化を示している。シナプス後細胞は膜電位が閾値を超えたときだけ興奮するのだが，複数の異なるシナプスで同時に EPSP または IPSP が生じることを**空間的加重**，1 つのシナプスで連続した EPSP または IPSP が生じることを**時間的加重**といい，本問はこのうち空間的加重について取り上げている。

さて，実験結果について，**実験 1** で単独で電気刺激を与えてもシナプス後細胞である N4 で活動電位が発生しなかったが，**実験 2** で n1 と n2 を同時に刺激すると N4 で活動電位が発生したのは，

N1 と N2 がどちらも EPSP を生じさせるニューロンであり，空間的加重によって閾値を超えたからであると考えられる。しかし，n1 と n2 に加えてさらに n3 を同時に刺激した場合は N4 で活動電位が発生しなかったことから，N3 が IPSP を生じさせるニューロンであることがわかる。

11 …②

問3　ニューロンで活動電位が発生すると，そのニューロンがシナプス後細胞に EPSP を生じさせるものか IPSP を生じさせるものかに関わりなく，その興奮はニューロン内全体に伝わる。よって，n1 ～ 3 を刺激した場合は，それが単独であっても同時であっても N1 ～ 3 では活動電位が発生する。伝導と伝達の違いを改めて確認しておこう。

12 …⑦

問4　シナプスでの興奮の伝達は次のような過程で起こる。**実験3**では，神経伝達物質を与えるとシナプス後細胞である N4 で活動電位が生じたことから，カドミウムイオンが作用するのはシナプス前細胞が神経伝達物質を分泌するまでの過程であると考えられる。

☞**伝導と伝達**

活動電位がニューロン内に伝わることを**伝導**といい，シナプスで神経伝達物質を分泌することにより別のニューロンに興奮を伝えることを**伝達**という。

〈 興奮の伝達の過程 〉

① 興奮が軸索末端に伝わると，電位依存性の Ca^{2+} チャネルが開き，Ca^{2+} が細胞内へ流入する。

② 神経伝達物質を含んだシナプス小胞がシナプス前膜と融合してエキソサイトーシスが起こり，神経伝達物質がシナプス間隙に分泌される。

③ シナプス後細胞の細胞膜にある伝達物質依存性 Na^{+} チャネルや Cl^{-} チャネルが開き，EPSP や IPSP が発生する。

④ 電位の加重によりシナプス後細胞の膜電位が閾値に達すると活動電位が発生する。

⑤ 神経伝達物質はただちに分解されたりシナプス前膜に回収される。

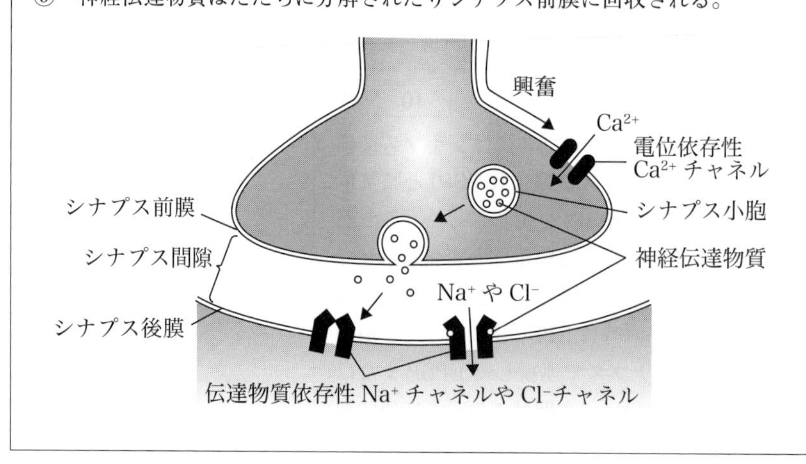

13 ・ 14 …②・⑤（順不同）

第4問（進化の仕組み）

出題のねらい

進化の仕組みや系統に関する研究の発展について，「遺伝情報の発現」や「発生」の分野の知識と理解だけで解けるように出題した。未学習であるからと諦めずに取り組んでもらいたい。

問1 **ア** ミミズが環形動物であることは，生物基礎の「体内環境の維持」の分野で，閉鎖血管系をもつ生物として紹介している図説もある。それを知らなくても，ミミズがもう一つの選択肢の軟体動物ではないとわかったであろう。

イ ウニの幼生はプルテウス幼生，カエルの幼生はオタマジャクシだが，そのどちらも図1とは似ていない。であれば，残るハマグリが当てはまるとわかるであろう。ミミズ，ゴカイなどの環形動物やハマグリ，イカなどの軟体動物は，発生の過程においてトロコフォア幼生を経る。

15 …①

問2 問題中の文章の内容に沿って素直に空欄を埋めていこう。図2で祖先生物から塩基配列が1個しか変化していないのは生物**え**と生物**お**。次に，生物**え**から塩基が1個しか変化していないのは生物**い**。同様に生物**お**からの系統も変化している塩基の数と位置を比較しながら考えていけばよい。

16 …⑤

問3 大腸菌の遺伝子組換えを行う際，抗生物質耐性遺伝子をもつベクターに目的遺伝子を組込んで導入し，抗生物質を含む培地で培養することで組換え大腸菌を選別するという手法は最も一般的である。例えば，次図のようにアンピシリン耐性遺伝子とテトラサイクリン耐性遺伝子をもつベクター（プラスミド）の，アンピシリン耐性遺伝子を壊すような位置に，制限酵素の *Pst* I と DNA リガーゼを用いて目的遺伝子を組み込むとする。

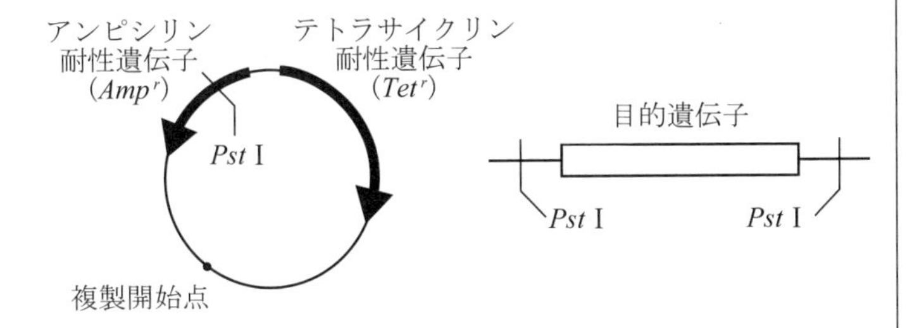

この組換えプラスミドを大腸菌に導入すると，次の種類の大腸菌ができる。

① 目的の遺伝子導入が成功した大腸菌。つまり，アンピシリン耐性遺伝子はもたずテトラサイクリン耐性遺伝子をもつ大腸菌。

② 組換えプラスミドの作製がうまくいかず，元のプラスミドが導入された大腸菌。つまり，アンピシリン耐性遺伝子とテトラ

サイクリン耐性遺伝子を両方とももつ大腸菌。

③　プラスミドが導入されなかった大腸菌。つまり，アンピシリン耐性遺伝子もテトラサイクリン耐性遺伝子ももたない大腸菌。

これらを抗生物質を含む培地で培養して次のような結果になった場合，①の目的の遺伝子をもつ大腸菌のコロニーはcとdということになる。

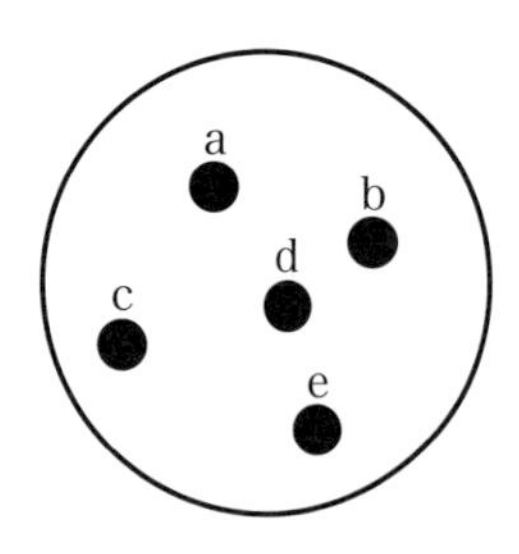

テトラサイクリン培地

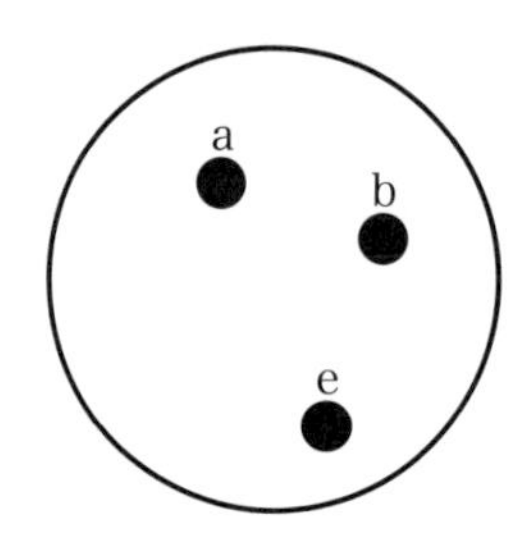

アンピシリン培地

17 …③

第5問（植物の環境応答と遺伝子）

出題のねらい

植物をテーマに，「生態」「植物の環境応答」「遺伝情報の発現」「生殖と発生」の分野から幅広く出題した。**A**では植物の光をめぐる種間競争についての資料解析問題，および，光周性による花芽形成に関する基本的な知識問題を出題した。**B**ではある突然変異体に関する資料から，植物ホルモンについての知識や遺伝学的手法についての理解を問い，集団遺伝の学習につながる遺伝の問題を出題した。

☞共通テストでは，身近なテーマからの出題もみられる。**問6**のような会話文形式の問題などにも慣れておきたい。

問1　光周性による花芽形成についての知識問題である。

ア　アサガオやコスモスは短日植物。

イ　連続した暗期の長さが限界暗期に達するかどうかで，花芽形成を起こすかどうかが決まる。例えば短日植物が花芽形成を起こすような日長にしても，暗期の途中で短時間の光を当てる光中断を行うと花芽形成が起こらない。

ウ　日長(暗期の長さ)は葉で感知され，花芽形成の条件を満たすとそこで花成ホルモンであるフロリゲンがつくられる。フロリゲンは茎頂に運ばれて作用を示し，花芽形成を促進する。

18 …⑦

問2　図1のソバとヤエナリの乾燥重量を読み取ると次のようになっている。

	同化器官	非同化器官	合計
ソバ	14 g/m^2	12 g/m^2	26 g/m^2
ヤエナリ	15 g/m^2	13 g/m^2	28 g/m^2

よって，単独で育てた場合の乾燥重量はヤエナリの方が多い。

混植した場合については，リード文の「特に光をめぐる競争が激しい」ことがヒントになる。ヤエナリの同化器官のある 50 cm 以下の高さでは，ソバの同化器官によって光が遮られてほぼ届かないため，ヤエナリでは同化がほとんど行えなくなる。よって，ソバの乾燥重量はやがてヤエナリより多くなると考えられる。

19 …⑤

問 3 遺伝子型 aa の個体は背丈が低くなることから，ある植物ホルモン X とは植物の伸長成長を促すジベレリンであることが予想される。ジベレリンには種子の発芽を促進させる働きもあるので，遺伝子型 aa の個体は発芽が遅くなると考えられる。他の植物ホルモンの働きも確認しておきたい。

〈 植物ホルモン 〉

- **オーキシン**…細胞の分裂・成長を促進，側芽の成長を抑制(頂芽優勢)，落葉・落果を防止，子房の肥大を促進，不定根の形成を促進
- **ジベレリン**…茎の伸長を促進，種子の発芽を促進，受粉なしでの果実の肥大(単為結実)
- **サイトカイニン**…側芽の成長を促進，細胞分裂を促進，老化を防止
- **エチレン**…果実の成熟を促進，落葉・落果を促進，茎の肥大を促進
- **アブシシン酸**…気孔を閉じる，種子や芽の休眠を維持
- **フロリゲン**…花芽の形成を促進

20 …①

問 4 遺伝子型 aa の個体は植物ホルモン X を与えても背丈が低いままであることから，遺伝子 A は植物ホルモン X の合成や分泌に関わっているのではなく，植物ホルモン X が作用する側に関わっていることがわかり，選択肢の中だと受容体の遺伝子であると考えるのが妥当であろう。

21 …⑥

問 5 DNA の塩基は 4 種類あるので，1 塩基あたり 4 通りである。20 塩基のプライマーだと，$4^{20}=2^{40}=(2^{10})^4 \fallingdotseq (10^3)^4=10^{12}$ 通りとなる。問題は「何塩基対あたり」と聞かれているので，$10^{12}/2=5.0\times10^{11}$ が答えとなる。

22 …⑤

問 6 PCR 法では，2 つのプライマーにはさまれた領域が増幅される。また，DNA ポリメラーゼによる合成は 5'→3' の向きに起こるので，図 3 では「→」と「←」にはさまれた部分を増幅することになる。

エ 「遺伝子 A では明らかなバンドが検出されない」より，遺伝子 A にはない T-DNA 上のプライマーであるⓑまたはⓔを用い

ることはすぐにわかるだろう。矢印の向きに注意しながら選択肢を検討すると，ⓐとⓔまたはⓑとⓕしかここには当てはまらないことがわかる。

オ　エで選んだⓐとⓔまたはⓑとⓕは，「遺伝子 A では明らかなバンドが検出されず，遺伝子 a ではバンドが検出される」とあることから，各遺伝子型の結果は次のようになる。

・遺伝子型 AA　バンドなし
・遺伝子型 Aa　遺伝子 a のバンドが 1 本あり
・遺伝子型 aa　遺伝子 a のバンドが 1 本あり

つまり，遺伝子型 Aa と遺伝子型 aa のバンドの位置の結果が同じで区別できないことになる。

23 …⑤

問7　初めが遺伝子型 Aa の集団だから，当然，遺伝子型 Aa の割合は「1」からスタートする。次の 2 世代目は遺伝子型 Aa の個体を自家受精させた結果だから，AA：Aa：aa＝1：2：1　よって遺伝子型 Aa の割合は 0.5 である。

3 世代目は　AA：Aa：aa＝3：2：3
よって遺伝子型 Aa の割合は 0.25 である。

4 世代目は　AA：Aa：aa＝7：2：7
よって遺伝子型 Aa の割合は 0.125 である。
遺伝子型 Aa の個体の割合は世代を経るごとに半分になっていくので，自家受精を続けていくと 0 に近づく。

24 …⑤

第6問（動物の行動）

出題のねらい

A では，カイコガの雄の婚礼ダンスとよばれる配偶行動を例にとり，実験結果から考察する力を試した。与えられた実験結果を的確に整理してまとめる力が必要となる。**B** では，動物の行動と酸素消費量の関係を考察させるとともに，代謝の基礎知識も確認した。

問1　ア　**実験 1** の結果から，視覚と嗅覚の両方が使える条件のもとでは，雄のカイコガは雌の近くに置かれると翅を激しくはばたかせることがわかる。ただ，この結果だけでは，雌の存在を認識するのに視覚と嗅覚のどちらを使っているのか，またはこれらの両方を使っているのかわからない。**実験 2** の結果から，雄のカイコガは視覚が使えて嗅覚が使えない状況では何の反応も示さないことから，雌の存在を認識するのに嗅覚を使っている可能性が高いことがわかる。**実験 3** の結果から，雄のカイコガが雌の存在を認識するのに，視覚を使わず嗅覚を使っている可能性が高いことがわかる。

以上の**実験 1 ～ 3** の結果を総合すると，雄のカイコガは雌の存在を認識するのに視覚ではなく，嗅覚を使っているといえよう。

イ　特定の生得的行動を起こさせる刺激を**かぎ刺激**(**信号刺激**)という。かぎ刺激のうち，体外に分泌されて同種の他個体に特有の行動や発育の分化を引き起こさせる化学物質は**フェロモン**とよばれる。

25 …③

問2　実験結果から，雌が分泌する化学物質は，雄のはばたき行動に何らかの影響をおよぼすと考えることができる。実験ごとに新聞紙を取り換えたのは，そのような物質が新聞紙に付着した状態では正しい実験結果が得られないからである。よって正解は③。なお，不衛生な状態になるのを防ぐことは実験の目的に直接関わらないので④は誤り。新聞紙自体が雌の行動を妨げたり(①)，雌を興奮させたり(②)するとは考えにくい。

26 …③

問3　婚礼ダンスを行った雄Ⅰの頭部前方に火のついた線香を近づけると，はばたきによって線香の煙が雄の触角の方に流れていくのが観察されたことから，雄のカイコガは，はばたきによって前方から触角の方向への空気の流れをつくりだしていると考えることができる。**実験4**において翅を切り取られた雄Ⅳは雌にたどりつけなかったが，雌の方向から風を送ってやれば雌にたどりついているので，婚礼ダンスにおけるはばたきは，触角への空気の流れをつくる目的で行われていることが推察できる。雌の尾部から分泌されてまわりに拡がった化学物質を，空気の流れを利用して触角の方向に引きよせることが，雄のはばたきの目的であると考えられる。

27 …①

問4　①，②，④については，実験結果より正しいことがわかる。自然状態でのカイコガの配偶行動についての観察結果が問題文に示されているわけではないが，本実験結果から考えて，カイコガの雄の婚礼ダンスが交尾をする際に重要な役割をはたしていることは十分に予想できる。よって，⑤は正しい。動物の行動は生まれつき備わっている「生得的行動」と経験によって獲得する「習得的行動」の２つに大別されるが，本問で扱ったカイコガの雄の婚礼ダンスは「習得的行動」ではなく「生得的行動」である。よって，③が誤り。

☞**フェロモン**

同種の他個体に特有の行動や発育の分化を引き起こさせる物質。本問で扱ったカイコガの「性フェロモン」の他に，働きアリなどが食物を見つけ巣にもどる時に道につける「道しるべフェロモン」，アリやシロアリなどが侵入者を知らせる「警報フェロモン」，ゴキブリなどの集合に役立つ「集合フェロモン」などが知られている。

〈 動物の行動 〉

［生得的行動］

○**走性**…刺激に対して方向性をもち移動する。

○**反射**…刺激に対して無意識に起こる単純な反応。

［習得的行動］

○**学習**…経験を繰り返して目的に適応した行動をとるようになる。

・慣れ：害のない同じ刺激を繰り返し与えると，刺激に対して反応しなくなる。

・古典的条件付け：反射を起こす刺激がなくても条件付けされた刺激に対し反射を示す。

・刷込み：アヒルやカモの雛が初めて見た動くものの後をついて歩くなど，生後の早い時期に起こる特殊な学習。

・試行錯誤：誤りを繰り返すうちに成功した行動を記憶して誤りがなくなる。

28 …③

☞**動物の行動**

○**生得的行動**：生まれつき備わっている行動。

○**習得的行動**：経験によって獲得する行動。

問5　呼吸のうち，電子伝達系の過程はミトコンドリアで行われる。まず，内膜上のタンパク質が，解糖系やクエン酸回路で生じた $NADH+H^+$ と $FADH_2$ から H^+ と e^- を受け取る。e^- がシトクロムなどに伝達されるとエネルギーが放出され，そのエネルギーを利用してプロトンポンプが H^+ を内膜と外膜の間(膜間腔スペース)に輸送する。こうして生じる H^+ の濃度勾配を利用して，ATP 合成酵素が働く。このような呼吸での ATP 合成を酸化的リン酸化という。

29 …②

☞**呼吸の過程**

解糖系(細胞質基質)

↓

クエン酸回路

(ミトコンドリアのマトリックス)

↓

電子伝達系

(ミトコンドリアの内膜)

問6　ⓐ　休息時における酸素消費量は走行距離 0 km のとき，つまり Y 軸との切片であると考える。すると動物種によって異なるので，誤り。　ⓑ・ⓒ　正しい。　ⓓ　どの生物でも比例のグラフになっている。つまり，体重 1 kg を 1 km 移動させるのに必要な酸素消費量は，走行距離によらず一定である。よって，誤り。

30 …④

第5回　解答と解説

問題番号(配点)	設問	解答番号	正解	(配点)	自己採点
第1問(18)	1	1	6	(3)	
	2	2	2, 7(順不同)	(各4)	
		3			
	3	4	7		
	4	5	4	(3)	
				自己採点小計	
第2問(13)	1	6	3	(各3)	
	2	7	8		
	3	8	2		
	4	9	6	(4)	
				自己採点小計	
第3問(17)	1	10	3	(各3)	
	2	11	5		
	3	12	7	(各4)	
	4	13	4		
	5	14	5	(3)	
				自己採点小計	

問題番号(配点)	設問	解答番号	正解	(配点)	自己採点
第4問(16)	1	15	6	(各3)	
	2	16	6		
	3	17	4	(2)	
	4	18	2, 5(順不同)	(各4)	
		19			
				自己採点小計	
第5問(18)	A 1	20	2	(3)	
	A 2	21	4	(各4)	
	A 3	22	6		
	B 4	23	2	(3)	
	B 5	24	2	(4)	
				自己採点小計	
第6問(18)	A 1	25	1	(2)	
	A 2	26	2	(各3)	
	A 3	27	6		
	B 4	28	6	(2)	
	B 5	29	3	(各4)	
	B 6	30	5		
				自己採点小計	

自己採点合計

第5回

解　説

第１問（細胞の働きと物質）

出題のねらい

細胞をテーマとして，生体膜の構造と働き，異化，細胞骨格，遺伝情報の発現など，幅広い分野からの出題を行った。問２は呼吸や解糖の反応に関する理解の深さを試している。また，問３は仮説にもとづいて実験の結果を推測する問題なので，問題文をよく読んで仮説の内容を把握する必要があり，読解力が試される。

☞共通テストでは，複数の分野にまたがって分野横断的に出題される。

問１　セロハン膜は半透膜なので，釣鐘型の装置の内部のスクロース溶液が細胞内液，セロハン膜が細胞膜に相当する。外液が低濃度であった場合には水がセロハン膜を介して内側に入り，装置内の水面が上昇する。これは低張液中で細胞が膨張することに相当する。また，外液が高濃度であった場合には水がセロハン膜を介して外液中へ移動し，装置内の水面が低下する。これは高張液中で細胞が収縮することに相当する。外液の濃度が高いほど，装置の内外の濃度差が大きいため，水の移動量も多くなる。

☞**細胞膜の構造**
リン脂質が疎水性の部分を内側に，親水性の部分を外側に向けて並んだリン脂質二重層でできている。

〈浸透圧の差による水の移動〉

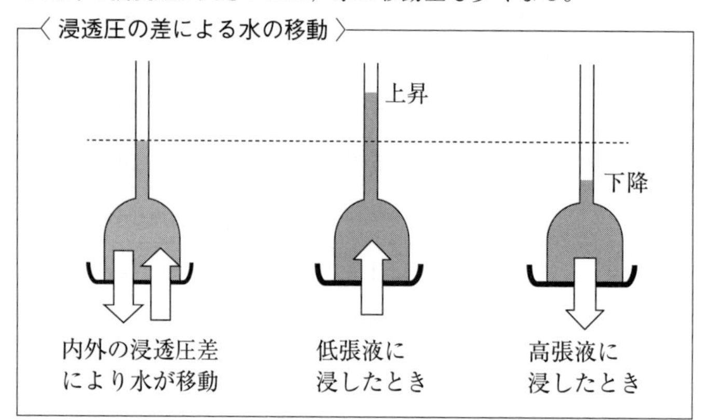

1 …⑥

問２　**実験１**は**実験３**と比較して乳酸濃度が高くなっている。実験に用いているのが骨格筋の細胞の破砕液であることを考えると，これは**実験１**で加えたグルコースが解糖によって乳酸に変化したと考えることができる。グルコースがピルビン酸に変わるまでの反応（解糖系）はあらゆる細胞で行われるので，③，④は誤りである。

実験１と**実験２**では基質としてそれぞれグルコース，ピルビン酸を加えているが，**実験３**では基質となる物質を加えていない。このため，**実験１**や**実験２**で加えた基質が，どの程度乳酸に変化したかを知るには，**実験３**と比較する必要がある。したがって，①は誤りで，②は正しい。

実験３と比較すると，**実験２**ではピルビン酸を基質として加えているが，それによって乳酸が新たに生成していないことがわかる。解糖では，「$2C_3H_4O_3$（ピルビン酸）→ $2C_3H_6O_3$（乳酸）」という

☞**解糖**
あらゆる細胞において酸素が不足したときに進行。細胞質基質で起こり，反応は乳酸発酵と同じ。

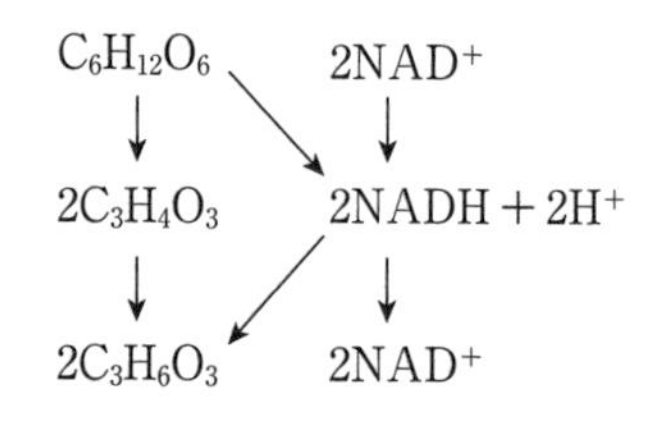

反応が進行するが，グルコースからピルビン酸が生成する過程で還元型補酵素(NADH)が生じ，この還元型補酵素によってピルビン酸が還元されて乳酸となる。**実験 2** も **3** も，グルコースからピルビン酸が生じる過程がないため，還元型補酵素が生じていない。このため，NADH が生成されず，ピルビン酸から乳酸が生じる反応が進行しない。したがって，⑤，⑥は誤りで，⑦が正しいということになる。

2 ・ **3** …②，⑦(順不同)

問 3　仮説をもとに反応の流れをまとめると，下記のようになる。**操作 1** では ATP の合成や分解が阻害されているため，モータータンパク質が機能せず，凝集が起こらない。**操作 2** では高濃度の塩化カリウム溶液によってノルアドレナリンの分泌が促進されるが，色素細胞がノルアドレナリンを受容できないため，凝集が起こらない。**操作 3** では，滴下したノルアドレナリンが色素細胞に作用するので，凝集が起こると考えられる。

解答のポイント

高濃度の塩化カリウム溶液
↓
交感神経がノルアドレナリンを分泌 ←**操作 3 で分泌の代わりに添加**
↓
ノルアドレナリンが色素細胞の受容体と結合 ←**操作 2 で阻害**
↓
モータータンパク質が ATP を分解 ←**操作 1 で阻害**
↓
エネルギーを用いてモータータンパク質がメラニン顆粒を運ぶ
↓
凝集

4 …⑦

問 4　①は「核酸」ではなく「タンパク質」なので，誤り。基本転写因子は複数のタンパク質で構成されている。②は選択的スプライシングによって 1 つの遺伝子から数種類のタンパク質が合成されるので，誤り。③は核内で働くタンパク質も細胞質中で翻訳されてから，核内に移動するので，誤り。④は正しい。⑤は転写の開始にはプライマーは必要ないので，誤り。複製の際にはたらく DNA ポリメラーゼは，プライマーを必要とする。⑥はリボソームが核内に入るのではなく，mRNA が核の外に出て，細胞質中のリボソームと結合するので，誤り。

5 …④

第2問（生殖と発生）

出題のねらい

問１では減数分裂に関する基本的な知識の定着度を確かめ，問２では精子の運動に関連して，筋肉の運動でも用いられるクレアチンリン酸について出題した。問３は発生に関する基本的な知識問題，問４は発生の際の誘導に関する典型的な考察問題である。

問１　相同染色体が４組あると配偶子の染色体構成は 2^4 種類となるので，①は正しい。減数分裂における核相の変化は，第一分裂で $2n \rightarrow n$，第二分裂で $n \rightarrow n$ である。第二分裂では複製された染色体が裂けて分かれるので，核相は変化しない。したがって，②は正しい。

〈減数分裂と核相〉

両親に由来する相同染色体がそろっている状態は $2n$（複相），一方しかない状態は n（単相）である。

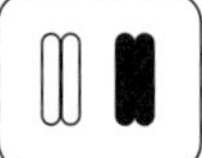

母細胞（白：父由来の染色体，黒：母由来の染色体）
両親由来の相同染色体がそろっているので $2n$

第一分裂後
一方しか含んでいないので n

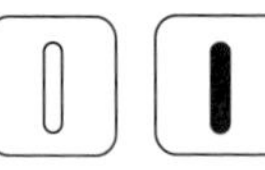

第二分裂後
一方しか含んでいないので n

減数分裂では第一分裂と第二分裂の間にDNAの合成は起こらないので，③は誤りである。受精によって生じる細胞は受精卵も含めて接合子とよばれるので，④は正しい。１つの個体が減数分裂によって形成する配偶子の染色体構成は，①からもわかる通り，たくさんの種類がある。したがって，自家受精で生じる子にもいろいろな遺伝子構成の子が存在することになるので，⑤は正しい。⑥は，一卵性双生児を考えるとわかりやすいだろう。接合子が体細胞分裂を行って生じた細胞たちは，すべて同じ遺伝子をもっている。したがって，それらが成長して各々個体を形成した場合，それらはクローンであるといえるので，正しい。

6 …③

問２　精細胞から精子への変形では，水中を素早く移動できるようになるために，細胞質を減少させる。動物の精子は頭部に先体と核，中片部に中心粒（中心小体）とミトコンドリア，尾部にべん毛がある。クエン酸回路や電子伝達系の反応を阻害した場合，ATPは解糖（乳酸を生成する）によっても生成するが，それ以外にも，「ヒトの筋肉でも行われている」反応としてクレアチンリン酸の分解が考えられる。

7 …⑧

☞**クレアチンリン酸**

筋肉や脳におけるエネルギー貯蔵物質。クレアチンと高エネルギーリン酸結合しているリン酸をADPへ転移することにより，ATPを素早く再生する。

問 3　脊椎動物の発生において，外胚葉，中胚葉，内胚葉からそれぞれ分化する組織や器官については，もれなく把握しておこう。

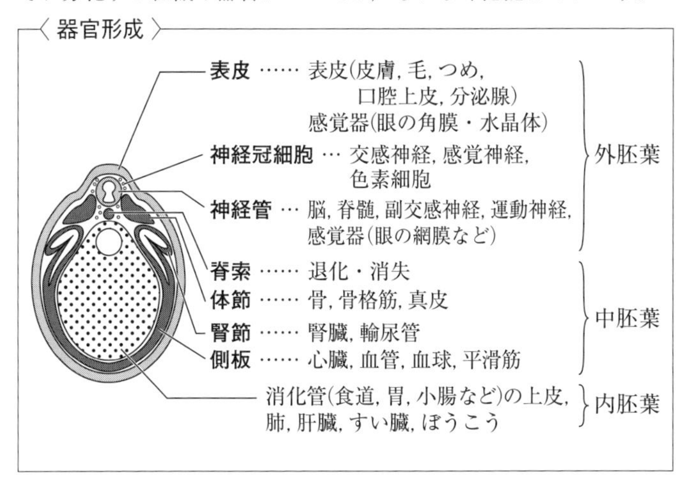

脊椎骨は体節から分化し，腎臓は腎節から分化するので，中胚葉由来である。一方，肝臓は内胚葉由来，大脳は外胚葉由来である。

8 …②

問 4　問題文には，「前胃の上皮から胃腺が分化し，砂のうの上皮からは胃腺が分化しない」ということが記されている。これが各上皮の本来の予定運命である。もしもこれらが別の形態に分化したら，組合せた間充織による影響(誘導)があったものと考えられるだろう。表 1 を見ると，「前胃の上皮＋砂のうの間充織」で，本来は分化するはずの胃腺の分化が見られず，「砂のうの上皮＋前胃の間充織」で，本来は分化しないはずの胃腺の分化が見られる。これらのことから，6 日目胚の間充織には誘導を行う能力があり，6 日目胚の上皮には誘導を受ける能力(反応能)があるとわかる。また，間充織による誘導は，前胃の間充織による「本来胃腺が分化しない上皮から胃腺を分化させる」可能性と，砂のうの間充織による「本来胃腺が分化する上皮に対し胃腺の分化を抑制する」可能性の両方が考えられる。したがって，⑥が正しいとわかる。

9 …⑥

第3問 (生物の光応答)

出 題 の ね ら い

動物と植物の環境応答について出題した。問 1 は植物の光受容体に関する基本的な知識の確認である。問 2 ではヒトの受容器に関する幅広い知識の定着の程度を試した。問 3 は視細胞に関して，問 4 は視神経の情報伝達の経路に関しての考察問題だが，問題文中や図中のヒントで解答を導くことのできる問題なので，問題文を読解する練習として取り組んでほしい。問 5 はヒトの大脳に関する基本的な知識を確認する問題である。

問1　フィトクロム，クリプトクロム，フォトトロピンはいずれも色素タンパク質であり，それぞれ特定の波長の光を吸収して構造を変化させるので，①，②は正しい。フォトトロピンは青色光受容体であり，孔辺細胞ではフォトトロピンが青色光を吸収すると，結果として気孔が開き，蒸散が促される。したがって，フォトトロピンを欠く植物では気孔が開きにくくなり，蒸散量はむしろ少なくなるので，③は誤り。クリプトクロムは青色光受容体なので，④は正しい。フィトクロムには赤色光吸収型と遠赤色光吸収型の2つの型があり，光の吸収によって相互に変換されるので，⑤は正しい。幼葉鞘では，青色光受容体のフォトトロピンが光を受容すると，結果としてオーキシン輸送タンパク質の分布が変化し，オーキシンが光の当たらない側へと偏るので，正の光屈性が示される。したがって，⑥は正しい。

10 …③

問2　①は「気体中」ではなく「液体中」なので，誤り。②は「中耳」ではなく「内耳」であり，また前庭では内部のリンパ液の回転ではなく耳石(平衡砂／平衡石)の偏りによって感覚細胞が興奮を生じるので，誤り。③は「中耳」ではなく「内耳」なので，誤り。④は1つの感覚ニューロンが複数の種類の感覚に関与することはないので，誤り。⑤は正しい内容である。

11 …⑤

問3　問題文と表1から，シアン色のものを見つめているときは，網膜上の緑錐体細胞と青錐体細胞が興奮しており，白色のものを見つめているときは，網膜上の3種の錐体細胞がすべて興奮していることがわかる。また，それぞれの視細胞では，興奮の際に視物質が分解するので，長時間，同じものを見つめていると，視物質が減少し，感度が低下してしまう。本問では，「シアン色の丸を見つめる→網膜上の丸い像で緑錐体細胞と青錐体細胞が興奮し，視物質が減少する→白いものを見つめる→網膜上の丸い像で3種の錐体細胞のうち赤錐体細胞は強く興奮できるが，緑錐体細胞と青錐体細胞は視物質が減少しているため，強く興奮できない」という順番になっている。したがって，白い紙に視線を移したとき，丸い像の部分で相対的に赤錐体細胞が強く興奮した状態となり，赤い丸があるように感じるのである。

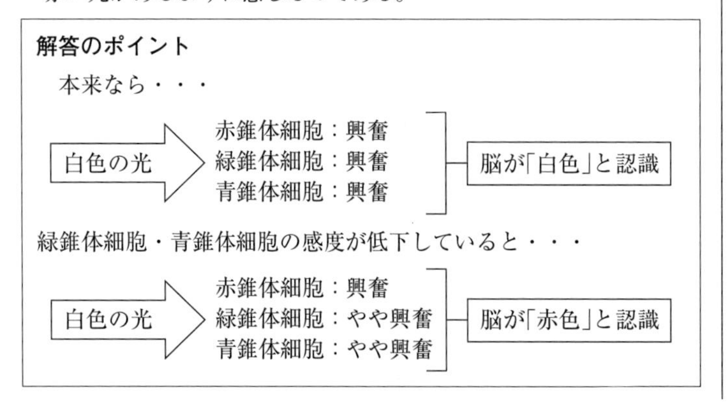

☞**フィトクロム**
花芽形成における光周性，光発芽種子の発芽の調節など。

☞**クリプトクロム**
伸長成長の抑制など。

☞**フォトトロピン**
光屈性，気孔の開孔，葉緑体の定位運動(強弱光下で葉緑体が照射方向へ移動し，強光下で光を避ける方向へ移動する)。

12 …⑦

問4 問題文の「右側方からの車の接近に気付かず」という部分から，網膜のどの部分に結ばれた像が認識されなかったのかを考えよう。

解答のポイント

右眼の視野を実線の楕円，左眼の視野を破線の楕円で示すと，次の図のようになる。

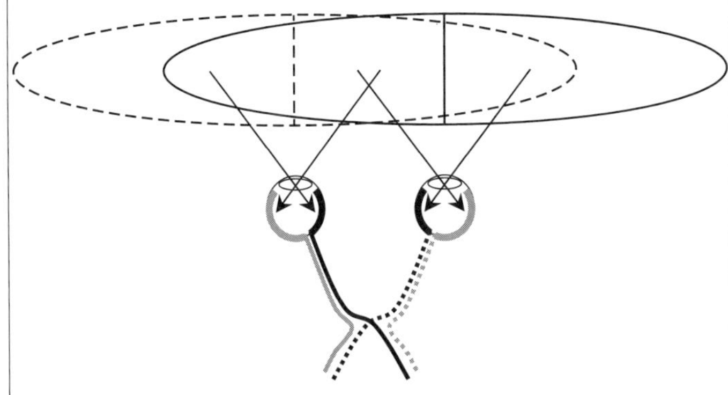

「右側方」の物体の像は左右の眼の左側の網膜に結び，下図の視神経によって脳へと伝えられる。

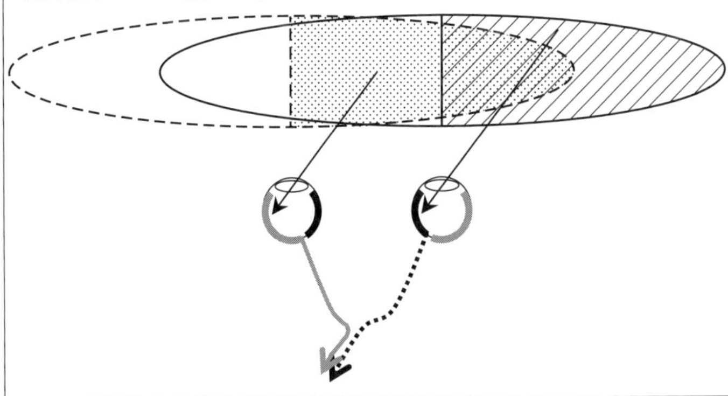

上図の矢印で示された視神経の経路に異常がなければ，右側の車を見るのに支障はないはずである。したがって，この経路が含まれていない d の部分の異常が原因とは考えられない。

13 …④

問5 ①は，視覚の中枢が「後頭葉」なので，誤り。②は，大脳皮質は「灰白質」なので，誤り。③はヒトの大脳辺縁系はイヌやネコよりも「小さい」ので，誤り。④は，大脳と脊髄は直接つながっておらず，また，反射とは大脳を経由せずに興奮が伝わり，反応が起こることなので，誤り。⑤は正しい内容である。感覚神経は延髄または脊髄の中で左右がふつう交さするので，右手や右足の感覚情報は大脳の左半球で処理される。

14 …⑤

第4問 (渓流の生物の生態系と進化・系統)

出題のねらい

問1・2・4は生態系の分野から，問3は進化と系統からの出題である。問2は簡単な計算問題ではあるが，生態系における物質生産に関して，生産者の総生産量，純生産量，呼吸量の関係や，消費者の摂食量，不消化排出量，同化量の関係を理解していないと正解は得られない。問4は資料を読み解く問題だが，複数の資料の中から必要なもののみに注目することで選択肢の正誤を判断することができる。このような問題には十分に慣れておこう。

☞共通テストでは，身近なテーマからの出題も見られる。会話文形式の問題などにも慣れておきたい。

問1　ある種の生物が生態系の中で占める位置のことを生態的地位またはニッチという。ニッチの近い生物どうしは資源を奪い合うので，両種にとって不利益となる。このため，生活場所や食物がもう一方の種と重複しないよう，ニッチを分割して共存する様子が見られることがある。ヒメウとカワウの食い分けや，イワナとヤマメのすみ分けなどは，その例である。このような，他種の存在によって変化したニッチを，本来の単独でいるときのニッチ(基本ニッチ)に対して実現ニッチとよぶ。ニッチの重なりを避けるために変化しているので，2種の生物の実現ニッチの重なりは，基本ニッチの重なりよりも小さくなっている。

15 …⑥

問2　生産者では「総生産量＝純生産量＋呼吸量」，消費者では「摂食量＝同化量＋不消化排出量」という関係があることは覚えておく必要がある。総生産量が100，呼吸量が60なので，純生産量は100－60＝40である。この20％が被食量(一次消費者の摂食量と等しい)なので，一次消費者の摂食量は40×0.20＝8である。このうち25％が不消化排出量となるので，同化量は75％であり，8×0.75＝6となる。

〈 生態系における物質生産 〉

【生産者】

<table>
<tr><td rowspan="5">太陽光のエネルギー</td><td rowspan="4">総生産量</td><td rowspan="3">純生産量</td><td>成長量</td></tr>
<tr><td>被食量</td></tr>
<tr><td>枯死量</td></tr>
<tr><td colspan="2">呼吸量</td></tr>
<tr><td colspan="3">植物が利用できなかったエネルギー</td></tr>
</table>

【消費者】

<table>
<tr><td rowspan="5">摂食量</td><td rowspan="4">同化量</td><td rowspan="3">生産量</td><td>成長量</td></tr>
<tr><td>被食量</td></tr>
<tr><td>死亡量(死滅量)</td></tr>
<tr><td colspan="2">呼吸量</td></tr>
<tr><td colspan="3">不消化排出量</td></tr>
</table>

16 …⑥

問3 緑藻，ケイ藻，紅藻，褐藻はいずれも真核生物ドメイン，原生生物界に属するので，①，②は正しい。緑藻とケイ藻はどちらもクロロフィル a をもっているが，補助色素には違いがあり，緑藻はクロロフィル b，ケイ藻はクロロフィル c をもっている。このような色素の違いは，よく吸収できる光の色(波長)の違いとなるため，③は正しい。ワカメやコンブはケイ藻ではなく褐藻であり，陸上植物の祖先と考えられているシャジクモ類とも異なるので，④は誤りである。維管束をもつのは藻類ではなくシダ植物と種子植物であり，緑藻と紅藻の葉緑体はシアノバクテリアに由来すると考えられているので，⑤，⑥は正しい。 17 …④

☞**光合成生物のもつクロロフィル**

バクテリオクロロフィル：光合成細菌(紅色硫黄細菌など)

a のみ：シアノバクテリア，紅藻

a と c：ケイ藻，褐藻

a と b：緑藻，シャジクモ，ミドリムシ，陸上植物

問4 図1〜3の3つの資料が与えられているので，各選択肢の内容を吟味しながら，どの資料を見て判断すればよいのか，考えていこう。①は図1の大型個体のグラフにおいて，陸生昆虫の捕食量に約3倍の違いがあるので，誤り。②は図1の小型個体のグラフにおいて，持続区より集中区のほうが多いので，正しい。③は「捕食されなかった陸生昆虫の量」を示す資料が与えられていないので，判断できない。④は図1において，集中区のほうが大型個体と小型個体の差が大きいので，誤り。⑤は図2の持続区と対照区の差について，大型個体では何倍もの差があるのに対し，小型個体はそれほどの差がない。よって，正しい。⑥は図2より，対照区の底生動物は他の区域と比べアマゴによる捕食量が多い。よって，誤り。⑦は，底生動物が落葉を分解していることから，落葉が底生動物の餌になっているということがわかり，また図2から，底生動物がアマゴに摂食されていることもわかるので，「落葉→底生動物→アマゴ」という食物連鎖があり，落葉が河川の生態系に影響していることは明らかなので，誤り。

18 · 19 …②，⑤(順不同)

第5問 (植物細胞への遺伝子導入実験)

出題のねらい

菌類の分類，生体膜の性質，遺伝子組換え，植物ホルモンなど，幅広い分野からの出題を行った。問2·3は遺伝子の導入と発現について問う問題や，ノックアウト生物の性質を考える問題となっている。科学技術の進歩に伴い，このような問題の出題率は高くなっているので，より深い理解を目指してほしい。

問1 モジホコリ(モジホコリカビ)は変形菌類の一種で，子のう菌類とはまったく系統の異なる生物である。アカパンカビは子のう菌類に含まれる代表的な生物であり，クモノスカビは子のう菌類とやや近縁な接合菌類に属する生物である。

20 …②

☞**五界説による「菌類」の分類**

(モネラ界：細菌)

原生生物界：変形菌，細胞性粘菌

菌界：接合菌，子のう菌，担子菌

問2 P_G と P_{Gk} は，どちらも子のう菌 D に感染すると防御応答によ

りGFPが発現する。防御応答は子のう菌Dの物質を受容体で受容することによって起こるが，図1のように受容体は複数あり，それぞれ子のう菌Dの異なる物質と結合する。そのため，P_{Gk}は子のう菌Dのキチンを受容できなくなっているにもかかわらず，図2のようにGFPの発現にはP_Gとほとんど違いがない。すなわち，「遺伝子Gの発現を促進する活性化因子は，このキチン受容体以外からシグナルを受け取っている可能性がある」というⓑは，正しい。また，今回P_{Gk}でノックアウトしたキチン受容体遺伝子は1つだけなので，他にもキチン受容体遺伝子が存在する可能性がある。したがって，ⓐも正しい。ⓒは，P_{Gk}でも子のう菌Dの感染によってGFPが発現しているので，誤り。

解答のポイント

それぞれの植物がどのようなものか整理してみよう。

植物P：感染によって防御応答が起こり遺伝子G発現

P_G：感染によって防御応答が起こりGFP発現

P_{Gk}：感染によって防御応答が起こりGFP発現，キチン受容体遺伝子が1つ失われている

防御応答についても整理してみよう。

・子のう菌Dの物質が受容体に結合すると応答
・受容体は複数存在する
・異なる受容体からのシグナルで同一の活性化因子が働く

21 …④

問3　実験の基本は「比較」である。条件を一つだけ変えて実験し，もし結果が変わった場合，変わった原因はその変えた条件であると断定できる。本問では，「候補遺伝子のうちの特定の1つ以外をノックアウトした子のう菌D」と「すべての候補遺伝子をノックアウトした子のう菌D」を比較する。候補遺伝子のうち1つだけが働ける状態にしたもの(n1株とする)と，すべての候補遺伝子を働けなくしたもの(n0株とする)を，通常の植物Pに感染させ，n0株を感染させた時と比べてn1株を感染させたときの防御応答が弱まっていれば，n1株がもつ候補遺伝子によって防御応答が弱められたと考えられるだろう。ただ，防御応答の強さは見た目では判断できないので，防御応答によってGFPが発現するP_Gを用いることになる。これにより，GFP蛍光強度の比較によって候補遺伝子の働きの有無を判別できる。P_{Gk}を使うと，候補遺伝子が「キチン受容体からのシグナルを阻害する」という作用だった場合に確認できないので，不適切である。

☞**対照実験(コントロール)**
目的の条件だけを変え，それ以外を同じにした実験を行うことで，
・結果の変化がまさに変えた条件によることを確認する。
・目的以外の条件(実験操作など)が結果に影響していないことを確認する。
実際の研究では，確実に結果の出る条件(ポジティブコントロール)と確実に結果の出ない条件(ネガティブコントロール)を両方行い，実験の有効性を示すことが重要である。

解答のポイント

候補遺伝子 n の作用を整理してみよう。

・候補遺伝子 n が防御応答を阻害していた場合
　→ P の防御応答が弱まる

・候補遺伝子 n が防御応答を阻害しない場合
　→ P の防御応答はそのまま

・P_G を使えば，防御応答が GFP の蛍光強度として測定できる
　→候補遺伝子 n によって防御応答が阻害された場合
　　蛍光強度：弱
　→候補遺伝子 n によって防御応答が阻害されない場合
　　蛍光強度：変化なし

22 …⑥

問 4　オーキシンは光屈性や重力屈性に関わるほか，イチゴの受粉後の花托の成長促進や，サイトカイニンの合成を阻害することによる頂芽優勢，落葉の抑制，不定根の形成促進などに働く。①はエチレン，③はジャスモン酸，④はジベレリン，⑤はフロリゲンに関する記述である。

23 …②

問 5　遺伝子組換えでは，導入した細胞内で遺伝子を発現させたい場合，導入した細胞内で機能するプロモーターを連結する。今回は植物の細胞内で植物の RNA ポリメラーゼが遺伝子を転写するので，植物のプロモーターを用いる。また，複製の際のヌクレオチド鎖の伸長と同様に，転写の際のヌクレオチド鎖の伸長も 5′ → 3′ の方向で進行することを覚えておこう。

解答のポイント

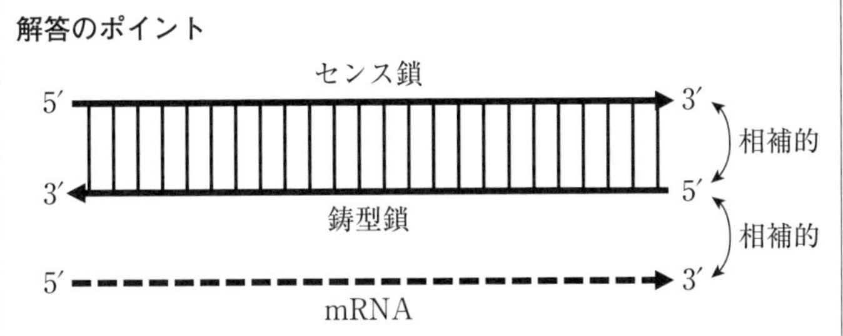

転写では，鋳型鎖を 3′ → 5′ の方向で読み進めるので，転写開始の際に RNA ポリメラーゼが結合するプロモーターはセンス鎖の 5′ 側(上図では左側)にあり，3′ 側に遺伝子(GFP 遺伝子)があればよいことになる。

ちなみに，実際に転写するのはセンス鎖と相補的な鋳型鎖なので，合成される mRNA はセンス鎖と方向や塩基配列が同じになる(ただし T は U に換わる)。

24 …②

第6問（大気の変化と生物の進化）

出題のねらい

生物の進化の歴史と関連した大気の組成の変化をテーマにし，オゾン層の形成や植物の光合成に大気の組成が与える影響などについて出題した。問6は，二酸化炭素濃度が低い環境では他の植物よりも有利なC_4植物が，太古の地球のような二酸化炭素濃度が高い環境では逆に不利になるということを問題文から読み取り，それに適した二酸化炭素吸収速度のグラフを選ぶという，読解力とグラフの読み取り能力を試す問題になっている。

問1　最初の生命が出現した時代は，正確には判明していない。しかし，35億年前の地層からは最古の生物化石が発見されており，38億年前の地層からは生物の痕跡が発見されているため，38億～40億年前までには最初の生命が出現していたと考えられている。また，早い段階で無機物から有機物を合成できる化学合成細菌のような独立栄養生物が出現していたと考えられている。

25 …①

問2　②はシステインやメチオニンは側鎖にSを含むアミノ酸なので，誤り。ミラーの実験では，4種の無機物（アンモニア，メタン，水素，水蒸気）を混合した気体が用いられたが，そこにはS（硫黄）が含まれていない。彼はこれらの気体を装置内に封入し，加熱，放電，冷却を繰り返してアミノ酸が合成されることを示した。合成されたアミノ酸はグリシンやアラニンなどの単純なものである。

〈アミノ酸の構造式〉

アミノ酸の側鎖の構造については，単純なグリシンとアラニンなどは覚えておくとよいだろう。

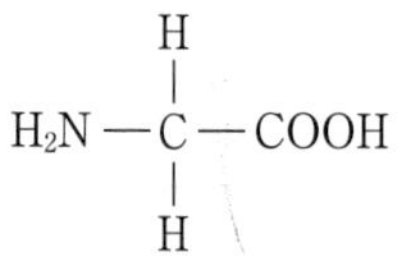

グリシン：
H
|
H_2N — C — COOH
|
H

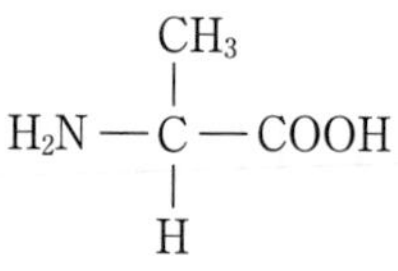

アラニン：
CH_3
|
H_2N — C — COOH
|
H

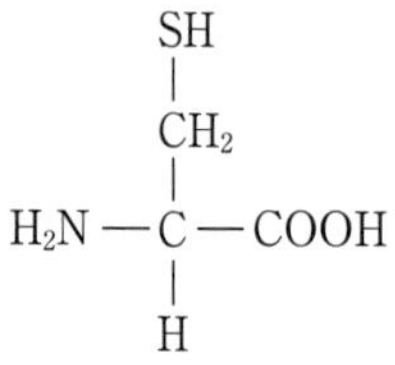

システイン：
SH
|
CH_2
|
H_2N — C — COOH
|
H

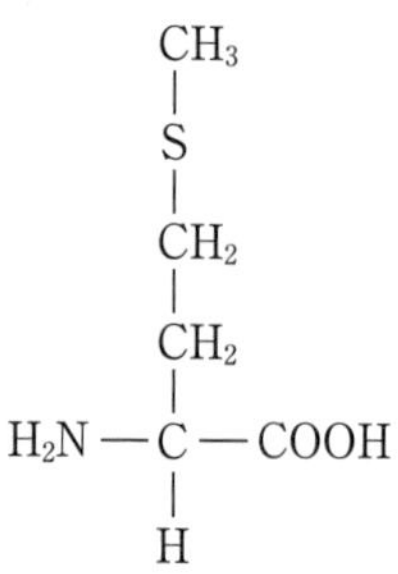

メチオニン：
CH_3
|
S
|
CH_2
|
CH_2
|
H_2N — C — COOH
|
H

26 …②

問3　藻類の光合成によって放出された酸素はオゾン(O_3)を生み出し，大気の上層にオゾン層が形成された。これによって紫外線が軽減されたので，生命の陸上進出が可能となり，最初に植物が陸上へ進出し，続いて動物が進出した。植物の陸上進出はオルドビス紀と考えられているが，その時代の化石は残っていない。シルル紀にはシダ植物が出現したと考えられている。

27 …⑥

問4　ルビスコは二酸化炭素とRuBP(炭素数5の化合物)を反応させ，PGA(炭素数3の化合物)を生成する反応を触媒する。

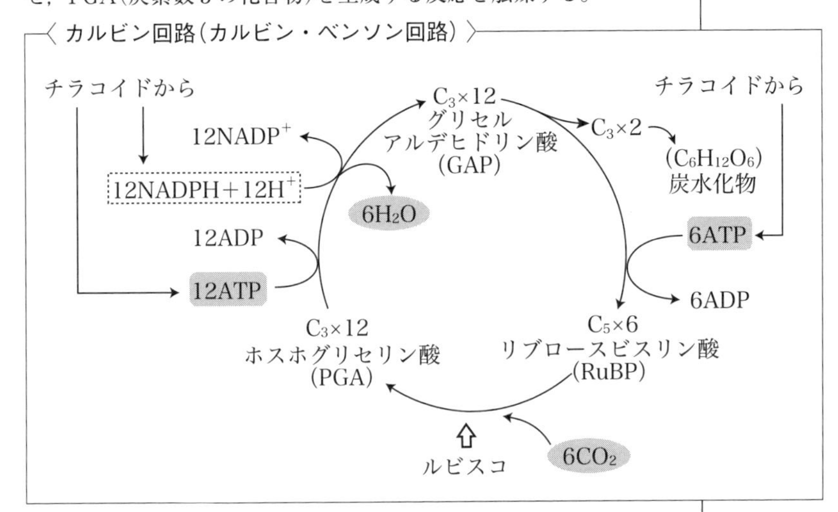

28 …⑥

問5　下線部(c)の「競争的阻害の関係」という部分に注目しよう。ルビスコにとって，本来の基質はRuBPと二酸化炭素だが，酸素濃度が高いとRuBPと酸素が基質となってしまう。つまり，酸素は二酸化炭素と活性部位を奪い合う競争的阻害剤であると考えることができる。競争的阻害剤の影響は本来の基質(この場合は二酸化炭素)の濃度が低いときには大きいが，基質濃度(二酸化炭素濃度)が高くなれば無視できるようになる。したがって，③のグラフが適しているということになる。

29 …③

問6　下線部(d)とその前後を見ると，C_4植物はカルビン回路に供給する二酸化炭素濃度を高めるためにATPを消費している。これは具体的には図2中のピルビン酸からホスホエノールピルビン酸が生じる過程だが，C_4植物は仮に大気中の二酸化炭素濃度が高くなっても，この過程の反応を行うため，ATPを消費し続けることになる。したがって，強光，高温の条件で，現在の大気中の二酸化炭素濃度では，C_4植物の方がC_3植物よりも有利となる(二酸化炭素吸収速度が大きくなる)が，大気中の二酸化炭素濃度が高くなると，むしろC_3植物の方が有利になるといえる。

よって，現在の大気中の二酸化炭素濃度では有利なものが，二酸化炭素濃度の上昇によって不利になっている組合せを選ぶ。そのような組合せはⓑとⓒのみである。これらのうち，現在の二酸化炭素濃度条件下でより有利なⓒが C_4 植物であり，より高濃度の二酸化炭素がある条件下で有利となるⓑが通常の植物(C_3 植物)である。

ⓐは現在の大気中の二酸化炭素濃度における二酸化炭素吸収速度が他よりも低く，また二酸化炭素の吸収速度が0となる二酸化炭素濃度(これを CO_2 補償点という)を見ると，ⓐは他よりも高い濃度になっている。二酸化炭素を濃縮して取り込むことができる C_4 植物は，より低い二酸化炭素濃度でも呼吸速度と釣り合うだけの光合成が可能なはずなので，CO_2 補償点は低くなる。よって，ⓐは C_4 植物ではなく，ⓒがやはり C_4 植物として適切であるといえる。

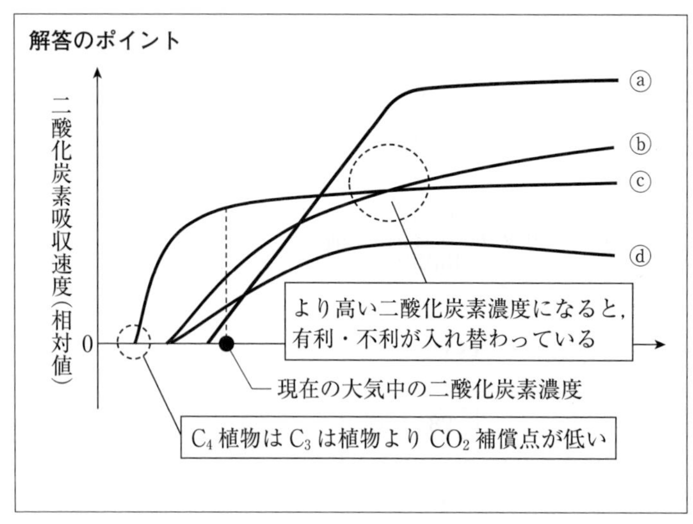

30 …⑤

2024 共通テスト本試験

解　答　と　解　説

問題番号(配点)	設　問	解答番号	正　解	(配点)	自己採点
第1問 (14)	1	1	3	(4)	
	2	2	1	(5)*1	
	3	3	2	(5)	
				自己採点小計	
第2問 (17)	1	4	3	(各4)	
	2	5	2		
	3	6	3		
	4	7	5	(5)*2	
				自己採点小計	
第3問 (16)	1	8	1，2 (順不同)	(6) (各3)	
		9			
	2	10	7	(5)*3	
	3	11	1	(5)	
				自己採点小計	

問題番号(配点)		設　問	解答番号	正　解	(配点)	自己採点
第4問 (19)		1	12	5	(5)*4	
		2	13	4	(5)*5	
			14	5		
		3	15	2	(4)	
			16	8	(5)	
					自己採点小計	
第5問 (14)		1	17	7	(5)	
		2	18	2	(4)	
		3	19	5	(5)	
					自己採点小計	
第6問 (20)	A	1	20	6	(4)	
		2	21	4	(各2)	
			22	2		
			23	5		
	B	3	24	4	(各3)	
			25	3		
		4	26	2	(4)	
					自己採点小計	

(注)
1 *1 は，2，3 のいずれかを解答した場合は 2 点を与える。
2 *2 は，1，6，7 のいずれかを解答した場合は 2 点を与える。
3 *3 は，3，5，8 のいずれかを解答した場合は 2 点を与える。
4 *4 は，1，3 のいずれかを解答した場合は 2 点を与える。
5 *5 は，両方正解の場合に 5 点を与える。ただし，いずれか一方のみ正解の場合は 2 点を与える。

自己採点合計

解　説

第1問 (糖代謝，オペロン)

異化(呼吸，発酵)に関する基本的な知識問題，および，細菌の糖代謝に関する実験を題材に，資料を解析する力とオペロンに関する理解を試す問題が出題された。

問1　解糖系では，グルコース1分子当たりATPを2分子分解し，その後4分子合成するので，差し引き2分子得られる。よって，①は誤り。アルコール発酵におけるATP合成は，この解糖系の過程のみで起こり，NADHの酸化はアセトアルデヒドの還元によるエタノールの合成に用いられる。よって，②は誤り。クエン酸回路では，ATPとNADH，$FADH_2$が生成される。よって，③は正しい。呼吸の過程において，二酸化炭素はクエン酸回路のみで生成される。よって，④は誤り。

1 …③

問2　複数のグラフを比較する場合は，縦軸と横軸に注意する。図1と図2では，縦軸が共通しており，横軸は図2の方が長いものの目盛りの間隔は同じなので，グラフの概形を直接比較できる。キシロースオペロンについては，基本的なオペロンの知識を使って考える。

〈オペロン〉

原核生物の遺伝子は，オペロンという転写単位を構成している場合がある。

- オペロン…一連の化学反応に関わる複数の酵素の遺伝子群で，DNA上に連続して配置されており同時に転写調節される。
- プロモーター…RNAポリメラーゼが結合し転写を開始する領域。オペロンでは先頭に1つだけあり，複数の遺伝子が1本のmRNAとして転写される。
- オペレーター…プロモーターの近傍にある，調節タンパク質の結合領域。
- リプレッサー(調節タンパク質)…オペレーターへ結合し，DNAとRNAポリメラーゼの結合を阻害してオペロンの転写を抑制する。調節遺伝子から転写・翻訳される。特定の物質と結合するとオペレーターへの結合のしやすさが変化する。

野生株については図1を見る。先に減少を始めている$_ア$グルコースが先に利用される糖である。このときキシロースの代謝は抑制されているので，リプレッサーはオペレーター$_イ$に結合して発現を抑制していることになる。図1の野生株と図2の変異株Mの細胞数を比較すると，先に増加しているのは図1なので，混合培養では$_ウ$野生株が優勢になると考えられる。

2 …①

問3　仮説を証明する実験を考える問題。「グルコースのみによって制御される」可能性を検討するので，以下の条件を満たす組合せである必要がある。

・キシロースの影響を除外
・グルコースの有無で比較

よって，グルコースのみのⓐと，対照実験としてどちらも含まないⓒを用いる。

3 …②

第2問 (生体膜での物質輸送)

膜輸送やニューロンに関する知識問題と，植物細胞の実験考察問題が出題された。

問1　選択的透過性は物質によって移動性が異なる性質であり，受動輸送と能動輸送のどちらでもみられる。よって，①は誤り。受動輸送は，イオンなどの小さい物質を移動するチャネルと，大きい物質を移動する担体(輸送体，トランスポーター)によるものがある。よって，②は誤り。生体膜の水の透過は，水分子の受動輸送を行うアクアポリンというチャネルによって行われる。よって，③は正しい。ポンプは，濃度勾配に逆らって輸送する能動輸送を行う。よって，④は誤り。アミノ酸のように水溶性の高い物質は脂質二重膜を透過できない。よって，⑤は誤り。

4 …③

問2　実験結果から考察の正誤を判定する問題。まずK^+の移動方向について，孔辺細胞の膨張は吸水によって起こるが，それには細胞内の物質濃度(浸透圧)の上昇が必要である。したがって，外部からの物質の取り込み，つまりK^+の流入が必要である。よって，ⓐは正しい。

発展事項　浸透圧

「浸透圧」の内容は教科書では発展・参考扱いになっているが，考え方自体は実験考察等で必要になることがあるので，原理は理解しておこう。

脂質二重膜のように，水は透過するが溶質は透過しづらい膜(これを半透膜という)をはさんで，濃度(実際には体積モル濃度)の異なる溶液が存在するとき，水分子が濃度の低い方から高い方へ移動する(この現象を浸透という)。

これは，「溶液に対する水の割合」の高い方から低い方へ水が拡散することにより起こる。よって，溶質全体の濃度差が原動力となる。この溶質全体の濃度に比例した，水が移動する力を浸透圧という。

次に実験1より，孔辺細胞の膨張は明所でK^+を含む溶液でのみ起こっている。よって，ⓑは誤りで，ⓒは正しい。孔辺細胞以外の表皮細胞については，明所でK^+のある溶液の実験しか行っていないので，暗所での結果は不明。よって，ⓓは誤り。

5 …②

問3　ニューロンの電位変化に関する基本的な知識問題。ナトリウムポンプは，常にNa^+を細胞外へ，K^+を細胞内へ輸送している。よって，①・⑤は正しい。全か無かの法則より，発生した活動電位の大きさは変わらない。よって，②は正しい。活動電位は，ナトリウムチャネルの開口によるNa^+の流入で生じる。よって，③は誤り。活動電位発生後，遅れて電位依存性カリウムチャネルが開き，K^+が流出して膜電位が下がる。よって，④は正しい。

6 …③

問4　興奮の伝導と伝達に関する基本知識の空欄補充問題。細胞膜上で興奮した部位が隣接部を興奮させると，ア興奮しにくい不応期に入る。これにより，興奮はイ一定方向に伝わる。神経伝達物質は，軸索末端でウ細胞外に放出される。

解答のポイント
誤った選択肢について
ア　不応期がないと，一度興奮した部位がすぐに刺激を受けるので興奮が留まり，さらに逆行する。
イ　そもそも各部位の興奮は，全か無かの法則に従うので，増幅はしない。
ウ　シナプス後細胞の細胞膜上にある受容体で受容され，取り込まれない。伝達後，シナプス前細胞が取り込んで回収する。

7 …⑤

第3問 (骨格筋とその発生)

骨格筋をテーマに，筋収縮に関する基本知識と実験考察，および発生における骨格筋の分化に関する実験考察問題が出題された。実験が多いので，ポイントをすばやくとらえるようにしたい。

問1　骨格筋の筋収縮に関する知識問題。筋収縮は，アクチンフィラメントとミオシンフィラメントの間で滑り込みが起こって生じるので，各フィラメント自体の長さは変わらない。暗帯はミオシンフィラメントそのものである。よって，①は正しく，⑤は誤り。Ca^{2+}がないとき，アクチンフィラメント上にあるミオシン頭部の結合部はトロポミオシンによって隠されているが，Ca^{2+}がトロポニンに結合するとトロポミオシンの位置が変化するため，ミオシンがアクチンに結合できるようになる。よって，②は正しい。解糖は乳酸発酵と同じ反応なので，エタノールではなく乳酸が蓄積する。よって，③は誤り。ATP分解酵素活性を持つのはミオシン頭部であり，ATPが結合すると分解して滑り込みの駆動力を発生する。よって，④は誤り。強縮では，単収縮が終わる前に次の刺激を受け，収縮が累積して大きな収縮が生じる。よって，⑥は誤り。

8 · 9 …①・②(順不同)

問2　合計7個の実験を考察する。グリセリン筋とスキンド筋の違いは細胞小器官(下の表では小器官と記す)の有無である。各要素と筋収縮の有無をまとめると，以下のようになる。

解答のポイント

実験	ATP	Ca^{2+}	小器官	薬剤	筋収縮
1	○	高	×		○
2	×	高	×		×
3	○	低	○		×
4	○	低	○	○	○
5	グルコース	高	×		?
6	○	低	×	○	?
7	○	高	○		?

実験1～4から導かれる結論は，知識として持っている内容であろう。筋収縮にはATPと高濃度のCa^{2+}が必要である。そして，ここで重要な「細胞小器官」はCa^{2+}を蓄えている筋小胞体であり，薬剤でカルシウムチャネルを開くとCa^{2+}が流出して筋収縮が可能となる。

グルコースからATPを得るためには，最低限解糖系が必要だが，解糖系は細胞質基質中の反応であり，グリセリン筋では失われているためATPが得られない。よって，**実験5**では筋収縮が起こらない。グリセリン筋には筋小胞体が含まれないので，薬剤があってもCa^{2+}は増えない。よって，**実験6**では筋収縮が起こらない。逆に溶液中にATPと高濃度のCa^{2+}があれば，筋小胞体の有無にかかわらず筋収縮は可能である。よって，**実験7**では筋収縮が起こる。

10 … ⑦

問3　**実験8〜10**は，いずれの実験も左は無処理の対照実験である。右の実験結果について操作と体節の分化(背側と腹側に分ける)をまとめると，以下のようになる。

解答のポイント

皮筋節以外への分化(▒▒▒)は「その他」とする。

実験	操作	結果背側	結果腹側
左	無処理	皮筋節	その他
8右	脊索を背側に皮下移植	その他	その他
9右	背側神経管を腹側に移植	皮筋節	皮筋節
10右	体節を背腹逆に移植	?	?

実験8より，体節の背側であっても，そばに脊索があると皮筋節に分化せず，**実験9**より，体節の腹側であっても，そばに背側神経管があると皮筋節に分化することがわかる。

実験10では，脊索と背側神経管は操作せず本来の位置にあるので，体節の向きが変わってもその影響を受けて背側のみに皮筋節の分化がみられると考えられる。

11 … ①

第4問 (植物の生殖と環境応答)

ジャガイモの塊茎をテーマに，生殖の知識問題と，光周期の影響を調べる実験考察が出題された。

問1　有性生殖に関する知識問題。

〈有性生殖〉

・長所…遺伝的多様性を形成しやすい。
　　→環境が変わっても絶滅しにくい。

・短所…最低2個体の配偶子形成が必要。
　　→増殖が遅い。

個体群密度が低いと，両親がそろいにくくなるので子孫を残しにくくなる。よって，ⓐは正しい。配偶子形成時の減数分裂により，それぞれの親から受け継ぐ遺伝情報は半分($2n \rightarrow n$)になっている。よって，ⓑは誤り。遺伝的多様性が高ければ，新たな病原菌に対する耐性を獲得している個体の生まれる確率が高くなる。よって，ⓒは正しい。

12 … ⑤

問2　フィトクロムが関与する光中断の実験である。花芽形成に関する知識を活用する。

短日植物は，連続した暗期の長さを限界暗期より長くすると花芽形成を行う。暗期の中ほどで短く光照射すると花芽形成が抑制される(光中断)。その際の光は赤色光が有効で，直後に遠赤色光を照射すると，光中断の効果が消去される。花芽形成にはフィトクロムが関与し，短日植物はP_R型(赤色光吸収型)のときに花芽形成が促進される。

〈フィトクロム〉

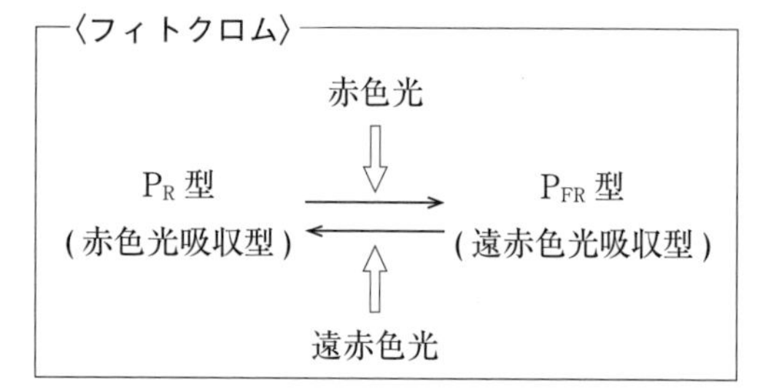

実験1で十分な暗期により塊茎が形成され，**実験2**で短い白色光照射により形成が阻害されている。ジャガイモの塊茎の形成にもフィトクロムが関与するなら，この阻害に有効なのは$_{ア}$赤色光であり，直後に照射する$_{イ}$遠赤色光により効果を打ち消される。

13 … ④，14 … ⑤

問3　実験を設定する問題。珍しく文字式を選ぶ問題である。

まず測定項目について。知りたいのは同化物の重量である。同化物は有機物だが，様々な物質となって細胞内に存在する。よって，④と⑤は不適。生のままの重量(生重量)の大半は水の重量であり，有機物の量とは無関係に，環境要因で大きく変動する。一方，焼却すると水と有機物が消失し，無機物(灰分)だけが残る。乾燥させた後の重量(乾燥重量)には有機物と無機物を含むが，無機物は有機物より少なく，その変動量は有機物の変動量に対し無視できるほど小さい。よって，有機物の重量の指標として，乾燥重量が用いられる。

〈植物細胞の構成物質〉

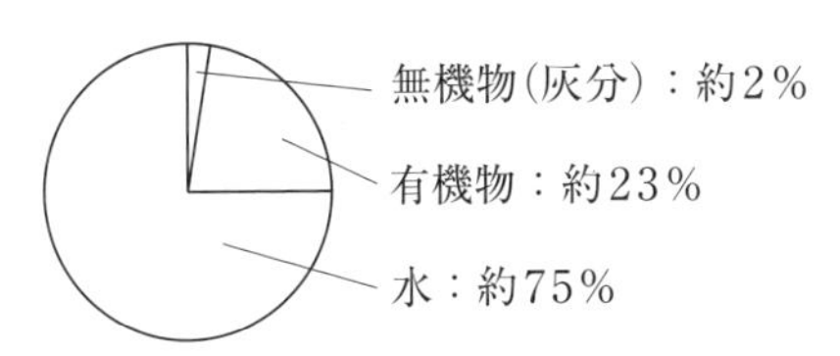

有機物は糖類(約20%：主にグルコース，セルロース)，タンパク質(約2%)，その他(約1％：脂質，核酸など)からなる。

解答のポイント

生重量　：水 ＋ 有機物 ＋ 無機物
↓⟶乾燥：水分が消失
乾燥重量　：有機物 ＋ 無機物
↓⟶焼却：有機物が消失
灰分の重量：無機物のみ

15 … ②

次に計算式について，ポイントは次の2点。
(1)全体に占める地下茎の割合
(2)長日条件と短日条件で(1)を比較

(1)は，式に表すと $\frac{x}{x+y}$ となるので，これを比較しているのは⑧しかない。(2)については，栽培条件2と3を比較することはわかるだろう。ただし，いずれも栽培条件1の栽培時間を含む。そのため，分子，分母とも，短日条件のみの数値は2と1の差，短日条件と同じ時間の長日条件は3と1の差を考える。つまり，

$$\frac{x_{2または3}-x_1}{(x_{2または3}-x_1)+(y_{2または3}-y_1)}$$

$$=\frac{x_{2または3}-x_1}{(x_{2または3}+y_{2または3})-(x_1+y_1)}$$

となる。

16 … ⑧

第5問 (植生と物質生産)

陸上生態系の生産者による生産量に関する図表や文章の読解問題が出題された。

問1　生産構造図の問題。縦軸，横軸とも相対値(つまり割合)になっており，ⓐとⓑは直接比較できないので注意。森林は(草本層が発達しているとはいえ)木本が優占しており，牧草地は草本のみからなる。木本は非同化器官(幹など)の割合が大きく，同化器官の割合が小さい。よって，森林はⓑになる。

一方相対照度は，同化器官で光が吸収されるので，同化器官の多い部分で減少する。よって，高さ0.8付近と0.1以下で減少するⓔになる。

〈生産構造図〉

教科書等に掲載されている生産構造図は，下図のようなものが多い。すなわち，広葉型は幅の広い葉が上層部に広がり中・下層には光が届きにくく，イネ科型は比較的下層まで光が届くと記憶している受験生もいるだろう。

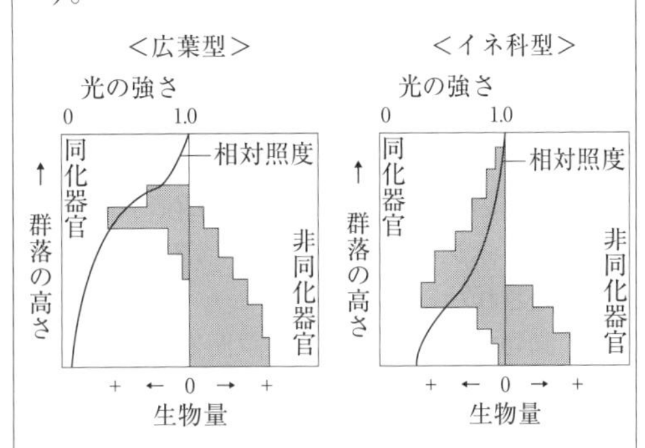

本問では，生物量の縦軸と横軸が上図とは異なるだけでなく，「林床の草本層が発達した森林」とある通り下層まで光が届く構造の森林であるため，上図の広葉型のようにはならないことに注意しよう。

17 … ⑦

問2　植生ごとの有機物量と純生産量の表を読解する。選択肢の文章に合わせて計算し，正誤を判断しよう。現存量と土壌有機物量の合計に占める現存量の割合は，熱帯の森林の

$$\frac{現存量}{現存量＋土壌有機物質}=\frac{18}{18+12}=0.6$$

が最大である。よって，①は正しい。有機物は炭素固定(二酸化炭素から有機物を合成する)により増加し，分解者の作用により減少する。亜寒帯は気温が低いので，前者に対し後者の速度が小さいため，土壌有機物が蓄積する。よって，②は誤り。森林から農耕地に変えると，現存量は熱帯では18から0.5，温帯では15から0.5へそれぞれ減少する。よって，③は正しい。現存量と土壌有機物量の合計は，熱帯の森林では18＋12＝30，亜寒帯の森林では9+21＝30なので変わらない。よって，④は正しい。

18 … ②

問3　炭素循環に関する空欄補充問題。ある程度

生物を学習していれば，文脈から判断できる。

ア　問２でも触れたように，分解者の活動は気温(直接的には地温)に左右されるので，地表温度が上がれば分解が進む。

ウ　先にウを検討する。「生物量が農耕地の外に持ち出される」とあるので，有機物の供給は少なくなる。

イ　農耕地は森林に比べ木本が少なく，階層構造も単純なので，呼吸量も純生産量(見かけの光合成量)も小さくなる。ウより，有機物の供給量が減少するので，純生産量の減少がより顕著であるといえる。

19 … ⑤

第６問 (生物の多様性と進化の仕組み)

Ａは動物の分類について，Ｂは遺伝情報の伝達のシミュレーションについて，いずれも会話文形式で出題された。

問１　動物の特徴に関する正誤問題。動物には，無胚葉の海綿動物，内胚葉と外胚葉のみからなる二胚葉の刺胞動物や有櫛動物がいる。よって，ⓐは誤り。動物は光合成ができないので，全て従属栄養生物である。よって，ⓑは正しい。五界説の「動物界」は全て多細胞生物である。アメーバやゾウリムシなどの単細胞の動物プランクトンは，かつて「原生動物」と呼ばれたが，実際は「原生生物界」に属し，最近の分類でも動物とは分かれている。よって，ⓒは正しい。

20 … ⑥

問２　動物の系統分類の知識問題。細かく知っていれば解答しやすいが，図１中の文章がヒントとなるので，それを手がかりとして活用しよう。

解答のポイント

図２に詳細を補うと，以下の通り(太字)。

←胚葉の分化	中胚葉の分化↓	門	
		海綿動物門	無胚葉
		刺胞動物門	二胚葉
	旧口動物	へん形動物門	冠輪動物
	旧口動物	軟体動物門	冠輪動物
	旧口動物	環形動物門	冠輪動物
	旧口動物	節足動物門	脱皮動物
	旧口動物	線形動物門	脱皮動物
	新口動物	棘皮動物門	新口動物
	新口動物	脊索動物門	新口動物

＊軟体動物門(図２の「□□動物門」)は他の門もあり得るので，断定はできない。

カメノテは，「脱皮する」とあるので，脱皮動物である。脱皮動物には線形動物が含まれるので，Ｙであり，カメノテはその中の節足動物門に属する。ウメボシイソギンチャクは，「刺胞(刺細胞)を持つ」とあるので，刺胞動物である。刺胞動物は旧口動物と新口動物が分かれる前の動物なので，Ｗである。ムラサキウニは，「原口は口にならない」とあるので，新口動物のＺである。ムラサキウニは新口動物の中の棘皮動物門に属する。

21 … ④，22 … ②，23 … ⑤

問３　読解力を問う空欄補充問題。図３のルールを理解し，それに従って図４・図５を考察する。図３の例を見て理解できると速い。線で結ばれた○は親子であり，サイコロの目は子を残した親個体を表す。目が重複して出れば子を複数残しており，出なかった目の親は子を残していない。これを踏まえて図４・図５に追記すると，次のようになる。

解答のポイント

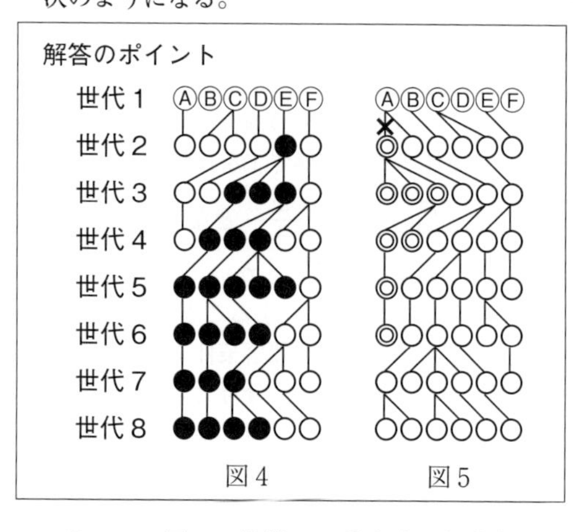

図４　　図５

よって，図４の世代８でⒺ由来の個体(●)は４個体，図５の変異型(◎)の最大数は，世代３で３個体である。

24 … ④，25 … ③

問４　遺伝子頻度の変動に関する知識問題。シミュレーションの結果とも食い違いが無いか確認しながら判定しよう。突然変異の多くは遺伝子が機能しなくなるものであり，生存に不利になるので，集団に広まりにくい。よって，ⓓは正しい。中立な突然変異の場合は，遺伝的浮動によって集団内に広まることもある，つまり「運次第」である。よって，ⓔは誤り。対立遺伝子の誕生が「１回」とわかっているなら，その対立遺伝子を持つ個体は，全て共通の「突然変異が起こった個体」を祖先とするといえる。よって，ⓕは正しい。集団が小さい方が遺伝的浮動の影響が大きくなる。よって，ⓖは誤り。

このシミュレーションは，遺伝子の影響が全く関与しないので，生存や繁殖に中立な突然変異を想定することができる。例えば，図5の世代8は全てⒷ由来なので，仮にⒷ以外に突然変異が生じたとしても失われ(ⓓを支持する)，Ⓑに生じた突然変異のみが集団内に広まっている(ⓔを否定する)。図5の世代8の個体は，同じ箇所で新たな突然変異が起こらない限り全てⒷで生じた変異を持っているはずである(ⓕを支持する)。このシミュレーションは6個体で固定しており，図5のⒶで生じた突然変異は集団の半分まで広まったが，その後消失した(ⓖを否定する)。

26 … ②